钢筋混凝土与砌体结构

Gangjin Hunningtu yu Qiti Jiegou

主　编／李丛巧

主　审／马　丽

人民交通出版社股份有限公司
China Communications Press Co.,Ltd.
北 京

内容提要

本课程是中等职业学校建筑工程施工专业的必修课之一。本书共分10个模块，内容包括：钢筋混凝土结构概述，钢筋混凝土受弯构件承载力计算，钢筋混凝土受压构件承载力计算，钢筋混凝土梁板结构，钢筋混凝土楼梯，预应力混凝土构件的基本知识，砌体结构概述，砌体结构构件的承载力计算，混合结构房屋墙、柱设计和砌体结构构造措施。

本书可作为中等职业学校建筑工程施工专业的教材，也可供相关从业人员参考，亦可作为相关岗位的培训教材。

图书在版编目(CIP)数据

钢筋混凝土与砌体结构 / 李丛巧主编. —北京：人民交通出版社股份有限公司，2014.12

ISBN 978-7-114-11927-9

Ⅰ.①钢… Ⅱ.①李… Ⅲ.①钢筋混凝土结构 ②砌块结构 Ⅳ.①TU375 ②TU36

中国版本图书馆CIP数据核字(2015)第002452号

书　　名：钢筋混凝土与砌体结构
著 作 者：李丛巧
责任编辑：吴燕伶　李　坤
出版发行：人民交通出版社股份有限公司
地　　址：(100011)北京市朝阳区安定门外外馆斜街3号
网　　址：http://www.ccpress.com.cn
销售电话：(010)59757973
总 经 销：人民交通出版社股份有限公司发行部
经　　销：各地新华书店
印　　刷：北京市密东印刷有限公司
开　　本：787×1092　1/16
印　　张：10.75
字　　数：213千
版　　次：2014年12月　第1版
印　　次：2014年12月　第1次印刷
书　　号：ISBN 978-7-114-11927-9
定　　价：28.00元
(有印刷、装订质量问题的图书由本公司负责调换)

前　言

本书是为了满足中等职业学校建筑工程施工专业教学改革的需要，根据相关《建筑工程施工专业人才培养方案》和《钢筋混凝土与砌体结构教学大纲和课程标准》编写而成。

本书的内容编排注重培养学生识读结构施工图的能力，并依据专业职业岗位需要及实用性原则选定。根据专业培养中等应用型人才的目标，教材内容以必需和够用为度，以讲清概念、强化应用为重点，注重与现场实际工作内容相结合，培养学生分析问题、解决问题的能力。内容由易到难，循序渐进，不追求内容涵盖面面俱到，而探求理论知识所学为用。

本书共有10个模块，分别是：钢筋混凝土结构概述，钢筋混凝土受弯构件承载力计算，钢筋混凝土受压构件承载力计算，钢筋混凝土梁板结构，钢筋混凝土楼梯，预应力混凝土构件的基本知识，砌体结构概述，砌体结构构件的承载力计算，混合结构房屋墙、柱设计，砌体结构构造措施。

本书由齐齐哈尔铁路工程学校李丛巧担任主编，编写分工如下：齐齐哈尔铁路工程学校李丛巧编写模块1、模块2、模块3、模块6，逢立波编写模块4、模块5；黑龙江农垦工业学校董宏波编写模块7、模块8、模块9、模块10。全书由齐齐哈尔铁路工程学校马丽主审。本书编写过程中，哈尔滨铁路局齐齐哈尔勘测设计所所长、高级工程师李光玉给予了大力支持，在此表示衷心的感谢。

由于编者水平有限，书中难免有疏漏之处，恳请读者给予批评指正。

编　者

2014年10月

目　　录

模块1　钢筋混凝土结构概述

学习目标

1. 掌握建筑结构的作用及分类,混凝土结构的特点。
2. 掌握钢筋、混凝土的力学性能及钢筋与混凝土的相互作用。
3. 掌握建筑结构荷载的类型和计算方法,了解建筑结构概率极限状态设计方法。
4. 了解混凝土耐久性的规定。

1.1　建筑结构的概念、分类及发展趋势

建筑是供人们生产、生活和进行其他活动的房屋或场所。各类建筑都离不开梁、板、墙、柱、基础等构件,它们相互连接形成建筑的骨架。建筑中由若干构件连接而成的能承受各种作用的受力体系称为建筑结构。这里所说的"作用",是指能使结构或构件产生效应(内力、应力、位移、应变、裂缝等)的各种原因的总称。作用可分为直接作用和间接作用。直接作用是指直接作用在结构上的力集(包括集中力、分布力等),通常称为荷载,如永久荷载、可变荷载、雪荷载、吊车荷载和风荷载等,它们能直接使结构产生内力和变形;间接作用是指不直接以力集的形式出现,如温度变化、材料收缩和徐变、地基变形、地震等引起结构外加变形或约束变形,从而使结构产生内力效应。

1.1.1　建筑结构的分类

按照结构所用材料不同,建筑结构可分为以下几种类型。

1)混凝土结构

混凝土结构是以混凝土为主建造的结构,它包括素混凝土结构、钢筋混凝土结构和预应力混凝土结构等,其中钢筋混凝土结构应用最为广泛。图1-1为正在施工中的钢筋混凝土结构。

图1-1　正在施工中的钢筋混凝土结构

钢筋混凝土结构具有以下优点:

(1)易于就地取材。钢筋混凝土的主要材料是砂、石,这两种材料几乎到处都有。水泥和钢材的产地在我国分布也比较广。这都有利于降低工程造价。

(2)耐久性好。钢筋混凝土结构中,钢筋被混凝土紧紧包裹而不易被锈蚀。混凝土的强度还能

随龄期而不断提高。因此它具有很好的耐久性,几乎不用维修。

(3)抗震性能好。钢筋混凝土结构特别是现浇结构具有很好的整体性,能抵御地震作用。这对于地震区的建筑物有重要意义。

(4)可塑性好。混凝土拌和物是可塑的,可根据工程需要制成各种形状的构件。这便于合理选择结构形式及构件断面。

(5)耐火性好。钢筋混凝土结构中,因混凝土的导热性很差,在发生火灾时,钢筋不会很快达到软化温度而造成结构破坏。

由于上述优点,钢筋混凝土结构不但被广泛应用于多层与高层住宅、宾馆、写字楼以及单层与多层工业厂房等工业与民用建筑中,而且还应用于水塔、烟囱、核反应堆等特种结构。

当然,钢筋混凝土也有一些缺点,如自重大、抗裂性能差、现浇结构模板用量大与工期长等。随着科学技术的不断发展,这些缺点可以逐渐克服,例如:采用轻集料混凝土可以减轻结构自重,采用预应力混凝土可以提高构件的抗裂性能,采用预制构件可以减少模板用量,从而缩短工期。

2)砌体结构

由块体(砖、石材、砌块)和砂浆砌筑而成的墙、柱作为建筑物主要受力构件的结构称为砌体结构。它可分为砖砌体结构、石砌体结构和砌块砌体结构三类。图1-2为正在施工中的砌体结构。

图1-2　正在施工中的砌体结构

砌体结构主要有以下优点:

(1)容易就地取材。砌体结构所用的原材料,如黏土、砂子、天然石材等,几乎到处都有,因而比钢筋混凝土结构更为经济,并能节约水泥、钢材和木材。

(2)具有良好的耐火性及耐久性。

(3)具有良好的保温、隔热、隔声性能。

(4)施工简单,技术容易掌握和普及,也不需要特殊的设备。

砌体结构的主要缺点是自重大、强度尤其是抗拉强度低、整体性差。

砌体结构在我国房屋建筑中占有很大的比例。在实际工程中,砌体结构主要用作房屋结构中的竖向承重构件(如墙、柱等),而水平承重构件(如梁、板等)多为钢筋混凝土结构。这种由两种及两种以上材料作为主要承重结构的房屋,称为混合结构。

3)钢结构

钢结构是指以钢材为主建造的结构。

钢结构具有以下优点:

(1)材料强度高、自重轻、塑性和韧性好及材质均匀。

(2)便于工厂生产和机械化施工与拆卸。

(3)具有优越的抗震性能。

(4)无污染、可再生、节能、安全,符合建筑可持续发展的原则,可以说钢结构的发展是21世纪建筑文明的体现。

钢结构的缺点是易腐蚀、耐火性差、工程造价和维护费用较高。钢结构的应用正日益增多,尤其是在高层建筑及大跨度结构(如屋架、网架、悬索等结构)中。图1-3所示为钢结构厂房。

4)木结构

木结构是指全部或大部分用木材建造的结构。这种结构易于就地取材,建造简单,但易燃、易腐蚀、变形大。另外,木材使用受到国家严格限制,因此木结构已很少采用。

1.1.2 混凝土结构的应用及发展趋势

现代混凝土结构是随着水泥和钢铁工业的发展而发展起来的,至今已有150年的历史。生铁和熟铁分别在17世纪和19世纪被用于建造桥梁和房屋。1824年,英国约瑟夫·阿斯匹丁(Joseph Aspdin)获得了波特兰水泥专利,标志着混凝土问世,随后出现了钢筋混凝土结构。20世纪30年代预应力混凝土结构的出现,使混凝土结构的应用范围更为广泛。

从1850年到20世纪20年代,是钢筋混凝土发展的初步阶段。从20世纪30年代开始,人们从材料性能的改善、结构形式的多样化、施工方法的革新、计算理论和设计方法的完善等多方面开展了大量的研究工作,工程应用十分普遍,使钢筋混凝土结构进入了现代化的阶段。例如上海环球金融中心(见图1-4),地上101层、地下3层,建筑高度492.5m;台北101大厦(见图1-5),地上101层,地下3层,建筑高度508m;迪拜塔(见图1-6),地上160层,建筑高度828m。

图1-3 钢结构厂房

图1-4 上海环球金融中心

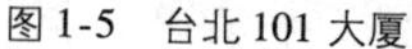

图 1-5　台北 101 大厦

图 1-6　迪拜塔

虽然建筑结构经历了漫长的发展过程，但至今仍生机勃勃、不断发展。概括起来，建筑结构主要有以下发展趋势。

(1)理论方面

①随着研究的不断深入、统计资料的不断积累，结构设计方法将会发展至全概率极限状态设计方法。

②衡量结构安全的可靠度理论也在逐渐发展，目前有学者提出全过程可靠度理论，将可靠度理论应用到工程结构设计、施工与使用的全过程中，以保证结构的安全可靠。

③随着模糊数学的发展，模糊可靠度的概念正在建立。

④随着计算机的发展，工程结构计算正向精确化方向发展，结构的非线性分析是发展趋势。

(2)材料方面

①混凝土将向轻质高强方向发展。目前我国混凝土强度可达 $80 \sim 100\text{N/mm}^2$，估计不久将普遍达到 100N/mm^2，特殊工程可达 400N/mm^2。但高强混凝土的塑性性能不如普通混凝土，研制塑性好的高强混凝土是今后的发展方向。轻质混凝土主要是采用轻质集料。轻质集料主要有轻集料(如浮石、凝灰石等)、人造轻集料(页岩陶粒、黏土陶粒、膨胀珍珠岩等)和工业废料(炉渣、矿渣粉煤灰陶粒等)。轻质混凝土的强度目前还不高，一般为 $5 \sim 20\text{N/mm}^2$，今后要开发高强度的轻质混凝土。为改善混凝土抗拉性能差、延性差的缺点，在混凝土中掺入纤维是有效的途径，纤维混凝土的研究目前发展迅速，掺入的纤维有钢纤维、耐碱玻璃纤维、聚丙烯纤维或尼龙合成纤维等。碾压混凝土也是近年来发展较快的新型混凝土，它可用于大体积混凝土结构、公路路面及机场道面，其特点是施工机械化程度高、效率高、劳动条件好、工期短。除此之外，许多特种混凝土如膨胀混凝土、聚合物混凝土、浸渍混凝土等也在研制试用之中。

②高强钢筋目前也发展较快。现在强度达 $400 \sim 600\text{N/mm}^2$ 的高强度普通钢筋已开始应

用,今后将超过$1000N/mm^2$。目前高强钢筋主要是冷轧钢筋,包括冷轧带肋钢筋和冷轧扭钢筋。为减小裂缝宽度,焊成梯格形的双钢筋也在开始应用。

③砌体结构材料也在向轻质高强方向发展。途径之一是发展空心砖。国外空心砖的抗压强度已普遍达$30\sim60N/mm^2$,甚至高达$100N/mm^2$以上,孔洞率也达40%以上。另一途径是在黏土内掺入可燃性植物纤维或塑料珠,煅烧后形成气泡空心砖,它不仅自重轻,而且隔声、隔热性能好。砌体结构材料另一个发展趋势是高强砂浆。

④钢结构材料主要是向高效能方向发展。除提高材料强度外,还大力发展型钢,如H型钢可直接做梁和柱,采用高强度螺栓连接,施工非常方便。压型钢板也是一种新产品,它能直接做屋盖,也可在上面浇上一层混凝土做楼盖,做楼盖时压型钢板既是楼板的受拉钢筋,又是模板。

(3)结构方面

空间钢网架发展十分迅速,最大跨度已逾百米。悬索结构、薄壳结构也是大跨度结构发展的方向。高层砌体结构也开始应用。为克服传统体系砌体结构水平承载力低的缺点,一个途径是使墙体只受竖向荷载,将所有的水平荷载由钢筋混凝土内核心筒承受,形成砖墙—筒体体系;另一个途径就是对墙体施加预应力,形成预应力砖墙。组合结构也是结构发展的方向。目前型钢混凝土、钢管混凝土、压型钢板叠合梁等已广泛应用。另外在超高层建筑结构中还采用钢框架与内核心筒共同受力的组合体系,能充分利用材料优势。

1.1.3 本课程的任务和学习方法

本课程包括钢筋混凝土结构和砌体结构两部分内容。通过本课程的学习,学生应能了解建筑结构计算的基本原则,掌握钢筋混凝土结构和砌体结构常见基本构件的计算方法,理解结构构件的构造要求,能正确识读结构施工图,并能理解建筑施工中的一般结构问题。

本课程是建筑工程施工专业的主干专业课。要学好本课程,除应像学习其他课程那样,做到勤看、勤思、勤记、勤练、勤问"五勤"之外,还应注意以下几点:

(1)本课程的内容涉及数学、力学、建筑识图与构造、建筑材料等先修课,同时又是学习建筑施工技术、建筑工程计量与计价等课程的基础。因此,学习本课程时,应与相关知识相联系,必要时还要旧课重温。只有这样,新知识植根于旧知识,才能培养学生的综合分析能力和归纳能力,使新知识得到巩固和提高。

(2)本课程是一门实践性很强的课程,其理论本身就来源于生产实践,它是前人通过大量工程实践的经验总结。因此,学习本课程时,不能仅满足于学好书本知识,还应通过实习、参观等各种渠道向工程实践学习,真正做到理论联系实际。只有这样,书本知识才能得到升华。

(3)本课程同力学课既有联系又有区别。本课程所研究的对象,都不符合均质弹性材料的条件,因此力学公式多数不能直接应用,但从通过几何、物理和平衡关系来建立基本方程来说,二者是相同的。所以,在应用力学原理和方法时,必须考虑材料性能上的特点。

(4)识图能力是中职建筑工程施工专业学生必备的核心能力之一,而正确识读结构施工图正是本课程的落脚点。为了达到这一目的,一方面要注意掌握基本的结构概念,另一方面应理解和熟悉有关结构构造要求,这是识图的基础。当然,实际的识图训练是必不可少的。读者最好能识读几套不同结构类型的施工图,包括相关的通用图(标准图),因为它们是结构施工图的组成部分。

(5)本课程与结构设计规范密切相关。结构设计规范是国家颁布的关于结构设计计算和构造要求的技术规定和标准,设计、施工等工程技术人员都必须遵循。因此在学习中应熟悉并学会应用有关规范。

1.2 混凝土结构材料的力学性能

材料的力学性能主要是指材料的强度和变形性能。混凝土结构主要用钢筋和混凝土材料建造而成,这两种材料有着不同的力学性能。要想了解两种力学性能完全不同的材料如何能共同工作,就要深入了解钢筋和混凝土的力学性能、相互作用和共同工作的原理,这是掌握混凝土结构构件性能并对其进行分析与设计的基础。

1.2.1 混凝土

混凝土是用胶凝材料(如水泥)、细骨料(如砂子)、粗骨料(如碎石、卵石)及水等材料按一定比例搅拌后入模浇注成型,并经过养护硬化后制成的一种坚硬的人造石材。

1)混凝土的强度

在实际工程中,单向受力构件是极少见的,一般混凝土均处于复合应力状态。研究复合应力作用下混凝土的强度必须以单向应力作用下混凝土的强度为依据,因此单向受力状态下混凝土的强度指标就很重要,它是结构构件分析和建立强度理论公式的重要依据。混凝土的强度与水泥强度、水灰比、骨料品种、混凝土配合比、硬化条件和龄期等有很大关系。此外,试件的尺寸、形状、试验方法和加载时间的不同,所测得的强度也不同。

(1)抗压强度。混凝土的抗压强度是混凝土力学性能中最主要的指标。

①立方体抗压强度$f_{cu,k}$。我国现行《混凝土结构设计规范》(GB 50010—2010)(以下简称《混凝土结构设计规范》)规定以立方体抗压强度标准值作为衡量混凝土强度等级的指标,用符号$f_{cu,k}$表示。按照标准方法制作边长为150mm的立方体试件,在温度为17~23℃,相对湿度在90%以上的潮湿空气中养护28d,按照标准试验方法加压到破坏(见图1-7),所测得的具有95%保证率的抗压极限强度值,即为立方体抗压强度标准值。根据立方体抗压强度标准值的大小,混凝土强度等级分为C15、C20、C25、C30、C35、C40、C45、C50、C55、C60、C65、C70、C75和C80,共14级,其中符号C表示混凝土,后面的数字表示混凝土立方体抗压强度标准值,单位N/mm^2。设计时,应根据不同的结构选择合适的强度等级。

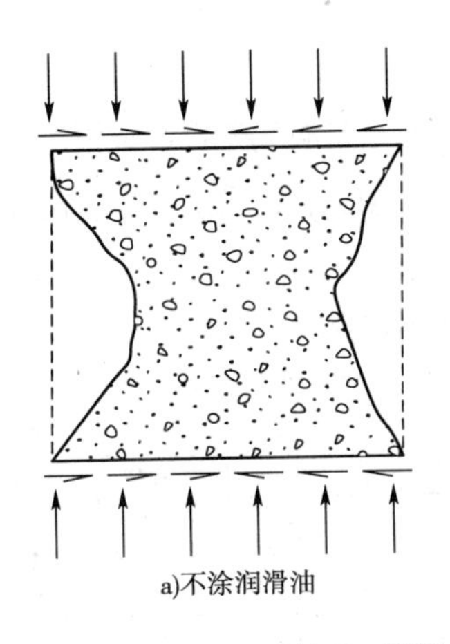

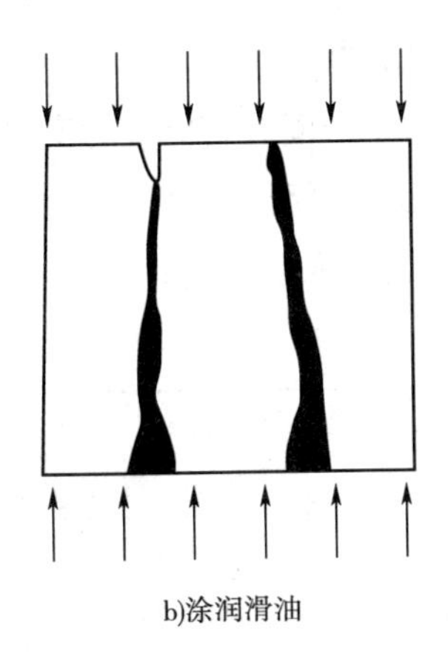

图1-7　混凝土立方体的破坏情形

《混凝土结构设计规范》规定，素混凝土结构的混凝土强度等级不应低于C15；钢筋混凝土结构的混凝土强度等级不应低于C20；当采用强度等级$400N/mm^2$及以上的钢筋时，混凝土强度等级不宜低于C25；预应力混凝土结构的混凝土强度等级不宜低于C40，且不应低于C30；承受重复荷载的钢筋混凝土构件，混凝土强度等级不应低于C30。

②轴心抗压强度f_{ck}（棱柱体抗压强度）。混凝土轴心抗压强度的大小与试块的高度h和截面宽度b之比h/b有关。h/b越大，其承载力降低得越多。当$h/b=2\sim3$时，强度趋于稳定。我国采用150mm×150mm×300mm棱柱体作为轴心抗压强度的标准试件，试验（见图1-8）所得到的抗压强度极限值，即为混凝土的轴心抗压强度，设计时称为混凝土抗压强度标准值。在工程中，实际构件多以棱柱体为主，它比立方体能更好地反映混凝土构件的实际抗压能力，所以在构件设计时，混凝土强度多采用轴心抗压强度。

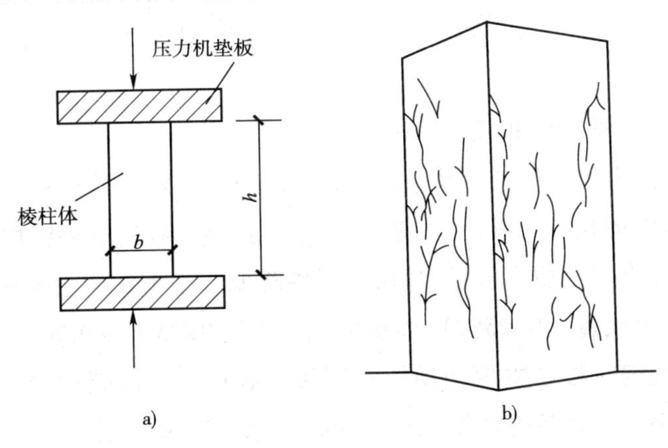

图1-8　混凝土棱柱体抗压试验

（2）抗拉强度f_{tk}。混凝土的抗拉强度很低，一般只有抗压强度的1/17～1/8。在钢筋混凝土构件的破坏阶段，处于受拉工作状态的混凝土一般早已开裂，故在构件的承载力计算时不考虑受拉混凝土的工作，但混凝土的抗拉强度对钢筋混凝土构件多方面的工作性能是有重要影响的，因此，也是一项必须确定的重要指标。

2）混凝土的设计指标

同钢筋相比，混凝土强度具有更大的变异性，按同一标准生产的各批混凝土强度会有不同，即便同一次搅拌的混凝土其强度也有差异。因此，设计中也应采取混凝土强度设计值来进行计算。

混凝土强度标准值、强度设计值及弹性模量见表1-1。

混凝土强度与弹性模量　　表1-1

混凝土强度等级	强度标准值（N/mm^2）		强度设计值（N/mm^2）		模量（$\times 10^4 N/mm^2$）
	轴心抗压 f_{ck}	轴心抗拉 f_{tk}	轴心抗压 f_c	轴心抗拉 f_t	弹性模量 E_c
C15	10.0	1.27	7.2	0.91	2.20
C20	13.4	1.54	9.6	1.10	2.55
C25	16.7	1.78	11.9	1.27	2.80
C30	20.1	2.01	14.3	1.43	3.00
C35	23.4	2.20	16.7	1.57	3.15
C40	26.8	2.39	19.1	1.71	3.25
C45	29.6	2.51	21.1	1.80	3.35
C50	32.4	2.64	23.1	1.89	3.45
C55	35.5	2.74	25.3	1.96	3.55
C60	38.5	2.85	27.5	2.04	3.60
C65	41.5	2.93	29.7	2.09	3.65
C70	44.5	2.99	31.8	2.14	3.70
C75	47.4	3.05	33.8	2.18	3.75
C80	50.2	3.11	35.9	2.22	3.80

1.2.2　钢筋

1）钢筋的化学成分、级别和种类

钢筋的力学性能主要取决于它的化学成分，主要成分是铁元素，此外，在炼制过程中，不可避免地包含了一些其他的化学元素，如少量的碳、硅、锰、硫、磷等，这种钢称为普通碳素钢。钢筋中碳的含量增加，强度随之提高，但塑性和可焊性降低。根据钢中含碳量的多少，又可将碳素钢划分为低碳钢（含碳量 <0.25%）、中碳钢（含碳量 0.25% ~0.6%）和高碳钢（含碳量 0.6% ~1.4%）。在建筑工程中主要使用低碳钢和中碳钢。在低碳钢的基础上，加入少量的合金元素，可以有效地改善钢筋的性能，即所谓的普通低合金钢。比如：在钢中加入少量的硅、锰元素，可以提高钢的强度，并能保持一定的塑性；在钢中加入少量的钛、钒，可显著提高钢的强度，并可提高其塑性和韧性，改善焊接性能。在钢的冶炼过程中，会出现清除不掉的有害元素，例如硫和磷。它们的含量过多会使钢的塑性变差，易脆断，并影响焊接质量。所以，合格的钢筋产品必须按相关标准限制这两种元素的含量。通常钢筋的硫和磷含量均不大于0.045%。

用于混凝土结构的钢筋，应具有较高的强度和良好的塑性，便于加工和焊接，并应与混凝土之间具有足够的黏结力。《混凝土结构设计规范》对钢筋混凝土结构(包括预应力混凝土结构)中所用钢筋做了具体规定。

(1)钢筋的分类

按加工方法不同,我国用于混凝土结构的钢筋主要有热轧钢筋、冷拉钢筋、热处理钢筋、冷轧钢筋(冷轧带肋钢筋、冷轧扭钢筋)、冷拔低碳钢丝、消除应力钢丝、钢绞线等几类。钢筋混凝土结构主要使用热轧钢筋和冷轧钢筋。

热轧钢筋由低碳钢或低合金钢热轧而成。按屈服强度标准值的大小,用于钢筋混凝土结构的热轧钢筋分为 HPB300,HRB335、HRBF335,HRB400、HRBF400、RRB400,HRB500、HRBF500 四个级别。HPB300 指强度为 300N/mm^2 的热轧光圆钢筋;HRB400 指强度为 400N/mm^2 的普通热轧带肋钢筋;HRBF400 指强度为 400N/mm^2 的细晶粒热轧带肋钢筋;RRB400 指强度为 400N/mm^2 的余热处理带肋钢筋。

(2)钢筋的选用

《混凝土结构设计规范》规定,纵向受力普通钢筋宜采用 HRB400、HRB500、HRBF400、HRBF500 钢筋,也可采用 HPB300、HRB335、HRBF335、RRB400 级钢筋。

实际工程中,梁、柱纵向受力普通钢筋应采用 HRB400、HRB500、HRBF400、HRBF500 钢筋;箍筋宜采用 HRB400、HRBF400、HPB300、HRB500、HRBF500 钢筋,也可采用 HRB335、HRBF335 钢筋。

各种直径的钢筋计算截面面积和公称质量见表 1-2,各种钢筋间距时每米板宽内的钢筋截面面积见表 1-3。

钢筋的截面面积及公称质量 表 1-2

直径(mm)	不同根数钢筋的计算截面面积(mm^2)									单根钢筋公称质量(kg/m)
	1	2	3	4	5	6	7	8	9	
6	28.3	57	85	113	142	170	198	226	255	0.222
8	50.3	101	151	201	252	302	352	402	453	0.395
10	78.5	157	236	314	393	471	550	628	707	0.617
12	113.1	226	339	452	565	678	791	904	1017	0.888
14	153.9	308	461	615	769	923	1077	1231	1385	1.21
16	201.1	402	603	804	1005	1206	1407	1608	1809	1.58
18	254.5	509	763	1017	1272	1527	1781	2036	2290	2.00
20	314.2	628	942	1256	1570	1884	2199	2513	2827	2.47
22	380.1	760	1140	1520	1900	2281	2661	3041	3421	2.98
25	490.9	982	1473	1964	2454	2945	3436	3927	4418	3.85
28	615.8	1232	1847	2463	3079	3695	4310	4926	5542	4.83
32	804.2	1609	2413	3217	4021	4826	5630	6434	7238	6.31
36	1017.9	2036	3054	4072	5089	6107	7125	8143	9161	7.99
40	1256.6	2513	3770	5027	6283	7540	8796	10053	11310	9.87
50	1963.5	3928	5892	7856	9820	11784	13748	15752	17676	15.42

各种钢筋间距时每米板宽内的钢筋截面面积 表 1-3

钢筋间距 (mm)	当钢筋直径(mm)为下列数值时的钢筋截面面积(mm^2)													
	3	4	5	6	6/8	8	8/10	10	10/12	12	12/14	14	14/16	16
70	101.0	179	281	404	561	719	920	1121	1369	1616	1908	2199	2536	2872
75	94.3	167	262	377	524	371	859	1047	1277	1508	1780	2053	2367	2681
80	88.4	157	245	354	491	629	805	981	1198	1414	1669	1924	2218	2513
85	83.2	148	231	333	462	592	758	924	1127	1331	1571	1811	2088	2365
90	78.5	140	218	314	437	559	716	872	1064	1257	1484	1710	1992	2234
95	74.5	132	207	298	414	529	678	826	1008	1190	1405	1620	1868	2116
100	70.6	126	196	283	393	503	644	785	958	1131	1335	1539	1775	2011
110	64.2	114.0	178	257	357	457	585	714	871	1028	1214	1399	1614	1828
120	58.9	105.0	163	236	327	419	537	654	798	942	1112	1283	1480	1676
125	56.5	100.6	157	226	314	402	515	628	766	905	1068	1232	1420	1608
130	54.4	96.6	151	218	302	387	495	604	737	870	1027	1184	1366	1547
140	50.5	89.7	140	202	281	359	460	561	684	808	954	1100	1268	1436
150	47.1	83.8	131	189	262	335	429	523	639	754	890	1026	1183	1340
160	44.1	78.5	123	177	246	314	403	491	599	707	834	962	1110	1257
170	41.5	73.9	115	166	231	296	379	462	564	665	786	906	1044	1183
180	39.2	69.8	109	157	218	279	358	436	532	628	742	855	985	1117
190	37.2	66.1	103	149	207	265	339	413	504	595	702	810	934	1058
200	35.3	62.8	98.2	141	196	251	322	393	479	565	668	770	888	1005
220	32.1	57.1	89.3	129	178	228	292	357	436	514	607	700	807	914
240	29.4	524	81.9	118	164	209	258	327	399	471	556	641	740	838
250	28.3	50.2	78.5	113	157	201	258	314	383	452	534	616	710	804
260	27.2	48.3	75.5	109	151	193	248	302	368	435	514	592	682	773
280	25.2	44.9	70.1	101	140	180	230	281	342	404	477	550	634	718
300	23.6	41.9	65.5	94	131	168	215	262	320	377	445	513	592	670
320	22.1	39.2	61.4	88	123	157	201	245	299	353	417	481	554	628

2)钢筋的力学性能

混凝土结构所用的钢筋分为有屈服点的钢筋和无屈服点的钢筋两类。前者如热轧钢筋、冷拉钢筋等;后者如冷轧钢筋、钢丝、钢绞线、热处理钢筋等。钢筋混凝土结构主要采用有屈服点的钢筋,无屈服点的钢筋主要用作预应力混凝土结构中的预应力钢筋。

对有屈服点的钢筋,取标准长度为 L_0 的试件在万能试验机上进行张拉试验,如图 1-9 所示,破坏后得到钢筋的 $\sigma-\varepsilon$ 曲线,如图 1-10 所示。可以看出,自开始加载至应力达到 a 点之前,应力和应变成正比,a 点对应的应力称为比例极限,oa 段属于弹性工作阶段;过了 a 点之后,应变比应力增长得快,应力到达 b'点后钢筋开始屈服,b'点称为屈服上限。由于 b'点应力不稳定，故一般以屈服下限 b 点作为钢筋的屈服强度或屈服点。b 点以后的 $\sigma-\varepsilon$ 曲线接近水平线，直到 c 点，b 点到 c 点的水平部分称为屈服台阶，其大小称为流幅。过 c 点后，$\sigma-\varepsilon$ 曲线又表现为上升曲线，直到 d 点。d 点对应的应力称为极限强度，cd 段称为强化阶段。过 d 点以后，应变迅速增加，应力随之下降，测试试件薄弱处的截面突然显著减小，发生局部颈缩现象，到 e 点时钢筋被拉断，de 段称为破坏阶段。

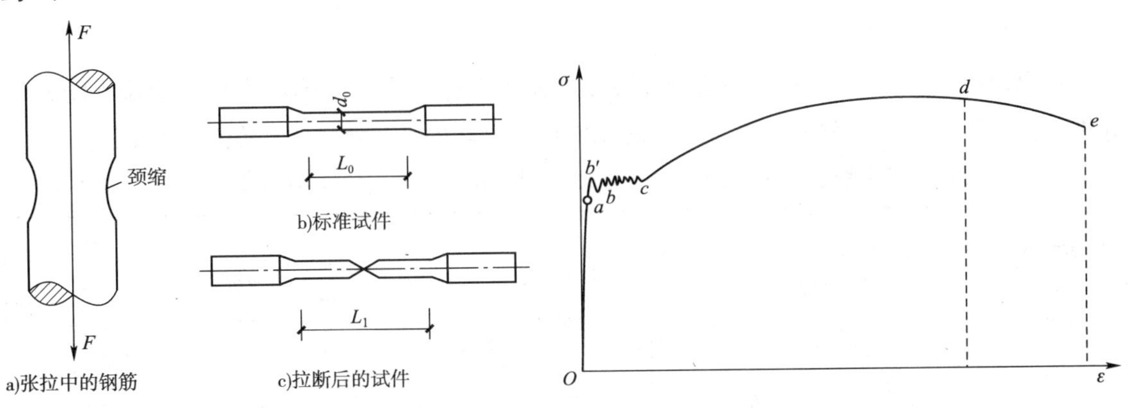

图1-9　钢筋标准试件的破坏形态

图1-10　有屈服点钢筋的 $\sigma-\varepsilon$ 曲线

钢筋的强度标准值应具有不小于95%的保证率。计算钢筋混凝土结构时，对于有屈服点钢筋的强度标准值是根据屈服强度确定的，用 f_{yk} 表示，这是因为构件中钢筋的应力达到屈服强度后，将产生很大的塑性变形，钢筋混凝土构件将出现很大的不可闭合的裂缝，以致不能使用。对于无屈服点钢筋的强度标准值一般取极限残余应变为0.2%所对应的应力 $\sigma_{0.2}$ 作为钢筋的强度取值，其值大致相当于极限强度的80%。

钢筋除要有足够的强度外，还应有一定的塑性变形能力，伸长率和冷弯性能是衡量钢筋塑性的两个指标。钢筋拉断后的伸长值与原长 L_0 的比值称为伸长率 δ，伸长率越大，钢筋塑性越好。即

$$\delta=\frac{L_1-L_0}{L_0}\times 100\% \tag{1-1}$$

冷弯，指将一定直径的钢筋绕直径为 D 的钢辊弯成一定的角度（不允许发生裂缝、鳞落或断裂现象）。直径 D 越小，弯转角越大，则钢筋的塑性越好，如图1-11所示。

屈服点、极限强度、伸长率和冷弯性能是有屈服点钢筋进行质量检验的四项主要指标，而后三项是无屈服点钢筋的指标。

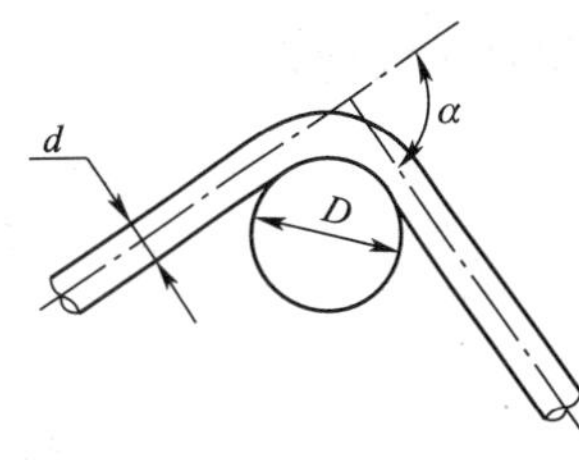

图1-11　钢筋冷弯

3）钢筋的设计指标

（1）钢筋的强度标准值与强度设计值

钢筋的强度具有变异性。按同一标准生产的钢材，不同时间生产的各批钢筋之间的强度不会完全相同；即使同一炉钢轧制的钢筋，其强度也会有差异。因此，在结构设计中采用其强度标准值作为基本代表值。所谓强度标准值，是指正常情况下可能出现的最小材料强度值。《工程结构可靠性设计统一标准》（GB 50153—2008）规定，材料强度标准值应具有不小于95%的保证率。对于钢材，国家标准中已

规定了每一种钢材的屈服强度废品限值，其保证率大约为97.73%，高于规定的95%，因此《混凝土结构设计规范》规定，取国家标准规定的屈服强度废品限值作为钢筋强度的标准值，以使结构设计时采用的钢筋强度与国家规定的钢筋出厂检验强度一致。

强度标准值除以材料分项系数（其值大于1.0）即为材料强度设计值。

钢筋的强度标准值、强度设计值见表1-4。

（2）钢筋的弹性模量

在应力不超过比例极限时，钢筋的应力与应变关系符合虎克定律。因此，《混凝土结构设计规范》规定，取比例极限内应力与应变的比值作为钢筋的弹性模量E_c，其值见表1-4。

普通钢筋屈服强度标准值（f_{yk}），抗拉、抗压强度设计值（f_y、f'_y）与弹性模量（E_c） 表1-4

牌　号	符　号	公称直径（mm）	f_{yk}（N/mm²）	f_y（N/mm²）	f'_y（N/mm²）	E_c（×10⁴N/mm²）
HPB300	Φ	6～22	300	270	270	2.10
HRB335 HRBF335	Φ $Φ^F$	6～50	335	300	300	2.00
HRB400 HRBF400 RRB400	Φ $Φ^F$ $Φ^R$	6～50	400	360	360	2.00
HRB500 HRBF500	Φ $Φ^F$	6～50	500	435	410	2.00

4）钢筋的形式

钢筋表面形状的选择取决于钢筋的强度。为了使钢筋的强度能够充分地利用，强度越高的钢筋要求与混凝土黏结的强度越大。提高黏结强度的办法就是将钢筋表面轧成有规律的凸出花纹，这样的钢筋称为变形钢筋。HPB300钢筋的强度低，表面做成光面即可（见图1-12），其余级别的钢筋强度较高，表面均做成带肋形式，即为变形钢筋，变形钢筋包括人字纹、螺旋纹和月牙纹钢筋。

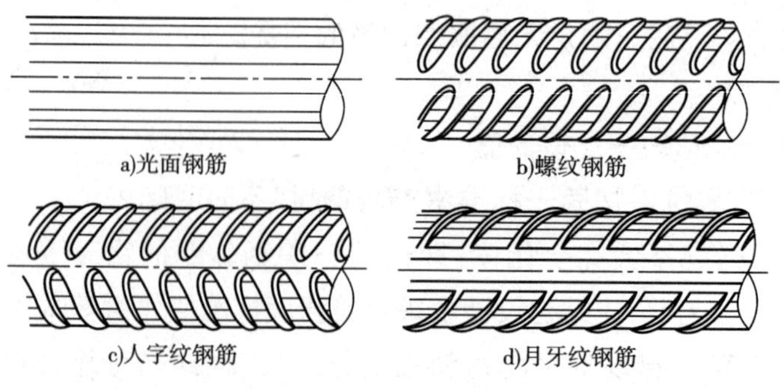

图1-12　变形钢筋的类别

5）钢筋的冷加工

为了节约钢材，在常温下对热轧钢筋进行冷拉和冷拔，以提高钢材的强度。

冷拉是在常温下把钢筋张拉到应力超过屈服点的某一应力值，然后卸载到零，使其内部组织结构发生变化，从而提高强度的做法。

冷拉只能提高钢筋的抗拉强度而不能提高抗压强度。同时焊接时会使钢筋的强度降低，因此需要焊接的钢筋应先焊好再进行张拉。

冷拔是将热轧钢筋用强力拔过比其直径小的硬质合金拔丝模，使它产生塑性变形，拔成较细直径的钢丝，如图1-13所示。钢筋经过冷拔，由于受到很大的侧向挤压力的作用，不仅使直径变细，长度增加，同时内部组织结构发生变化，从而使强度得到较大的提高，但塑性降低很多。

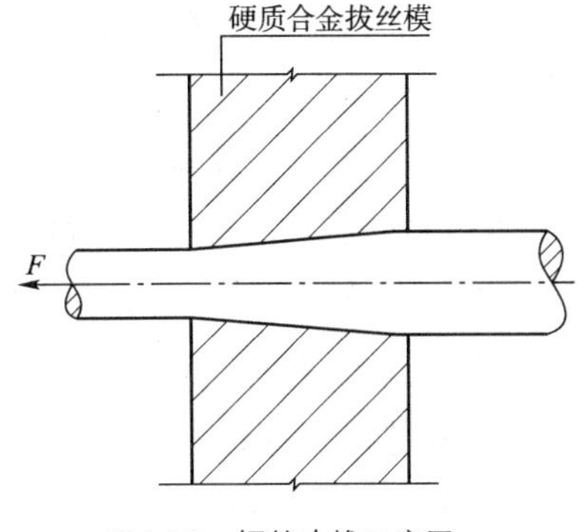

图1-13　钢筋冷拔示意图

冷拔可同时提高钢筋的抗拉和抗压强度。

6）混凝土结构对钢筋的性能要求

（1）强度高

强度是指钢筋的屈服强度和极限强度。钢筋的屈服强度是混凝土结构构件计算的主要依据之一。采用较高强度的钢筋可以节约钢材，获得较好的经济利益。

（2）塑性好

要求钢筋在断裂前有足够的变形，能给人以破坏的预兆。因此，应保证钢筋的伸长率和冷弯性能合格。

（3）可焊性好

在很多情况下，钢筋的接长和钢筋之间的连接需通过焊接。因此，要求在一定工艺条件下，钢筋焊接后不产生裂缝及过大的变形，保证焊接后的接头性能良好。

（4）与混凝土的黏结锚固性能好

为了使钢筋的强度能够充分被利用和保证钢筋与混凝土共同工作，两者之间应有足够的黏结力。

1.2.3　钢筋和混凝土共同工作

1）钢筋与混凝土共同工作的原因

钢筋与混凝土是两种力学性质截然不同的材料，在荷载、温度等外界因素作用下两者能够共同工作，是因为以下几点。

①钢筋和混凝土的温度线膨胀系数几乎相同[钢筋为 $1.2\times10^{-5}/℃$，混凝土为 $(1.0\sim1.5)\times10^{-5}/℃$]，在温度变化时，两者的变形基本相等，不致破坏钢筋混凝土结构的整体性。

②钢筋表面与混凝土之间存在黏结作用。这种黏结作用由四部分组成：一是混凝土与钢

筋接触表面间的化学吸附作用力，称作胶合力；二是混凝土结硬时体积收缩，将钢筋紧紧握裹住而产生的摩擦力；三是由于钢筋表面凹凸不平而产生的机械咬合力；四是钢筋端部加弯钩、弯折、在锚固区焊接短钢筋、焊角钢提供的附加锚固力。其中机械咬合力约占黏结作用的50%。

③钢筋被混凝土包裹着，从而使钢筋不会因大气的侵蚀而生锈变质。

上述三个原因中，钢筋表面与混凝土之间存在黏结作用是主因。

2）保证钢筋与混凝土之间黏结作用的措施

在结构设计中，常要在材料选用和构造方面采取一些措施，以使钢筋和混凝土之间具有足够的黏结力，确保钢筋与混凝土能共同工作。这些措施包括选择适当的混凝土强度等级、保证足够的混凝土保护层厚度和钢筋间距、保证受力钢筋有足够的锚固长度、采用变形钢筋或在光面钢筋端部设置弯钩、钢筋绑扎接头保证足够的搭接长度等。

（1）混凝土保护层

结构构件中钢筋外边缘至构件表面范围用于保护钢筋的混凝土称为钢筋的混凝土保护层。其主要作用有两个：一是保护钢筋不致锈蚀，保证结构的耐久性；二是保证钢筋与混凝土间的黏结。

构件中普通钢筋及预应力筋的混凝土保护层厚度应满足下列要求：

①构件中受力钢筋的混凝土保护层厚度不应小于钢筋的公称直径 d。

②设计使用年限为50年的混凝土结构，最外层钢筋的保护层厚度应符合表1-5规定；设计使用年限为100年的混凝土结构，最外层钢筋的保护层厚度不应小于表1-5中数值的1.4倍。

混凝土保护层的最小厚度（单位：mm）　　表1-5

环境类别	板、墙、壳	梁、柱、杆	环境类别	板、墙、壳	梁、柱、杆
一	15	20	三a	30	40
二a	20	25	三b	40	50
二b	25	35			

注：1. 混凝土强度等级不大于C25时，表中保护层厚度数值应增加5mm。

2. 钢筋混凝土基础宜设置混凝土垫层，基础中钢筋的混凝土保护层厚度应从垫层顶面算起，且不应小于40mm。

当有充分依据并采取下列措施时，可适当减小混凝土保护层厚度。

①钢筋表面有可靠的防护层。

②采用工厂化生产的预制构件。

③在混凝土中掺入阻锈剂或采用阴极保护处理等防锈措施。

④当对地下室墙体采用可靠的建筑防水做法或防护措施时，与土层接触一侧钢筋的保护层厚度可适当减小，但不应小于25mm。

当梁、柱、墙中纵向受力钢筋的保护层厚度大于50mm时，宜对保护层采用有效的构造措施。当在保护层内配置防裂、防剥落的钢筋网片时，网片钢筋的保护层厚度不应小于25mm。

(2)钢筋的锚固长度

钢筋混凝土构件中,某根钢筋若要发挥其在某个截面的强度,则必须从该截面向前延伸一个长度,以借助该长度上钢筋与混凝土的黏结力把钢筋锚固在混凝土中,这一长度称为锚固长度。钢筋的锚固长度取决于钢筋强度及混凝土强度,并与钢筋外形有关。

钢筋裂缝间的局部黏结应力使裂缝间的混凝土受拉。为了加强局部黏结作用和减小裂缝的宽度,在同等钢筋面积的条件下,宜采用直径小的变形钢筋。光面钢筋黏结性能较差,应在钢筋末端设弯钩,增大其锚固黏结能力。

为保证钢筋伸入支座的黏结力,应使钢筋伸入支座有足够的锚固长度,如支座长度不够时,可将钢筋弯折,弯折长度计入锚固长度内,也可在钢筋端部焊短钢筋、短角钢等方法加强钢筋和混凝土的黏结力。

《混凝土结构设计规范》规定,当计算中充分利用钢筋的抗拉强度时,受拉钢筋的锚固应符合下列要求。

①受拉钢筋的基本锚固长度按公式(1-2)、公式(1-3)计算。

普通钢筋

$$l_{ab} = \alpha \frac{f_y}{f_t} d \tag{1-2}$$

预应力筋

$$l_{ab} = \alpha \frac{f_{py}}{f_t} d \tag{1-3}$$

式中:l_{ab}——受拉钢筋的基本锚固长度;

f_y、f_{py}——普通钢筋、预应力筋的抗拉强度设计值;

f_t——混凝土轴心抗拉强度设计值,当混凝土强度等级高于 C60 时,按 C60 取值;

d——锚固钢筋的直径;

α——锚固钢筋的外形系数,按表 1-6 取用。

锚固钢筋的外形系数 α　　表 1-6

钢筋类型	光面钢筋	带肋钢筋	螺旋肋钢丝	三股钢绞线	七股钢绞线
α	0.16	0.14	0.13	0.16	0.17

注:光面钢筋末端应做 180°弯钩,弯后平直段长度不应小于 $3d$,但做受压钢筋时可不做弯钩。

②受拉钢筋的锚固长度应根据锚固条件按公式(1-4)计算,且不应小于 200mm。

$$l_a = \zeta_a l_{ab} \tag{1-4}$$

式中:l_a——受拉钢筋的锚固长度;

ζ_a——锚固长度修正系数,对普通钢筋按下列规定取用,当多于一项时,可按连乘计算,但不应小于 0.6;对预应力筋,可取 1.0。

ζ_a 的规定如下:

a. 当带肋钢筋的公称直径大于 25mm 时取 1.10。

b. 环氧树脂涂层带肋钢筋取1.25。

c. 施工过程中易受扰动的钢筋取1.10。

d. 当纵向受力钢筋的实际配筋面积大于其设计计算面积时，修正系数取设计计算面积与实际配筋面积的比值，但对有抗震设防要求及直接承受动力荷载的结构构件，不应考虑此项修正。

e. 锚固钢筋的保护层厚度为$3d$时修正系数可取0.80，保护层厚度为$5d$时修正系数可取0.70，中间按内插取值，d为锚固钢筋的直径。

③当锚固钢筋保护层厚度不大于$5d$时，锚固长度范围内应配置横向构造钢筋，其直径不应小于$1/4d$；对梁、柱、斜撑等构件间距不应大于$5d$，对板、墙等平面构件间距不应大于$10d$，且均不应大于100mm，d为锚固钢筋的直径。

混凝土结构中的纵向受压钢筋，当计算中充分利用其抗压强度时，受压钢筋的锚固长度不应小于相应受拉锚固长度的70%。受压钢筋不应采用末端弯钩和一侧贴焊锚筋的锚固措施。

(3)钢筋的弯钩

为了增加钢筋在混凝土内的抗滑移能力和钢筋端部的锚固作用，钢筋末端应做弯钩，见图1-14。

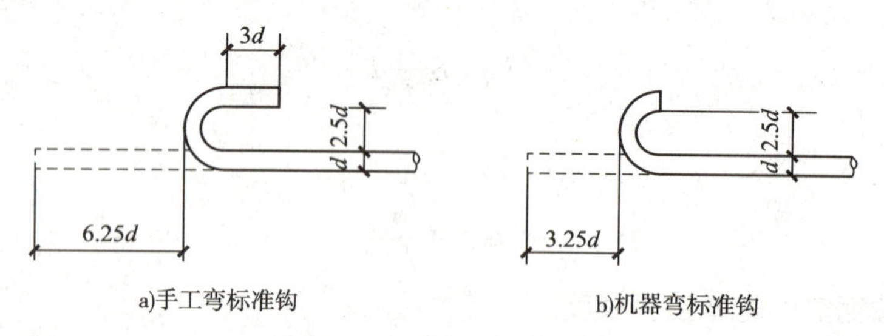

图1-14 光面钢筋端部的弯钩

当纵向受拉普通钢筋末端采用钢筋弯钩或机械锚固措施时，包括弯钩或锚固端头在内的锚固长度(投影长度)可取为基本锚固长度l_{ab}的60%。钢筋弯钩和机械锚固的形式和技术要求应符合表1-7及图1-15的规定。

钢筋弯钩和机械锚固的形式和技术要求 表1-7

锚固形式	技术要求
90°弯钩	末端90°弯钩，弯后直段长度$12d$
135°弯钩	末端135°弯钩，弯后直段长度$5d$
一侧贴焊锚筋	末端一侧贴焊长$5d$同直径钢筋，焊缝满足强度要求
两侧贴焊锚筋	末端两侧贴焊长$3d$同直径钢筋，焊缝满足强度要求
焊端锚板	末端与厚度d的锚板穿孔塞焊，焊缝满足强度要求
螺栓锚头	末端旋入螺栓锚头，螺纹长度满足强度要求

注：1. 焊缝和螺纹长度应满足承载力要求。
2. 螺栓锚头和焊接锚板的承压净面积不应小于锚固钢筋截面积的4倍。
3. 螺栓锚头的规格应符合相关标准的要求。
4. 螺栓锚头和焊接锚板的钢筋净间距不宜小于$4d$，否则应考虑群锚效应的不利影响。
5. 截面角部的弯钩和一侧贴焊锚筋的布筋方向宜向截面内侧偏置。

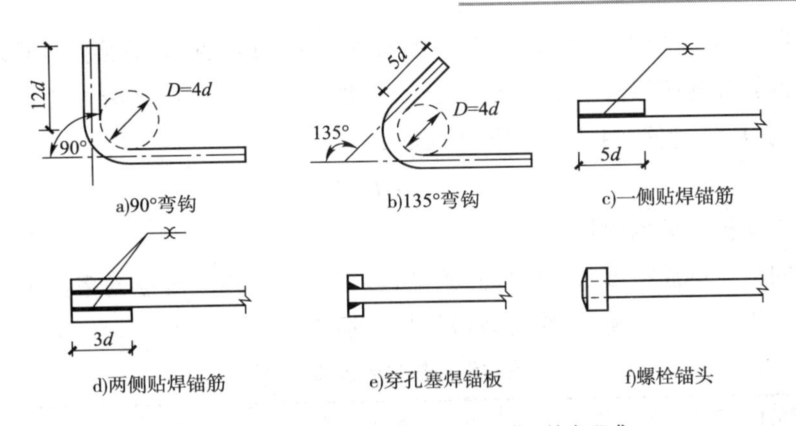

图1-15　钢筋弯钩和机械锚固的形式和技术要求

(4)钢筋的接头

在施工中，常常会出现因钢筋长度不够而需要接长的情况。钢筋连接可采用绑扎搭接、机械连接或焊接。《混凝结构设计规范》规定：轴心受拉及小偏心受拉杆件的纵向受力钢筋不得采用绑扎搭接；其他构件中的钢筋采用绑扎搭接时，受拉钢筋直径不宜大于25mm，受压钢筋直径不宜大于28mm。机械连接接头及焊接接头的类型及质量应符合国家现行有关标准的规定。

混凝土结构中受力钢筋的连接接头宜设置在受力较小处。在同一根受力钢筋上宜少设接头。在结构的重要构件和关键传力部位，纵向受力钢筋不宜设置连接接头。

①绑扎搭接接头

同一构件中相邻纵向受力钢筋的绑扎搭接接头宜互相错开。钢筋绑扎搭接接头连接区段的长度为1.3倍搭接长度，凡搭接接头中点位于该连接区段长度内的搭接接头均属于同一连接区段(见图1-16)。同一连接区段内纵向受力钢筋搭接接头面积百分率为该区段内有搭接接头的纵向受力钢筋与全部纵向受力钢筋截面面积的比值。当直径不同的钢筋搭接时，按直径较小的钢筋计算。

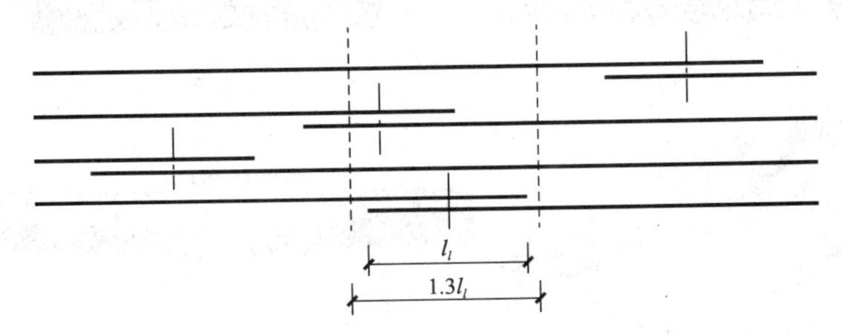

图1-16　同一连接区段内纵向受拉钢筋的绑扎搭接接头

位于同一连接区段内的受拉钢筋搭接接头面积百分率要求：对梁类、板类及墙类构件，不宜大于25%；对柱类构件，不宜大于50%。当工程中确有必要增大受拉钢筋搭接接头面积百分率时，对梁类构件，不宜大于50%；对板、墙、柱及预制构件的拼接处，可根据实际情况放宽。

并筋采用绑扎搭接连接时，应按每根单筋错开搭接的方式连接。接头面积百分率应按同一连接区段内所有的单根钢筋计算。并筋中钢筋的搭接长度应按单筋分别计算。

纵向受拉钢筋绑扎搭接接头的搭接长度，应根据位于同一连接区段内的钢筋搭接接头面积百分率按公式(1-5)计算，且不应小于300mm。

$$l_l = \zeta_l l_a \tag{1-5}$$

式中：l_l——纵向受拉钢筋的搭接长度；

ζ_l——纵向受拉钢筋搭接长度的修正系数，按表1-8取用。当纵向搭接钢筋接头面积百分率为表的中间值时，修正系数可按内插取值。

纵向受拉钢筋搭接长度修正系数　　表1-8

纵向搭接钢筋接头面积百分率(%)	≤25	50	100
ζ_l	1.2	1.4	1.6

构件中的纵向受压钢筋当采用搭接连接时，其受压搭接长度不应小于纵向受拉钢筋搭接长度的70%，且不应小于200mm。

在梁、柱类构件的纵向受力钢筋搭接长度范围内的横向构造钢筋，应满足锚固长度范围内配置横向构造钢筋的要求。当受压钢筋直径大于25mm时，尚应在搭接接头两个端面外100mm的范围内各设置两道箍筋。

②机械连接接头

纵向受力钢筋的机械连接接头宜相互错开。钢筋机械连接区段的长度为$35d$，d为连接钢筋的较小直径。凡接头中点位于该连接区段长度内的机械连接接头均属于同一连接区段。

位于同一连接区段内的纵向受拉钢筋接头面积百分率不宜大于50%；但对板、墙、柱及预制构件的拼接处，可根据实际情况放宽。纵向受压钢筋的接头百分率可不受限制。

机械连接套筒的保护层厚度宜满足有关钢筋最小保护层厚度的规定。机械连接套筒的横向净间距不宜小于25mm；套筒处箍筋的间距仍应满足构造要求，如图1-17所示。

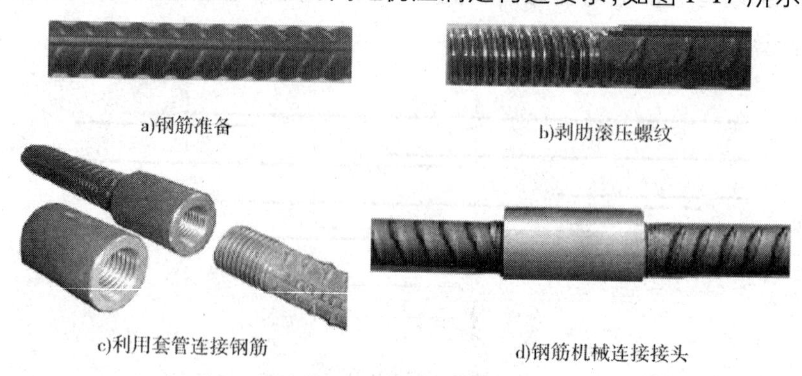

a)钢筋准备　b)剥肋滚压螺纹　c)利用套管连接钢筋　d)钢筋机械连接接头

图1-17　钢筋机械连接接头

直接承受动力荷载结构构件中的机械连接接头，除应满足设计要求的抗疲劳性能外，位于同一连接区段内的纵向受力钢筋接头面积百分率不应大于50%。

③焊接接头

细晶粒热扎带肋钢筋以及直径大于28mm的带肋钢筋，其焊接应经试验确定；余热处理钢筋不宜焊接。

纵向受力钢筋的焊接接头应相互错开。钢筋焊接接头连接区段的长度为35d且不小于500mm，d为连接钢筋的较小直径，凡接头中点位于该连接区段长度内的焊接接头均属于同一连接区段。

纵向受拉钢筋的接头面积百分率不宜大于50%，但对预制构件的拼接处，可根据实际情况放宽。纵向受压钢筋的接头百分率可不受限制。

需进行疲劳验算的构件，其纵向受拉钢筋不得采用绑扎搭接接头，也不宜采用焊接接头，除端部锚固外不得在钢筋上焊有附件。

当直接承受吊车荷载的钢筋混凝土吊车梁、屋面梁及屋架下弦的纵向受拉钢筋必须采用焊接接头时，应符合下列规定。

a. 必须采用闪光接触对焊，并去掉接头的毛刺及卷边。

b. 同一连接区段内纵向受拉钢筋焊接接头面积百分率不应大于25%，焊接接头连接区段的长度应取为45d，d为纵向受力钢筋的较大直径。

1.3　建筑结构的基本计算原则

1.3.1　结构的极限状态设计基础

1）结构的功能要求

结构设计的目的是要使所设计的结构在规定的设计使用年限内能满足全部的功能要求。建筑结构功能要求包括以下内容：

①在正常施工和正常使用时，能承受可能出现的各种作用。

②在正常使用时具有良好的工作性能。

③在正常维护下具有足够的耐久性能。

④在设计规定的偶然事件发生时或发生后，仍能保持必需的整体稳定性。

结构在规定时间内，在规定条件下完成预定功能的能力称为结构的可靠性。结构在规定时间内，在规定条件下完成预定功能的概率称为结构的可靠度。这里所说的规定时间，即指结构的设计使用年限，规定条件是指设计、施工、使用和维护均属正常的情况。

所谓设计使用年限是指设计规定的结构或结构构件不需进行大修即可按其预定目的使用的时期。换言之，设计使用年限就是房屋建筑在正常设计、正常施工、正常使用和维护下所应达到的持久年限。结构的设计使用年限根据《工程结构可靠性设计统一标准》(GB 50153—2008)规定应按表1-9采用。

2）结构的功能极限状态

结构能够满足功能要求并能良好地工作，就处于可靠状态；反之，结构不能满足功能要求，就处于失效状态。可靠与失效之间的界限称为极限状态，即整个结构或结构的某一部分超过某一特定状态，就不能满足设计规定的某一功能要求，此特定状态便称为结构的功能极限状态。

设计使用年限分类 表1-9

类 别	设计使用年限(年)	举 例
1	5	临时性结构
2	25	易于替换的结构构件
3	50	普通房屋和构筑物
4	100	纪念性建筑和特别重要的建筑结构

极限状态可分为承载能力极限状态和正常使用极限状态两类。

①承载能力极限状态：对应于结构或结构构件达到最大承载能力或不适于继续承载的变形的状态。超过这一状态，结构或结构构件便不能满足安全性的功能。

当结构或构件出现下列状态之一时，即认为超过了承载能力极限状态。

a. 结构构件或连接因超过材料强度而破坏(包括疲劳破坏)，或因过度的变形而不适于继续承载。

b. 整个结构或结构的一部分作为刚体失去平衡。

c. 结构转变为机动体系。

d. 结构或结构构件丧失稳定。

e. 结构因局部破坏而发生连续倒塌。

f. 地基丧失承载能力而破坏。

g. 结构或结构构件的疲劳破坏。

②正常使用极限状态：对应于结构或结构构件达到正常使用或耐久性能的某项规定限值的状态。超过这一状态，便不能满足适用性或耐久性的功能。

当结构或结构构件出现下列状态之一时，即认为超过了正常使用极限状态。

a. 影响正常使用及外观的变形。

b. 影响正常使用或耐久性能的局部损坏。

c. 影响正常使用的振动。

d. 影响正常使用的其他特定状态。

为了形象地说明结构的工作状态，可令

$$Z = g(S,R) = R - S \tag{1-6}$$

式中：S——结构的作用效应，其中由荷载引起的各种效应称为荷载效应，如内力、变形；

R——结构的抗力，即结构或构件承受作用效应的能力，如承载力、刚度等。

式(1-6)称为结构的功能函数。

显然，当 $Z>0$ 时，结构处于可靠状态；当 $Z<0$ 时，结构处于失效状态；当 $Z=0$ 时，结构处于极限状态。通过功能函数 Z，可以判别结构所处的状态。结构的极限状态方程为

$$Z = R - S = 0 \tag{1-7}$$

此时结构处于极限状态。

1.3.2　结构上的作用和结构承载力

1)结构上的作用

作用是指使结构产生内力、变形或应力、应变的所有原因。作用分为直接作用和间接作用。直接作用(也称荷载)是指施加在结构上的集中力和分布力;间接作用是指引起结构外加变形和约束变形的原因,如地震、材料收缩、温度变化和焊接变形等。

结构上的作用按其随时间变化可分为永久、可变和偶然作用三类:

①永久作用。在设计所考虑的时期内始终存在,且量值变化与平均值相比可忽略不计的作用,或其变化是单调的并趋于某个极限的作用,如结构构件、围护构件、面层及装饰、固定设备、长期储物的自重、土压力和水压力等。

②可变作用。在设计使用年限内量值随时间变化,且变化值与平均值相比不可忽略的荷载,如楼面活荷载、屋面活荷载、风荷载、雪荷载、吊车荷载和温度作用等。

③偶然作用。在设计使用年限内不一定出现,但一旦出现其量值很大,且持续时间很短的荷载,如爆炸力和撞击力等。

当作用的类型为直接作用时,也习惯分别称为永久荷载(恒荷载)、可变荷载(活荷载)和偶然荷载。

2)作用效应和结构抗力

作用效应是指施加在结构上的各种作用,使结构内所产生的内力和变形(如轴力、弯矩、剪力、扭矩、挠度、裂缝等),用 S 表示。当作用为荷载时,其效应也称为荷载效应。由于结构上的作用是不确定的随机变量,所以作用效应也是随机变量。

结构抗力是指结构或结构构件承受作用效应的能力,即承受内力和变形的能力,用 R 表示。结构抗力由材料性能、构件的几何参数及计算模式确定。由于材料的变异性、构件几何特征和计算模式的不确定性,结构抗力也是随机变量。

3)荷载代表值

结构设计时用以验算极限状态所采用的荷载量值称为荷载代表值。永久荷载采用标准值为代表值,可变荷载采用标准值、组合值、频遇值或准永久值为代表值。

①荷载标准值。荷载标准值是结构设计时采用的荷载基本代表值,为设计基准期内最大荷载统计分布的特征值。《建筑结构荷载规范》(GB 50009—2012)(以下简称《建筑结构荷载规范》)对各类荷载标准值的取法,有以下规定。

a. 永久荷载标准值 G_k。

永久荷载主要是结构构件、维护构件、面层及装饰、固定设备、长期储物的自重、土压力、水压力,以及其他需要按永久荷载考虑的荷载。结构自重的标准值一般可按结构构件的设计尺寸与材料单位体积(或单位面积)的自重计算确定。一般材料和构件的单位自重可取其平均值,对于自重变异较大的材料和构件,自重的标准值应根据对结构的不利或有利状态,分别取上限或下限值。部分常用材料和构件单位体积的自重见表1-10,其余见《建筑结构荷载规范》。

部分常用材料和构件自重　　表1-10

序号	名称	单位	自重(kg)	备注
1	素混凝土	kN/m^3	22~24	振捣或不振捣
2	钢筋混凝土	kN/m^3	24~25	
3	石灰砂浆、混合砂浆	kN/m^3	17	
4	水泥砂浆	kN/m^3	20	
5	浆砌普通砖砌体	kN/m^3	18	
6	钢	kN/m^3	72.5	
7	油毡防水层(包括改性沥青防水卷材)	kN/m^2	0.05	一层油毡刷油两遍
			0.25~0.3	四层做法,一毡二油上铺小石子
			0.3~0.35	六层做法,二毡三油上铺小石子
			0.35~0.4	八层做法,三毡四油上铺小石子
8	水磨石地面	kN/m^2	0.65	10mm面层,20mm水泥砂浆打底
9	硬木地板	kN/m^2	0.2	厚25mm,不包括格栅自重
10	小瓷砖地面	kN/m^2	0.55	包括水泥粗砂打底
11	木框玻璃窗	kN/m^2	0.2~0.3	
12	钢框玻璃窗、钢铁门	kN/m^2	0.4~0.45	
13	木门	kN/m^2	0.1~0.2	
14	贴瓷砖墙面	kN/m^2	0.5	包括水泥砂浆打底,共厚25mm
15	水刷石墙面	kN/m^2	0.5	25mm厚,包括打底
16	水泥粉刷墙面	kN/m^2	0.36	20mm厚,水泥粗砂
17	石灰粗砂粉刷	kN/m^2	0.34	20mm厚

在进行结构自重的标准值计算时,材料自重(用γ表示,单位kN/m^3)乘以结构构件的不同几何边长(构件的几何尺寸长×宽×高用$L\times b\times h$,单位mm^3)得到不同的荷载形式。

$\gamma\times L\times b\times h$,得到作用于构件重心的集中荷载标准值,单位kN;

$\gamma\times b\times h$,得到作用于沿L方向的均布线荷载标准值,单位kN/m;

$\gamma\times L$,得到作用于$b\times h$面上的均布面荷载标准值,单位kN/m^2;

b. 可变荷载标准值Q_k

可变荷载标准值根据设计基准期内最大荷载概率分布的某一分位值确定。根据统计和长期使用的经验,《建筑结构荷载规范》对能作统计分析的楼面和屋面活荷载、吊车荷载、雪荷载、风荷载、温度作用、偶然荷载均规定了荷载标准值,设计时可直接查用。

民用建筑楼面均布活荷载标准值见表1-11。

设计楼面梁、墙、柱及基础时,表中活荷载标准值应按规定折减,详见《建筑结构荷载规范》。

工业与民用建筑的屋面均布活荷载按水平投影面计算,其标准值按表1-12采用。

其余可变荷载,如工业建筑楼面活荷载、风荷载、雪荷载、厂房屋面积灰荷载等详见《建筑结构荷载规范》。

②可变荷载组合值。当两种或两种以上可变荷载同时作用于结构上时，由于所有可变荷载同时达到其单独出现时可能达到的最大值的概率极小，因此，除主导荷载（产生最大效应的荷载）仍可以其标准值为代表值外，其他伴随荷载均应取其标准值的组合值为荷载代表值。

可变荷载组合值可表示为 $\Psi_c Q_k$。其中 Ψ_c 为可变荷载组合值系数，Q_k 为可变荷载标准值。民用建筑楼面均布活荷载的组合值系数、屋面均布活荷载的组合值系数分别见表1-11和表1-12。

③可变荷载频遇值。可变荷载频遇值是指在设计基准期内被超越的总时间仅为设计基准期一小部分的荷载值。

可变荷载频遇值可表示为 $\Psi_f Q_k$，其中 Ψ_f 为频遇值系数。民用建筑楼面均布活荷载的频遇值系数、屋面均布活荷载的频遇值系数分别见表1-11和表1-12。

④可变荷载准永久值。可变荷载中可能有部分相当长时间不变，其累计时间超过50%设计基准期，该部分可变荷载在计算长期影响时应视为永久荷载，称为可变荷载准永久值。

可变荷载准永久值可表示为 $\Psi_q Q_k$，其中 Ψ_q 为准永久值系数。民用建筑楼面均布活荷载的准永久值系数、屋面均布活荷载的准永久值系数分别见表1-11和表1-12。

民用建筑楼面均布活荷载标准值及其组合值、频遇值和准永久值系数　　表1-11

<table>
<tr><th>项　次</th><th colspan="3">类　　别</th><th>标准值（kN/m²）</th><th>组合值系数 Ψ_c</th><th>频遇值系数 Ψ_f</th><th>准永久值系数 Ψ_q</th></tr>
<tr><td rowspan="2">1</td><td colspan="3">住宅、宿舍、旅馆、办公楼、医院病房、托儿所、幼儿园</td><td>2.0</td><td>0.7</td><td>0.5</td><td>0.4</td></tr>
<tr><td colspan="3">试验室、阅览室、会议室、医院门诊室</td><td>2.0</td><td>0.7</td><td>0.6</td><td>0.5</td></tr>
<tr><td>2</td><td colspan="3">教室、食堂、餐厅、一般资料档案室</td><td>2.5</td><td>0.7</td><td>0.6</td><td>0.5</td></tr>
<tr><td rowspan="2">3</td><td colspan="3">礼堂、剧场、影院、有固定座位的看台</td><td>3.0</td><td>0.7</td><td>0.5</td><td>0.3</td></tr>
<tr><td colspan="3">公共洗衣房</td><td>3.0</td><td>0.7</td><td>0.6</td><td>0.5</td></tr>
<tr><td rowspan="2">4</td><td colspan="3">商店、展览厅、车站、港口、机场大厅及其旅客等候室</td><td>3.5</td><td>0.7</td><td>0.6</td><td>0.5</td></tr>
<tr><td colspan="3">无固定座位的看台</td><td>3.5</td><td>0.7</td><td>0.5</td><td>0.3</td></tr>
<tr><td rowspan="2">5</td><td colspan="3">健身房、演出舞台</td><td>4.0</td><td>0.7</td><td>0.6</td><td>0.5</td></tr>
<tr><td colspan="3">运动场、舞厅</td><td>4.0</td><td>0.7</td><td>0.6</td><td>0.3</td></tr>
<tr><td rowspan="2">6</td><td colspan="3">书库、档案库、贮藏室</td><td>5.0</td><td>0.9</td><td>0.9</td><td>0.8</td></tr>
<tr><td colspan="3">密集柜书库</td><td>12.0</td><td>0.9</td><td>0.9</td><td>0.8</td></tr>
<tr><td>7</td><td colspan="3">通风机房、电梯机房</td><td>7.0</td><td>0.9</td><td>0.9</td><td>0.8</td></tr>
<tr><td rowspan="4">8</td><td rowspan="4">汽车通道及停车库</td><td rowspan="2">单向板楼盖（板跨不小于2m）和双向板楼盖（板跨不小于3m×3m）</td><td>客车</td><td>4.0</td><td>0.7</td><td>0.7</td><td>0.6</td></tr>
<tr><td>消防车</td><td>35.0</td><td>0.7</td><td>0.5</td><td>0.0</td></tr>
<tr><td rowspan="2">双向板楼盖（板跨不小于6m×6m）和无梁楼盖（柱网尺寸不小于6m×6m）</td><td>客车</td><td>2.5</td><td>0.7</td><td>0.7</td><td>0.6</td></tr>
<tr><td>消防车</td><td>20.0</td><td>0.7</td><td>0.5</td><td>0.0</td></tr>
</table>

续上表

项 次	类 别		标准值 (kN/m^2)	组合值系数 Ψ_c	频遇值系数 Ψ_f	准永久值系数 Ψ_q
9	厨房	餐厅	4.0	0.7	0.7	0.7
		其他	2.0	0.7	0.6	0.5
10	浴室、卫生间、盥洗室		2.5	0.7	0.6	0.5
11	走廊、门厅	宿舍、旅馆、医院病房、托儿所、幼儿园、住宅	2.0	0.7	0.5	0.4
		办公楼、餐厅、医院门诊部	2.5	0.7	0.6	0.5
		教学楼及其他可能出现人员密集的情况	3.5	0.7	0.5	0.3
12	楼梯	多层住宅	2.0	0.7	0.5	0.4
		其他	3.5	0.7	0.5	0.3
13	阳台	可能出现人员密集的情况	3.5	0.7	0.6	0.5
		其他	2.5	0.7	0.6	0.5

注:1. 本表所给各项活荷载适用于一般使用条件,当使用荷载较大、情况特殊或有专门要求时,应按实际情况采用。

2. 第6项当书架高度大于2m时,书库活荷载尚应按每米书架高度不小于$2.5kN/m^2$确定。

3. 第8项中的客车活荷载仅适用于停放载人小于9人的客车;消防车活荷载适用于满载总重为300kN的大型车辆;当不符合本表要求时,应将车轮的局部荷载按结构效应的等效原则,换算为等效均布荷载。

4. 第8项消防车活荷载,当双向板楼盖板跨介于$3m \times 3m \sim 6m \times 6m$之间时,应按跨度线性插值确定。

5. 第12项楼梯活荷载,对预制楼梯踏步平板,尚应按1.5kN集中荷载验算。

6. 本表各项荷载不包括隔墙自重和二次装修荷载;对固定隔墙的自重应按永久荷载考虑,当隔墙位置可灵活自由布置时,非固定隔墙的自重应取不小于1/3的每延米长墙重(kN/m)作为楼面活荷载的附加值(kN/m^2)计入,且附加值不应小于$1.0kN/m^2$。

屋面均布活荷载标准值及其组合值、频遇值和准永久值系数 表1-12

项 次	类 别	活荷载标准值(kN/m^2)	组合值系数 Ψ_c	频遇值系数 Ψ_f	准永久值系数 Ψ_q
1	不上人的屋面	0.5	0.7	0.5	0.0
2	上人的屋面	2.0	0.7	0.5	0.4
3	屋顶花园	3.0	0.7	0.6	0.5
4	屋顶运动场地	3.0	0.7	0.6	0.4

注:1. 不上人屋面,当施工或维修荷载较大时,应按实际情况采用;对不同类型的结构应按有关设计规范的规定采用,但不得低于$0.3kN/m^2$。

2. 当上人的屋面兼作其他用途时,应按相应楼面活荷载采用。

3. 对于因屋面排水不畅、堵塞等引起的积水荷载,应采取构造措施加以防止;必要时,应按积水的可能深度确定屋面活荷载。

4. 屋顶花园活荷载不应包括花圃土石等材料自重。

1.3.3 极限状态设计表达式

结构设计时，需要针对不同的极限状态，根据各种结构的特点和使用要求给出具体的标志及限值，并以此作为结构设计的依据，这种设计方法称为“极限状态设计法”。现行规范采用以概率理论为基础的极限状态设计法。这里只介绍承载能力极限状态的极限状态设计表达式。

1) 安全等级

结构构件按承载能力极限状态设计时，根据结构构件破坏可能产生的后果（危及人的生命、造成经济损失、产生社会影响等）的严重程度，分三个安全等级确定结构重要性系数 γ_0。结构的安全等级划分见表1-13。

结构的安全等级 表1-13

安全等级	破坏后果	建筑物类型	安全等级	破坏后果	建筑物类型
一级	很严重	重要的房屋	三级	不严重	次要的房屋
二级	严重	一般的房屋			

2) 设计表达式

对于承载能力极限状态，应按荷载的基本组合或偶然组合计算荷载组合的效应设计值，并应采用公式（1-8）和公式（1-9）进行设计。

$$\gamma_0 S_d \leqslant R_d \tag{1-8}$$

$$R_d = \frac{R(f_c, f_s, \alpha_k \cdots)}{\gamma_{Rd}} \tag{1-9}$$

式中：γ_0——结构重要性系数：在持久设计状况、短暂设计状况下，对安全等级为一级的结构构件不应小于1.1，对安全等级为二级的结构构件不应小于1.0，对安全等级为三级的结构构件不应小于0.9；在地震设计状况下应取1.0；

S_d——承载能力极限状态下作用组合的效应设计值：对持久设计状况、短暂设计状况应按作用的基本组合计算；对地震设计状况应按作用的地震组合计算；

R_d——结构构件的抗力设计值；

$R(\cdots)$——结构构件的抗力函数；

γ_{Rd}——结构构件的抗力模型不定性系数：静力设计取1.0，对不确定性较大的结构构件根据具体情况取大于1.0的数值；抗震设计应用承载力抗震调整系数 γ_{RE} 代替 γ_{Rd}；

f_c、f_s——混凝土、钢筋的强度设计值；

α_k——几何参数的标准值。

3) 荷载基本组合的效应设计值 S_d

荷载效应的基本组合是承载能力极限状态设计计算时，永久荷载和可变荷载的组合的设计值，应从下列组合值中取最不利值确定。

①由可变荷载控制的效应设计值组合，应按下式计算：

$$S_d = \sum_{j=1}^{m}\gamma_{Gj}S_{GjK} + \gamma_{Q1}\gamma_{L1}S_{Q1K} + \sum_{i=2}^{n}\gamma_{Qi}\gamma_{Li}\psi_{Ci}S_{QiK} \quad (1\text{-}10)$$

式中：γ_{Gj}——第 j 个永久荷载的分项系数，应按下列规定取值：

a. 当永久荷载效应对结构不利时，对由可变荷载效应控制的组合应取 1.2，对由永久荷载效应控制的组合应取 1.35；

b. 当永久荷载效应对结构有利时，不应大于 1.0；

S_{Gjk}——按第 j 个永久荷载标准值 G_{jk} 计算的荷载效应值；

γ_{Qi}——第 i 个可变荷载的分项系数，其中 γ_{Q1} 为主导可变荷载 Q_1 的分项系数，应按下列规定取值：

a. 对标准值大于 4kN/m^2 的工业房屋楼面结构的活荷载，应取 1.3；

b. 其他情况，应取 1.4；

γ_{Li}——第 i 个可变荷载考虑设计使用年限的调整系数，其中 γ_{L1} 为主导可变荷载 Q_1 考虑设计使用年限的调整系数，应按下列规定取值：

a. 楼面和屋面活荷载 γ_{L1} 按表 1-14 采用；

b. 对雪荷载和风荷载，应取重现期为设计使用年限，按有关规定取用。

S_{Qik}——按第 i 个可变荷载标准值 Q_{ik} 计算的荷载效应值，其中 S_{Q1k} 为诸可变荷载效应中起控制作用者；

ψ_{Ci}——第 i 个可变荷载 Q_i 的组合值系数；

m——参与组合的永久荷载数；

n——参与组合的可变荷载数。

楼面和屋面活荷载考虑设计使用年限的调整系数 γ_L 表 1-14

结构设计使用年限(年)	5	50	100
γ_L	0.9	1.0	1.1

②由永久荷载控制的效应设计值，应按下式计算：

$$S_d = \sum_{j=1}^{m}\gamma_{Gj}S_{Gjk} + \sum_{i=1}^{n}\gamma_{Qi}\gamma_{Li}\psi_{Ci}S_{Qik} \quad (1\text{-}11)$$

注意：a. 基本组合中的效应设计值仅适用于荷载与荷载效应为线性的情况。

b. 当 S_{QiK} 无法明显判断时，应依次以各可变荷载作为 S_{Qik}，并选取其中最不利的荷载组合的效应设计值。

以上各式中，$\gamma_G S_{Gk}$ 和 $\gamma_Q S_{Qk}$ 分别称为永久荷载效应设计值和可变荷载效应设计值，相应地，$\gamma_G G_k$ 和 $\gamma_Q Q_k$ 分别称为永久荷载设计值和可变荷载设计值。

4）正常使用极限状态验算

对于正常使用极限状态，应根据不同的设计要求，采用荷载的标准组合、频遇组合或准永久组合，并应按下式进行设计：

$$S_d \leqslant C \quad (1\text{-}12)$$

式中:C——结构或结构构件达到正常使用要求的规定限值,例如变形、裂缝、振幅、加速度、应力等的限值。

例 1-1 有一钢筋混凝土简支梁,安全等级为二级,计算跨度 $L_0=6\text{m}$,作用在梁上的恒载(含自重)标准值 $g_k=16\text{kN/m}$,活荷载标准值 $q_k=6\text{kN/m}$。试计算按承载能力极限状态设计时的跨中弯矩设计值 $M(\text{kN}\cdot\text{m})$。

解:

简支梁在均布恒荷载标准值作用下的跨中弯矩为

$$M_{gk}=\frac{1}{8}g_kL_0^2=\frac{1}{8}\times 16\times 6^2=72\text{kN}\cdot\text{m}$$

简支梁在均布活荷载标准值作用下的跨中弯矩为

$$M_{qk}=\frac{1}{8}q_kL_0^2=\frac{1}{8}\times 6\times 6^2=27\text{kN}\cdot\text{m}$$

活荷载分项系数 $\gamma_Q=1.4$。安全等级为二级,取结构重要性系数 $\gamma_0=1.0$,可变荷载考虑设计使用年限的调整系数 $\gamma_L=1.0$。

由公式(1-10)得由可变荷载控制的跨中弯矩设计值为

$$\gamma_0(\gamma_G M_{gk}+\gamma_Q M_{qk})=1.0\times(1.2\times 72+1.4\times 27)=124.2\text{kN}\cdot\text{m}$$

由公式(1-11)得由永久荷载控制的跨中弯矩设计值为

$$\gamma_0(\gamma_G M_{gk}+\gamma_Q\gamma_L\psi_c M_{qk})=1.0\times(1.35\times 72+1.4\times 1.0\times 0.7\times 27)=123.7\text{kN}\cdot\text{m}$$

故该简支梁跨中弯矩设计值 $M=124.2\text{kN}\cdot\text{m}$。

1.3.4 混凝土结构的耐久性要求

混凝土结构应符合有关耐久性要求,以保证其在化学的、生物的以及其他使结构材料性能恶化的各种侵蚀的作用下,达到预期的耐久年限。混凝土结构的耐久性按结构所处环境和设计使用年限设计。

混凝土结构暴露的环境类别可按表 1-15 的要求划分。

混凝土结构及构件应采取下列耐久性技术措施:

①预应力混凝土结构中的预应力筋应根据具体情况采取表面防护、孔道灌浆、加大混凝土保护层厚度等措施,外露的锚固端应采取封锚和混凝土表面处理等有效措施。

②有抗渗要求的混凝土结构,混凝土的抗渗等级应符合有关标准的要求。

③严寒及寒冷地区的潮湿环境中,结构混凝土应满足抗冻要求,混凝土抗冻等级应符合有关标准的要求。

④处于二、三类环境中的悬臂购件宜采用悬臂梁—板的结构形式,或在其上表面增设防护层。

⑤处于二、三类环境中的结构构件,其表面的预埋件、吊钩、连接件等金属部件应采取可靠的防锈措施,对于后张预应力混凝土外露金属锚具,其防护要求见有关规定。

混凝土结构的使用环境类别　　表 1-15

环境类别	条件
一	室内干燥环境;无侵蚀性静水浸没环境
二 a	室内潮湿环境;非严寒和非寒冷地区的露天环境;严寒和非寒冷地区与无侵蚀性的水或土壤直接接触的环境;严寒和寒冷地区的冰冻线以下的水或土壤直接接触的环境
二 b	干湿交替环境;水位频繁变动环境;严寒及寒冷地区的露天环境;严寒及寒冷地区冰冻线以上与无侵蚀性的水或土壤直接接触的环境
三 a	严寒及寒冷地区冬季水位变动区环境;受除冰盐影响环境;海风环境
三 b	盐渍土环境;受除冰盐作用环境;海岸环境
四	海水环境
五	受人为或自然的侵蚀性物质影响的环境

注:1. 室内潮湿环境是指构件表面经常处于结露或湿润状态的环境。

2. 严寒和寒冷地区的划分应符合国家现行标准《民用建筑热工设计规范》的有关规定:严寒地区指累年(即近期30年,不足30年的按实际年数,但不得低于10年)最冷月平均温度低于或等于－10℃的地区,寒冷地区指最冷月平均温度0～－10℃的地区。

3. 海岸环境和海风环境宜根据当地情况,考虑主导风向及结构所处迎风、背风部位等因素的影响,由调查研究和工程经验确定。

4. 受除冰盐影响环境是指受到除冰盐盐雾影响的环境;受除冰盐作用环境是指被除冰盐溶液溅射的环境以及使用除冰盐地区的洗车房、停车场等建筑。

设计使用年限为50年的结构混凝土,其混凝土材料宜符合表1-16的规定。

结构混凝土材料的耐久性本要求　　表 1-16

环境等级	最大水胶比	最低强度等级	最大氯离子含量(%)	最大碱含量(kg/m^3)
一	0.65	C20	0.3	不限制
二 a	0.55	C25	0.2	3.0
二 b	0.50(0.55)	C30(C25)	0.15	
三 a	0.45(0.50)	C35(C30)	0.15	
三 b	0.40	C40	0.10	

注:1. 氯离子含量指其占胶凝材料用量的百分比。

2. 预应力构件混凝土中的最大氯离子含量为0.06%;其最低混凝土强度等级宜按表中的规定提高两个等级。

3. 素混凝土构件的水胶比及最低强度等级的要求可适当放松。

4. 有可靠工程经验时,二类环境中的最低混凝土强度等级可降低一个等级。

5. 处于严寒和寒冷地区二 b、三 a 类环境中的混凝土应使用引气剂,并可采用括号中的有关参数。

6. 当使用非碱活性骨料时,对混凝土中的碱含量可不作限制。

⑥处在三类环境中的混凝土结构构件,可采用阻锈剂、环氧树脂涂层钢筋或其他具有耐腐蚀性能的钢筋、采取阴极保护措施或采用可更换的构件等措施。

一类环境中,设计使用年限为100年的结构混凝土应符合下列规定:

①钢筋混凝土结构的最低强度等级为C30;预应力混凝土结构的最低强度等级为C40。

②混凝土中最大氯离子含量为0.06%。

③宜使用非碱活性骨料，当使用碱活性骨料时，混凝土中的最大碱含量为3.0kg/m^3。

④混凝土保护层厚度应符合有关规定；当采取有效的表面防护措施时，混凝土保护层厚度可适当减少。

二类和三类环境中，设计使用年限为100年的混凝土结构应采取专门的有效措施。

耐久性环境类别为四类和五类的混凝土结构，其耐久性要求应符合有关标准的规定。

混凝土结构在设计使用年限内应遵守下列规定：

①建立定期检测、维修制度。

②设计中可更换的混凝土构件应按规定更换。

③构件表面的防护层，应按规定维护或更换。

④结构出现可见的耐久性缺陷时，应及时进行处理。

本模块回顾

1. 建筑结构是指由若干构件连接而成的能承受各种作用的受力体系。按照结构所用材料的不同，建筑结构可分为混凝土结构、砌体结构、钢结构和木结构四种类型，每一种结构类型均有其特点。社会的发展，新材料、新技术、新工艺、新方法的不断涌现，要求我们在本课程学习过程中要注重理论联系实际，学以致用。

2. 混凝土立方体抗压强度标准值是评定混凝土强度等级的指标，我国《混凝土结构设计规范》采用边长为150mm的立方体作为标准试块。混凝土强度等级分为C15～C80共14个等级。

3. 我国用于混凝土结构的钢筋主要有：热轧钢筋、冷拉钢筋、热处理钢筋、冷轧钢筋、冷拔低碳钢丝、消除应力钢丝、钢绞线等。最常用的热轧钢筋分为HPB300，HRB335、HRBF335，HRB400、HRBF400、RRB400，HRB500、HRBF500四个级别。

4. 进行钢筋混凝土结构计算时，对于有屈服点的钢筋，其强度标准值取屈服强度作为设计依据；对于无屈服点的钢筋，其强度标准值取限残余应变为0.2%时所对应的应力$\sigma_{0.2}$作为强度设计依据。

5. 混凝土结构对钢筋有强度、塑性、可焊性和与混凝土的黏结锚固性能等多方面的要求。

6. 钢筋与混凝土之间的黏结力是两者共同工作的基础，应当采取必要的措施加以保证。

7. 结构的功能极限状态分为承载能力极限状态和正常使用极限状态。

8. 结构上的作用分为永久作用、可变作用和偶然作用。当作用的类型为直接作用时，习惯上分别称它们为永久荷载（恒荷载）、可变荷载（活荷载）和偶然荷载。永久荷载采用标准值为代表值，可变荷载采用标准值、组合值、频遇值或准永久值为代表值。

9. 极限状态设计表达式为：$\gamma_0 S_d \leq R_d$。

想一想

(一)简答题

1-1　什么是建筑结构?根据所用材料的不同,建筑结构可分为哪几类?各有何优缺点?

1-2　什么是结构上的作用?什么是荷载?两者有何区别与联系?

1-3　钢筋混凝土结构中常用的热轧钢筋一般分为哪四个级别?各代表什么含义?

1-4　钢筋混凝土结构对混凝土强度等级的要求是什么?

1-5　钢筋和混凝土为什么能共同工作?最主要的原因是什么?

1-6　钢筋接头形式有哪几种?

1-7　什么是永久作用、可变作用和偶然作用?

1-8　什么是荷载代表值?永久荷载、可变荷载分别以什么为代表值?

1-9　建筑结构应满足哪些功能要求?其中最重要的一项是什么?

1-10　什么是结构功能的极限状态?承载能力极限状态和正常使用极限状态的含义分别是什么?

1-11　永久荷载、可变荷载的荷载分项系数分别为多少?

1-12　试写出荷载基本组合时荷载效应组合设计值的表达式。

1-13　混凝土结构的使用环境分为几类?

(二)计算题

1-14　某住宅楼面梁,由恒载标准值引起的弯矩 $M_{gk}=15\text{kN}\cdot\text{m}$,由楼面活荷载标准值引起的弯矩 $M_{gk}=5\text{kN}\cdot\text{m}$,活荷载组合值系数 $\psi_c=0.7$,结构安全等级为二级。试求最大弯矩设计值 M。

1-15　某钢筋混凝土矩形截面简支梁,截面尺寸 $b\times h=200\text{mm}\times 500\text{mm}$,计算跨度 $L_0=3800\text{mm}$,梁上作用恒载标准值(不含自重)4kN/m,活荷载标准值 9kN/m,活荷载组合值系数 $\psi_c=0.7$,梁的安全等级为二级。试求梁的跨中最大弯矩设计值。

模块2　钢筋混凝土受弯构件承载力计算

学习目标

1. 掌握受弯构件的构造要求。
2. 掌握单筋矩形截面受弯构件正截面承载力计算。
3. 掌握单筋T形截面受弯构件正截面承载力计算。
4. 掌握受弯构件斜截面承载力计算。

受弯构件是工程结构中最常见的构件。梁和板是工业与民用建筑中典型的受弯构件，如楼(屋)面梁、楼(屋)面板、楼梯、雨篷板、挑檐板、挑梁等都属于受弯构件。

由于混凝土抗拉强度低，在外荷载的作用下会在梁或板的受拉区出现裂缝，如图2-1所示。当梁中1点处的直裂缝向上延伸到一定程度，其上部混凝土会被压碎，使梁失去承载力，由于这个破坏截面垂直于梁的轴线，因此称为正截面破坏。另外在梁的两端2、3点处也可能发生裂缝破坏，由于这个破坏截面与梁的轴线有一定的夹角，因而称为斜截面破坏。所以，设计受弯构件时，需进行正截面承载力和斜截面承载力计算。

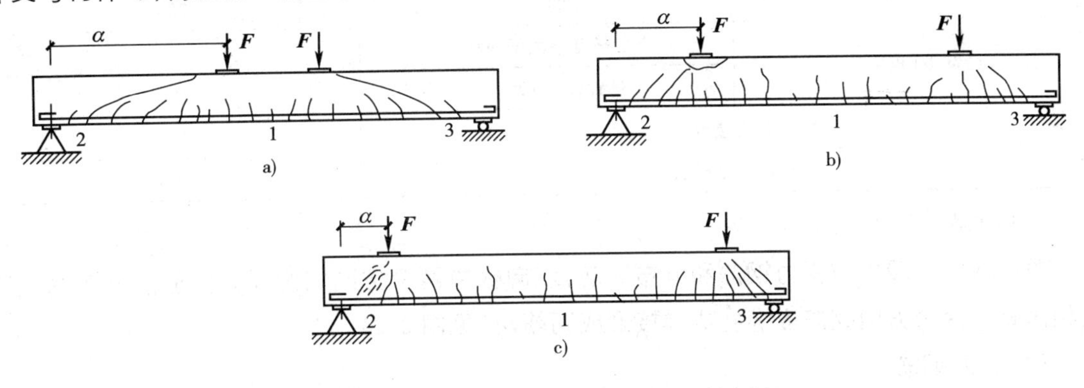

图2-1　简支梁在荷载不同作用位置时的破坏过程

2.1　梁、板的构造要求

2.1.1　板的构造要求

1) 混凝土板的计算原则

①两边支承的板应按单向板计算。

②四边支承的板应符合下列规定。

a. 当长边与短边长度之比不大于2.0时,应按双向板计算。

b. 当长边与短边长度之比大于2.0,但小于3.0时,宜按双向板计算。

c. 当长边与短边长度之比不小于3.0时,宜按沿短板方向受力的单向板计算,并应沿长边方向布置构造钢筋。

2)板的厚度

板的厚度与板的跨度及板上所承受荷载的大小有关。在确定板厚时必须满足承载力、刚度和抗裂度(或裂缝宽度)的要求。按刚度要求,现浇板的跨厚比 L_0/h 应符合:钢筋混凝土单向板不大于30,双向板不大于40;无梁支承的有柱帽板不大于35,无梁支承的无柱帽板不大于30;预应力板可适当增加;当板的荷载、跨度较大时宜适当减小。同时从构造角度考虑,现浇板的厚度不应小于表2-1规定的数值。现浇板的厚度一般取为10mm的倍数。

现浇板的最小厚度(mm)　　表2-1

板的类型		最小厚度(mm)
单向板	屋面板	60
	民用建筑楼板	60
	工业建筑楼板	70
	行车道下楼板	80
双向板		80
密肋楼盖	面板	50
	肋高	250
悬臂板(根部)	悬臂长度不大于500mm	60
	悬臂长度1200mm	100
无梁楼板		150
现浇空心楼盖		200

3)板的配筋

单向板中一般仅有受力钢筋和分布钢筋,双向板中两个方向均为受力钢筋。一般情况下互相垂直的两个方向钢筋应绑扎或焊接形成钢筋网(见图2-2)。

(1)受力钢筋

受力钢筋主要用来承受弯矩产生的拉力。

板中受力钢筋直径多采用8mm、10mm、12mm。板中受力钢筋的间距:当板厚度不大于150mm时,不宜大于200mm;当板厚度大于150mm时,不宜大于板厚的1.5倍,且不宜大于250mm。为了绑扎方便和保证混凝土浇捣质量,板的受力钢筋间距不宜小于70mm。

(2)分布钢筋

板的分布钢筋是指垂直于受力钢筋方向上布置的构造钢筋,其位置在受力钢筋的内侧。它有三个作用:一是固定受力钢筋的位置,形成钢筋网;二是将板上的荷载有效地传到受力钢

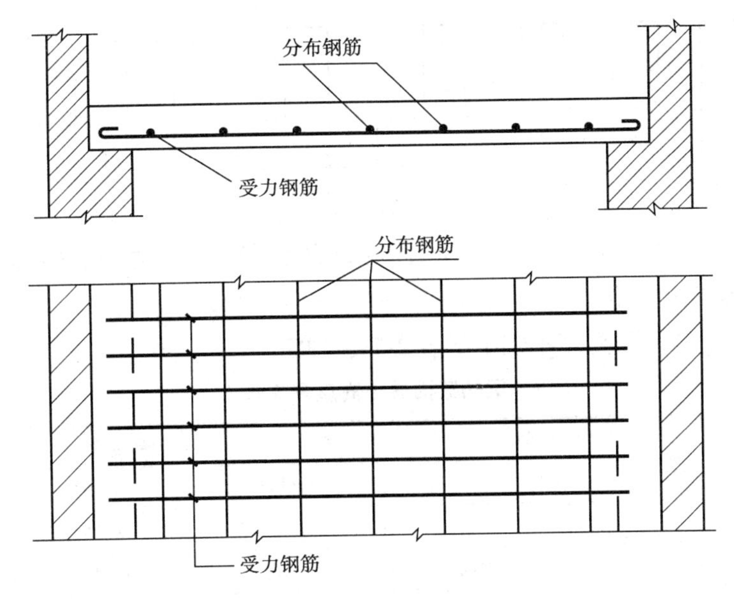

图2-2　板的配筋示意图

筋上去;三是防止温度或混凝土收缩等原因产生沿跨度方向的裂缝。

当按单向板设计时,应在垂直于受力的方向布置分布钢筋,单位宽度上的配筋不宜小于单位宽度上的受力钢筋的15%,且配筋率不宜小于0.15%;分布钢筋直径不宜小于6mm,间距不宜大于250mm;当集中荷载较大时,分布钢筋的截面面积应增加,且间距不宜大于200mm。

按简支边或非受力边设计的现浇混凝土板,当与混凝土梁、墙整体浇筑或嵌固在砌体墙内时,应设置板面构造钢筋,并符合下列要求:

①钢筋直径不宜小于8mm,间距不宜大于200mm,且单位宽度内的配筋面积不宜小于跨中相应方向板底钢筋截面面积的1/3,与混凝土梁、混凝土墙整体浇筑单向板的非受力方向,钢筋截面面积不宜小于受力方向跨中板底钢筋截面面积的1/3。

②钢筋从混凝土梁边、柱边、墙边伸入板内的长度不宜小于$l_0/4$,砌体墙支座处钢筋伸入板边的长度不宜小于$l_0/7$,其中计算跨度l_0对单向板按受力方向考虑,对双向板按短板方向考虑。

③在楼板角部,宜沿两个方向正交、斜向平行或放射状布置附加钢筋。

④钢筋应在梁内、墙内或柱内可靠锚固。

2.1.2　梁的构造要求

1)截面形式及尺寸

在工程中,常见梁的截面形式主要有矩形、T形、倒T形、L形、I形、十字形与花篮形等(见图2-3)。其中,矩形截面由于构造简单,施工方便而被广泛应用。T形截面虽然构造较矩形截面复杂,但受力较合理,应用也较多。倒T形、十字形、花篮形截面一般只用于要求增大房屋净空的建筑中。

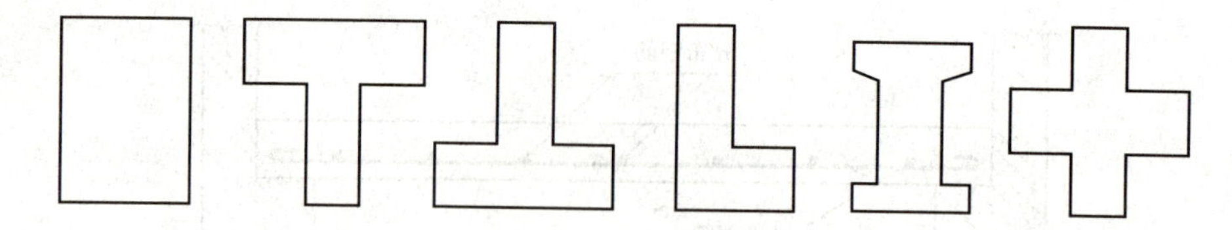

图2-3　梁的截面形式

梁的截面尺寸与跨度和荷载大小有关，同时还必须满足承载力、刚度和施工方便的要求，同时还应有利于模板定型化。

按刚度条件，梁的截面高度不宜小于表2-2的规定。

梁的截面最小高度参考值

表2-2

项　次	构件类型		简　支	两端连续	悬　臂
1	独立梁		$l_0/12$	$l_0/15$	$l_0/6$
2	整体肋形梁	主梁	$l_0/12$	$l_0/15$	$l_0/6$
		次梁	$l_0/15$	$l_0/20$	$l_0/8$

注：表中 l_0 为梁的计算跨度。当梁的跨度大于9m时，表中数值应乘以1.2。

为了施工方便，便于模板周转，梁高 h 一般取50mm的模数递增，对于较大的梁（例如 h 大于800mm），取100mm的模数递增。常用的梁高 h 有250mm、300mm、350mm、…、750mm、800mm、900mm及1000mm等。

梁的高度确定之后，梁的截面宽度 b 可由常用的宽高比估计，例如：

矩形截面梁，$b=(1/2\sim1/2.5)h$。

T形截面梁，$b=(1/2.5\sim1/4)h$。

上述要求并非严格规定，宜根据具体情况灵活掌握。梁的截面尺寸可参照下列使用：梁的截面宽度 $b<250$mm时，以约30mm为模数递增，常用120mm、150mm、180mm、200mm、220mm、250mm；当 $b\geq250$mm时，以50mm为模数递增。

2）梁的配筋

梁中一般布置四种钢筋，即纵向受力钢筋、箍筋、弯起钢筋及架立钢筋，见图2-4。有时还配置梁端构造负筋、腰筋与拉筋。

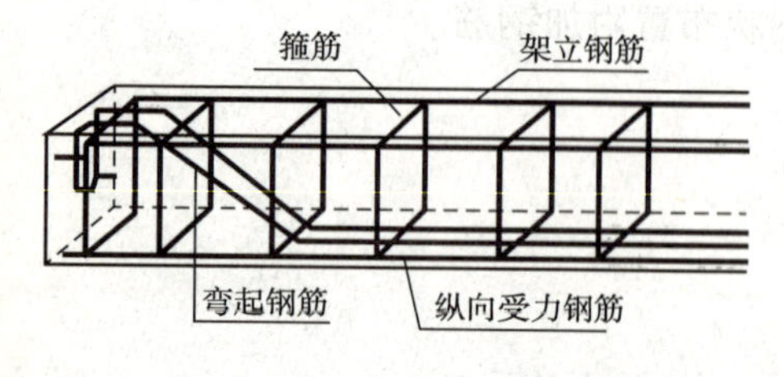

图2-4　梁内钢筋布置示意图

（1）纵向受力钢筋

根据纵向受力钢筋配置的不同，受弯构件分为单筋截面和双筋截面两种。前者指只在受拉区配置纵向受力钢筋的受弯构件；后者指在梁的受拉区和受压区同时配置纵向受力钢筋的受弯构件。配置在受拉区的纵向受力钢筋主要是用来承受由弯矩在梁内产生的拉力，配置在受压区的纵向受力钢筋则是用来补充混凝土受压能力的不足。由于双筋截面利用钢筋来协助混凝土承受压力，一般情况下是不经济的。因此，实际工程中只在采用单筋截面无法满足承载力要求等特殊情况下才采用双筋截面。这里只介绍单筋截面。

梁的纵向受力钢筋应符合下列规定：

①伸入梁支座范围内的钢筋不应少于2根。

②梁高不小于300mm时，钢筋直径不应小于10mm；梁高小于300mm时，钢筋直径不应小于8mm。

③梁上部钢筋水平方向的净间距不应小于30mm和1.5d；梁下部钢筋水平方向的净间距不应小于25mm和d。当下部钢筋多于2层时，2层以上钢筋水平方向的中距应比下面2层的中距增大一倍；各层钢筋之间的净间距不应小于25mm和d，d为钢筋的最大直径。

④在梁的配筋密集区域宜采用并筋的配筋形式。直径28mm及以下的钢筋并筋数量不应超过3根；直径32mm的钢筋并筋数量宜为2根；直径36mm及以上的钢筋不应采用并筋。并筋应按单根等效钢筋进行计算，等效钢筋的等效直径应按截面面积相等的原则换算确定。

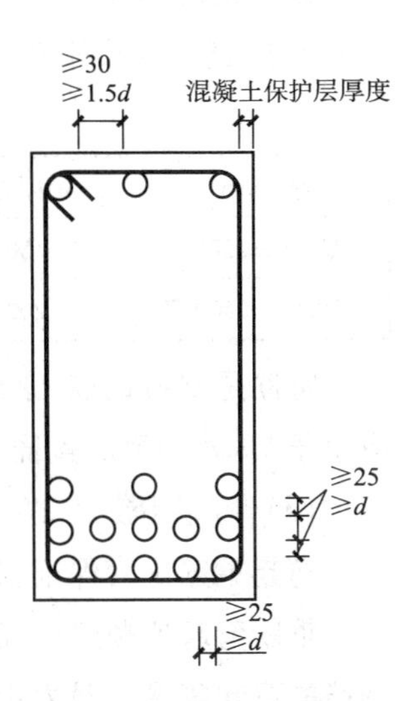

图2-5　受力钢筋的排列

梁的纵向受力钢筋的排列如图2-5所示。

(2)箍筋

箍筋主要是用来承受由剪力和弯矩在梁内引起的主拉应力，同时，它通过绑扎或焊接把其他钢筋联系在一起，形成一个空间骨架。

①箍筋的布置。箍筋应根据计算确定。按计算不需要箍筋的梁，当截面高度$h>300$mm时，应沿梁全长按构造配置箍筋；当截面高度$h=150\sim300$mm时，可仅在构件端部各1/4跨度范围内设置箍筋，但当在构件中部1/2跨度范围内有集中荷载作用时，则应沿梁的全长设置箍筋；当截面高度$h<150$mm，可以不设置箍筋。

②箍筋的最小直径。当梁截面高度$h\leqslant800$mm时，箍筋直径不宜小于6mm；当$h>800$mm时，箍筋直径不宜小于8mm。当梁中配有计算需要的纵向受压钢筋时，箍筋直径还不应小于纵向受压钢筋最大直径的1/4倍。

③箍筋的形式与肢数。箍筋的形式可分为开口式和封闭式两种。一般均使用封闭式箍筋，特殊情况下使用开口箍筋。箍筋的肢数一般分为单肢箍、双肢箍及四肢箍(图2-6)。当梁的宽度$b<150$mm时，可采用单肢；当$150\leqslant b\leqslant400$mm，采用双肢箍筋；当$b>400$mm，且一层内的纵向受压钢筋多于3根时，或当梁的宽度不大于400mm但一层内的纵向受压钢筋多于4根时，应设置复合箍筋(如四肢箍)。

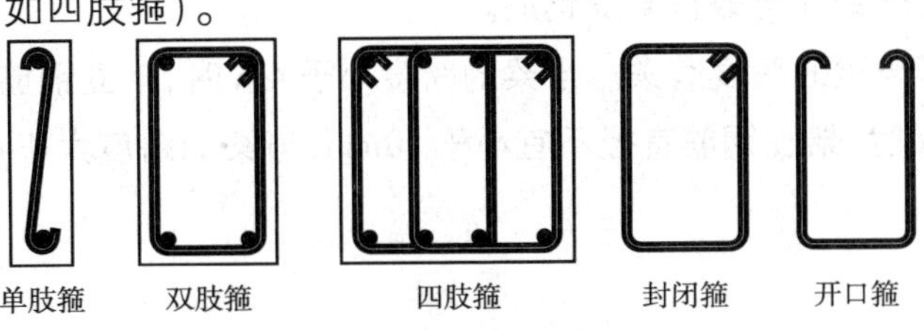

图2-6　箍筋的肢数和形式

④箍筋的间距。箍筋的间距除按计算确定外，还应符合下列规定：

梁中箍筋的最大间距应符合表2-3的规定。当 $V>0.7f_tbh_0$ 时，箍筋的配筋率 ρ_{sv} [$\rho_{sv}=A_{sv}/(bs)$]还不应小于 $0.24f_t/f_{yv}$。

梁中箍筋和弯起钢筋的最大间距(单位:mm) 表2-3

梁高(mm)	$V>0.7f_tbh_0$	$V\leqslant0.7f_tbh_0$	梁高(mm)	$V>0.7f_tbh_0$	$V\leqslant0.7f_tbh_0$
$150<h\leqslant300$	150	200	$500<h\leqslant800$	250	350
$300<h\leqslant500$	200	300	$h>800$	300	400

箍筋是受拉钢筋，必须有良好的锚固。其端部应采用135°弯钩，弯钩端头直线段长度不应小于 $5d$，d 为箍筋直径。箍筋的布置如图2-7所示。

(3)弯起钢筋

弯起钢筋是为保证斜截面承载力而设置的，一般可将纵向受力钢筋弯起而成。

钢筋弯起的顺序一般是先内层后外层，先外侧后内侧，但位于梁底层角部钢筋不应弯起。钢筋的弯起角度一般为45°，梁高 $h>800$mm 时，可采用60°。当按计算需设弯起钢筋时，前一排(对支座而言)弯起钢筋的弯起点至后一排的弯终点的距离不应大于表2-3中 $V>0.7f_tbh_0$ 栏的规定。实际工程中第一排弯起钢筋的弯终点距支座边缘的距离通常取50mm(图2-8)。

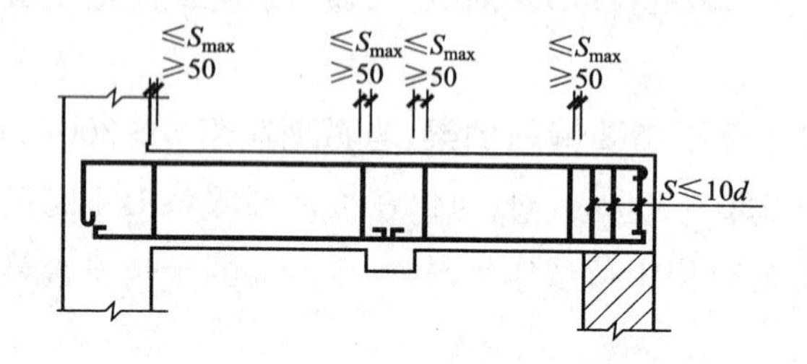

图2-7 箍筋的布置(尺度单位:mm)

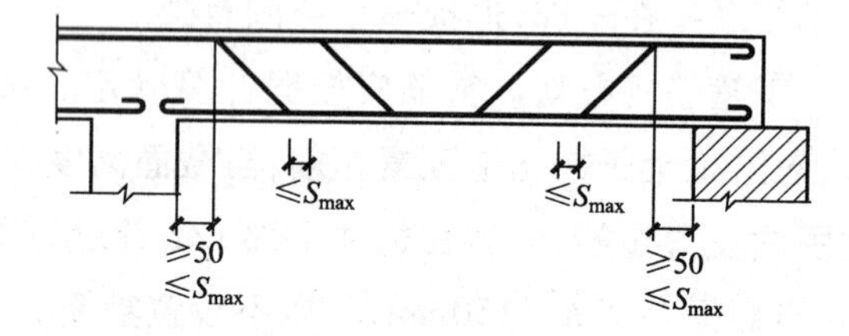

图2-8 弯起钢筋的布置(尺度单位:mm)

应当注意，箍筋和弯起钢筋统称腹筋，都可用来承受由弯矩和剪力共同产生的主拉应力。但弯起钢筋传力较为集中，可能引起弯起处混凝土的劈裂裂缝，故在混凝土梁中宜采用箍筋作为承受剪力的钢筋。

(4)架立钢筋

架立钢筋主要用来固定箍筋位置以形成梁的钢筋骨架，并承受因温度变化和混凝土收缩而产生的应力，防止发生裂缝。它一般设置在梁的受压区外缘两侧，并平行于纵向受力钢筋。受压区配置的纵向受压钢筋可兼作架立钢筋。

架立钢筋的直径与梁的跨度有关。当梁的跨度小于4m时，架立钢筋直径不宜小于8mm；当梁的跨度为4～6m时，架立钢筋直径不宜小于10mm；当梁的跨度大于6m时，架立钢筋直径不宜小于12mm。

(5)腰筋及拉筋

当梁的截面高度较大时，为了防止在梁的侧面产生垂直于梁轴线的收缩裂缝，同时也为了增强钢筋骨架的刚度，增强梁的抗扭作用以及当梁的腹板高度 $h_w \geq 450$mm 时，应在梁的两个侧面沿高度配置纵向构造钢筋即腰筋，并用拉筋固定（见图 2-9）。每侧纵向构造钢筋（不包括梁上、下部受力钢筋和架立钢筋）的间距不宜大于 200mm，截面面积不应小于腹板截面面积（bh_w）的0.1%。拉筋直径一般与箍筋相同，间距常取为箍筋间距的两倍。h_w 为腹板高度，取值为：矩形截面的取截面有效高度，T 形截面的取有效高度减去翼缘高度，I 形截面的取腹板净高。纵向构造钢筋一般不作弯钩。

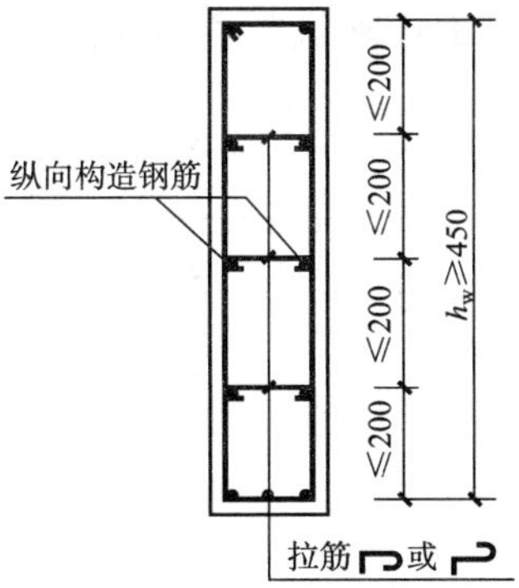

纵向构造钢筋　≤200　≤200　≤200　≤200　$h_w \geq 450$　拉筋　或

图 2-9　腰筋及拉筋（尺寸单位：mm）

（6）梁端构造负筋

当梁端按简支计算但实际受到部分约束时，应在支座区上部设置纵向构造钢筋。其截面面积应不小于梁跨中下部纵向受力钢筋计算所需截面面积的 1/4，且不少于 2 根。该纵向构造钢筋自支座边缘向跨内伸出的长度不宜小于 $0.2L_0$，L_0 为梁的计算跨度。梁端构造负筋可以利用架立钢筋或单独另设钢筋，如图 2-10 所示。

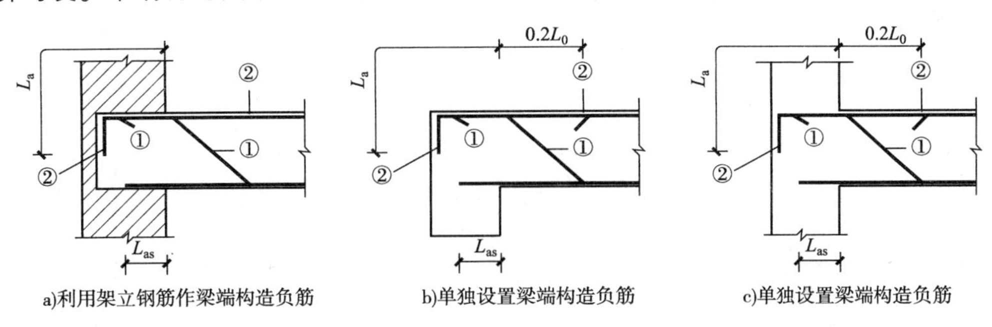

a)利用架立钢筋作梁端构造负筋　b)单独设置梁端构造负筋　c)单独设置梁端构造负筋

图 2-10　梁端构造负筋

2.2　单筋矩形截面受弯构件正截面承载力计算

2.2.1　单筋截面受弯构件正截面受力状态的试验研究

为了能合理地设计梁正截面的承载能力，认识正截面受力和变形的变化规律，结合工程中常用梁的配筋情况制作试验梁，如图 2-11。在实验室采用两点对称加载进行试验，且忽略梁的自重，则试验梁中部 $l/3$ 区段为纯弯段。在纯弯段内，沿梁高布置长标距应变计，测混凝土的平均应变；在钢筋上粘贴应变片测钢筋的纵向应变；同时在跨中及支座处安装位移计测梁的跨中挠度。试验中观测应变、挠度、裂缝的出现和开展，记录特征荷载，直至梁发生正截面破坏。众多梁的试验结果表明，梁主界面的受力状态可以分为三个阶段，如图 2-12 所示。

①第 I 阶段——无裂缝工作阶段（弹性工作阶段）。从梁开始加荷载至梁受拉区即将出现第一条裂缝时的整个受力过程，称为第 I 阶段。在这一阶段中，梁截面上各点的应力和应变均较小，构件的工作基本上是弹性的，截面上的应力和应变呈正比。随着荷载的不断增加，受

拉区边缘混凝土主应力接近其抗拉强度时，应力应变关系才表现出塑性性质，此时梁处于即将开裂的极限状态，称为第Ⅰ阶段末（即第Ⅰa阶段）。

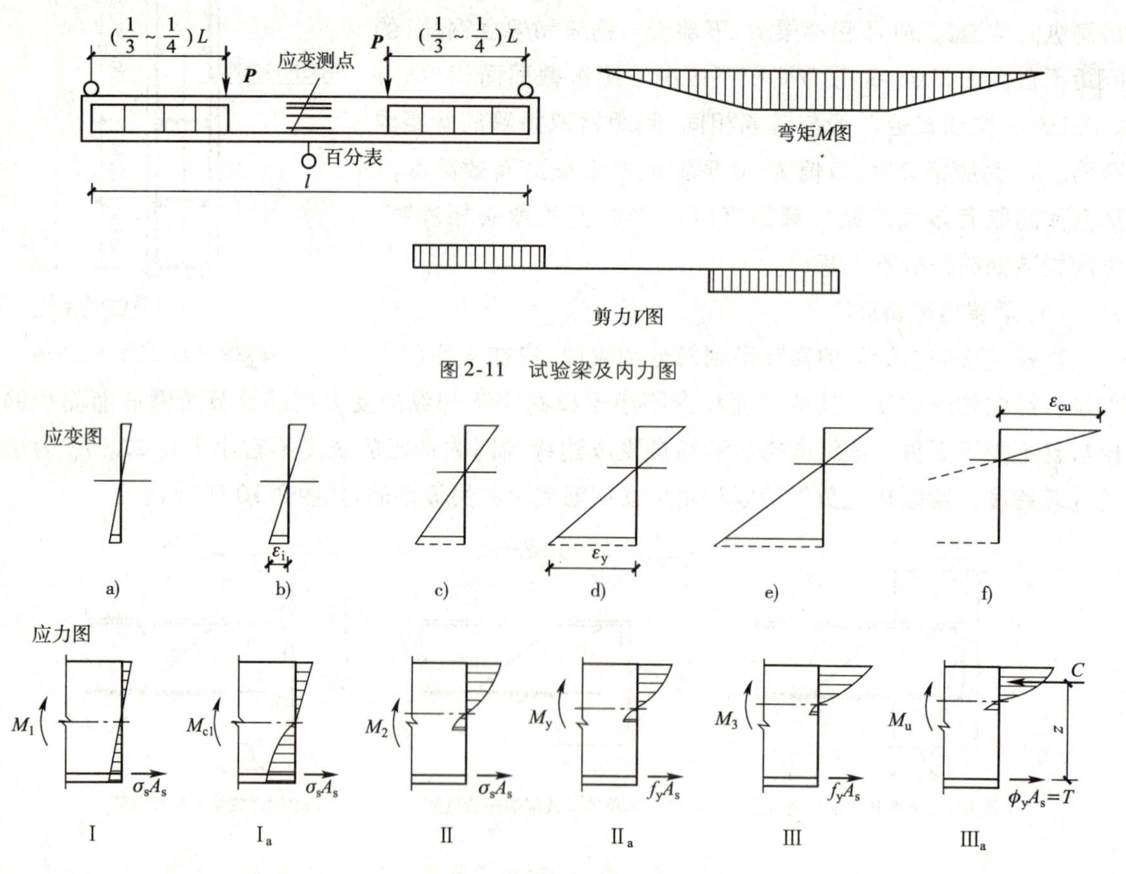

图2-11　试验梁及内力图

图2-12　梁各工作阶段正截面受力全过程

②第Ⅱ阶段——带裂缝工作阶段。从梁受拉区出现第一条裂缝开始，到梁受拉区钢筋即将屈服（钢筋应变即将达到屈服应变）时的整个工作阶段，称为第Ⅱ阶段。梁上受拉区出现第一条裂缝时，裂缝即有一定的宽度和长度，裂缝截面处受拉区的混凝土几乎全部不再承受拉力，其拉力由钢筋承担，因此钢筋应力较开裂前会突然增大。开裂处的中和轴也随之上升，中和轴附近受拉区未开裂的混凝土仍能承受小部分拉力。随着荷载的继续增加，受拉区钢筋应力也继续增加，受拉区的裂缝也不断增多，裂缝的宽度继续增大，并向上发展，使中和轴向上移动，混凝土受压区高度减小，受压区混凝土的压应力继续增加，塑性变形有了明显发展，受压区混凝土应力图形呈曲线变化。当受拉钢筋的应力达到屈服强度 f_y 时，第Ⅱ阶段即告结束，亦称为第Ⅱ阶段末（即第Ⅱa阶段）。

③第Ⅲ阶段——破坏阶段。当钢筋应力达到屈服强度后，钢筋进入屈服阶段，随着荷载的继续增加，其应力不变，但钢筋应变将急剧增加，裂缝宽度不断扩展且向上延伸，使中和轴继续上移，混凝土受压区高度继续减小，受压区最外边缘处混凝土的压应变也急剧增大，此阶段即为第Ⅲ阶段。当受压区最外边缘处混凝土的压应变达到极限压应变时，混凝土被压碎而破坏，

梁达到最大承载能力 M_u。此时为第Ⅲ阶段末（即第Ⅲa 阶段）。

综上所述，第Ⅰa 阶段的应力状态可以作为梁抗裂度验算的依据，第Ⅱa 阶段可以作为正常使用极限状态下梁的变形和裂缝宽度计算的依据，第Ⅲa 阶段可以作为梁承载能力极限状态的计算依据。

2.2.2　钢筋混凝土梁正截面的破坏形态

从钢筋混凝土梁正截面的工作全过程可以看出，梁的最终破坏取决于钢筋的强度等级和钢筋的配筋率大小。钢筋的配筋率反映纵向受拉钢筋面积与混凝土有效面积的比值，用 ρ 表示，即

$$\rho = \frac{A_S}{bh_0} \tag{2-1}$$

式中：A_S——纵向受拉钢筋的截面面积；

b——梁的截面宽度；

h_0——梁的截面有效高度。

对常用的钢筋种类和混凝土的强度等级情况，梁的破坏形态主要与配筋率的大小有关，一般情况下，其破坏形态可分为少筋梁破坏、适筋梁破坏、超筋梁破坏三种类型，不同类型梁的破坏特征不同如图 2-13 所示。

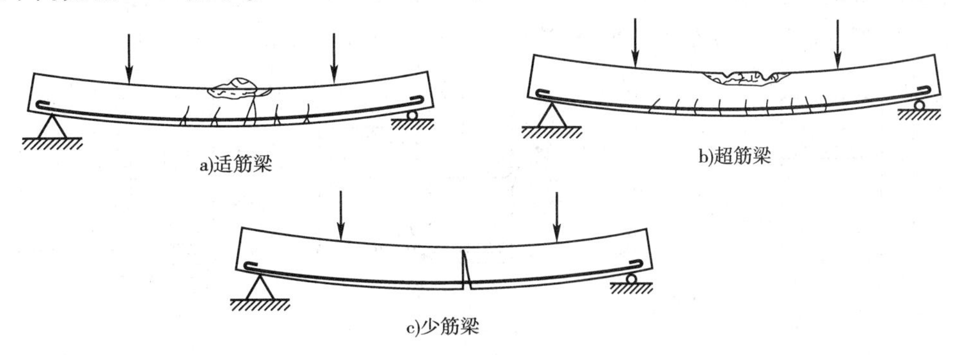

图 2-13　梁的正截面破坏

1）少筋梁破坏

在梁的受拉区配置的钢筋过少，一旦受拉区混凝土出现裂缝，裂缝处的钢筋应力突然增大到钢筋的抗拉强度，甚至被拉断。在此过程中，裂缝往往只出现一条，裂缝迅速开展，构件严重向下挠曲，最后因裂缝过宽、变形过大而丧失承载力，甚至被折断如图 2-13c）所示。此时梁的承载能力略小于梁的开裂弯矩 M_{cr}，其破坏是突然的，没有明显预兆，属于脆性破坏。这类梁称为少筋梁，实际工程中严禁使用。

当钢筋混凝土梁开裂时只考虑受拉钢筋作用，梁的抗弯能力达到素混凝土梁的开裂弯矩时，其配筋率可称为最小配筋率，用 ρ_{min} 表示。若梁内实际配筋率 ρ 大于最小配筋率 ρ_{min}，即 $\rho \geqslant \rho_{min}$，可以防止少筋破坏。《混凝土结构设计规范》规定，混凝土受弯构件中纵向受力钢筋

的最小配筋百分率$\rho_{\min}$取0.2和$45f_t/f_y$中的较大值。

2)适筋梁破坏

当梁内配置适量钢筋时,即$\rho_{\min}\leqslant\rho\leqslant\rho_{\max}$,梁的整个破坏过程由前所述,钢筋的屈服是破坏阶段的开始,而受压区混凝土被压碎则是破坏阶段的结束。在这一过程中主裂缝有一个明显开展的过程,而且梁的挠度也将明显增长。因此破坏是有明显预兆的,这种破坏属于延性破坏。如图2-13a)所示。

3)超筋梁破坏

当梁内配置钢筋较多时,即$\rho>\rho_{\max}$,在荷载作用下,受压区混凝土在钢筋屈服前即达到极限压应变被压碎而破坏。破坏时钢筋的应力还未达到屈服强度,因而裂缝宽度均较小,形不成一根开展宽度较大的主裂缝,梁的挠度也较小如图2-13b)所示。这种单纯因混凝土被压碎而引起的破坏,发生得非常突然,没有明显的预兆,属于脆性破坏。这类梁称为超筋梁,实际工程中也严禁使用。

2.2.3 单筋矩形截面受弯构件正截面承载力计算

1)基本公式及适用条件

单筋矩形截面梁正截面承载力计算,是以适筋梁第Ⅲa阶段为依据的(见图2-14)。为了便于建立基本公式,现将其简化为图2-14d)所示的等效矩形应力图形。根据静力平衡条件,可得出单筋矩形截面梁正截面承载力计算的基本公式。

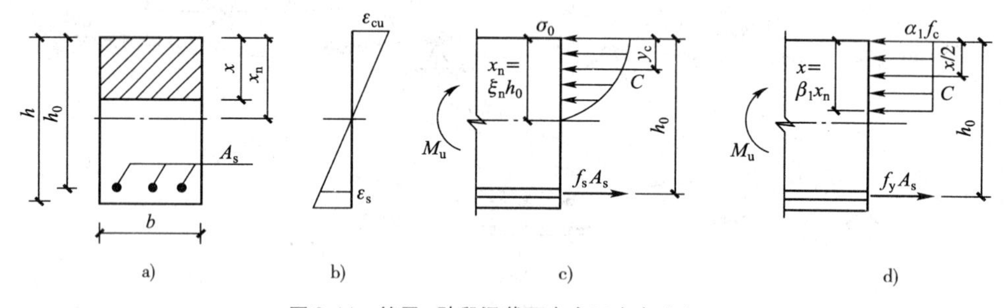

图2-14 第Ⅲa阶段梁截面应变及应力分布图

$$\sum x=0 \qquad \alpha_1 f_c bx=f_y A_s \tag{2-2}$$

$$\sum M=0 \qquad M_u=\alpha_1 f_c bx\left(h_0-\frac{x}{2}\right) \tag{2-3}$$

或

$$M_u=f_y A_s\left(h_0-\frac{x}{2}\right) \tag{2-4}$$

式中:α_1——系数,当混凝土强度等级不超过C50时,取1.0;当混凝土强度等级为C80时,取0.94;期间按线性内插法确定;

f_c——混凝土轴心抗压强度设计值,按表1-1采用;

M_u——正截面受弯承载力设计值;

f_y——钢筋抗拉强度设计值,按表1-4采用;

A_s——受拉钢筋截面面积;

x——混凝土受压区高度;

h_0——梁的截面有效高度,$h_0 = h - a_s$,其中 h 为梁的截面高度,a_s 为受拉钢筋合力点到截面受拉边缘的距离。对室内正常环境下的梁、板,h_0 可近似取为:

梁 $h_0 = h - 40$(单层钢筋)

$h_0 = h - 65$(双层钢筋)

板 $h_0 = h - 20$

上述基本公式须满足以下两个适用条件。

①为了保证构件为适筋量,防止超筋情况,必须满足:

$$\xi \leqslant \xi_b \tag{2-5}$$

②为防止构件发生少筋破坏,钢筋配筋还应满足:

$$\rho \geqslant \rho_{min} \text{ 或 } A_s \geqslant \rho_{min} bh \tag{2-6}$$

式中:ξ——相对受压区高度,$\xi = x/h_0$;

ξ_b——相对界限受压区高度,$\xi_b = x_b/h_0$,其取值可按式(2-7)或表2-4查取。

α_1、β_1、ξ_b 取值 表2-4

混凝土强度等级		C15 ~ C50	C55	C60	C65	C70	C75	C80
α_1		1.0	0.99	0.98	0.97	0.96	0.95	0.94
β_1		0.8	0.79	0.78	0.77	0.76	0.75	0.74
ξ_b	HPB300	0.576	0.566	0.556	0.547	0.537	0.528	0.518
	HRB335	0.550	0.541	0.531	0.522	0.512	0.503	0.493
	HRB400	0.518	0.508	0.499	0.490	0.481	0.472	0.463
	HRB500	0.482	0.473	0.464	0.456	0.447	0.438	0.429

$$\xi_b = \frac{\beta_1}{1 + \dfrac{f_y}{E_s \varepsilon_{cu}}} \tag{2-7}$$

式中:E_s——钢筋的弹性模量;

β_1——系数,当混凝土强度等级不超过C50时,取0.8;当混凝土强度等级为C80时,取0.74;期间按线性内插法确定;

ε_{cu}——非均匀受压时的混凝土极限压应变,按下式计算:

$$\varepsilon_{cu} = 0.0033 - (f_{cu,k} - 50) \times 10^{-5} \tag{2-8}$$

式中:$f_{cu,k}$——混凝土立方体抗压强度标准值。

将式(2-3)中的 x 用 $\xi_b h_0$ 代入即可得到单筋矩形截面所能承受的最大弯矩的表达式

$$M_{u,max} = \alpha_1 f_c b h_0^2 \xi_b (1 - 0.5\xi_b) \tag{2-9}$$

2)正截面承载力计算的步骤

单筋矩形截面受弯构件正截面承载力计算,主要有两类问题,一是截面设计,二是复核已知截面的承载力。

(1)截面设计

已知:弯矩设计值 M,混凝土强度等级(f_c),钢筋级别(f_y),构件截面尺寸 $b \times h$。

求:所需受拉钢筋截面面积 A_s。

计算步骤如下:

①确定截面有效高度 h_0。

②计算混凝土受压区高度 x,并判断是否属超筋梁。

由式(2-3),得

$$x = h_0 - \sqrt{h_0^2 - \frac{2M}{\alpha_1 f_c b}} \tag{2-10}$$

若根号内出现负值,或 $x > x_b = \xi_b h_0$,说明为超筋梁,应加大截面尺寸,或提高混凝土强度等级,或改用双筋截面。否则不属于超筋梁。

③计算钢筋截面面积 A_s,并判断是否属少筋梁。

当 $x \leqslant x_b$ 时,再由式(2-2)求 A_s。

$$A_s = \frac{\alpha_1 f_c bx}{f_y} \tag{2-11}$$

然后验算配筋率 ρ,应符合 $\rho \geqslant \rho_{min}$,说明不是少筋梁。若 $\rho < \rho_{min}$ 则为少筋梁,应取 $A_s \geqslant \rho_{min} bh$。

④选配钢筋。

(2)复核已知截面的承载力

已知:构件截面尺寸 $b \times h$,钢筋截面面积 A_s,混凝土强度等级(f_c),钢筋级别(f_y)。

求:截面的最大承载力设计值 M_u,或已知弯矩设计值 M,复核截面是否安全。

计算步骤如下:

①确定截面有效高度 h_0。

严格地讲,复核截面承载力时,h_0 应根据钢筋直径、排数以及混凝土保护层厚度等计算,但为简便,可采用前述近似值。

②判断梁的类型。

由式(2-2)求出 x。

$$x = \frac{f_y A_s}{\alpha_1 f_c b} \tag{2-12}$$

若 $A_s \geqslant \rho_{min} bh$,且 $x \leqslant \xi_b h_0$,该梁为适筋梁;

若 $x > \xi_b h_0$,该梁为超筋梁;

若 $A_s < \rho_{min} bh$,该梁为少筋梁。

③计算截面受弯承载力 M_u。

适筋梁

$$M_u = f_y A_s \left(h_0 - \frac{x}{2} \right) \tag{2-13}$$

超筋梁 $$M_u = M_{u,max} = \alpha_1 f_c b h_0^2 \xi_b (1 - 0.5\xi_b) \tag{2-14}$$

对少筋梁，应将其受弯承载力降低使用（已建成工程）或修改设计。

④判断截面是否安全。

若 $M \leq M_u$，则截面安全。

例 2-1 某宿舍的走廊为现浇简支在砖墙上的钢筋混凝土平板（见图 2-15a），板上作用的均布活荷载标准值为 $q_k = 2kN/m^2$。水磨石地面及细石混凝土垫层共 30mm 厚（重度 $22kN/m^3$），板底粉刷石灰砂浆 12mm（重度 $17kN/m^3$）。混凝土强度等级选用 C25，纵向受拉钢筋采用 HPB300 热轧钢筋。试确定板的厚度和受拉钢筋的截面面积。

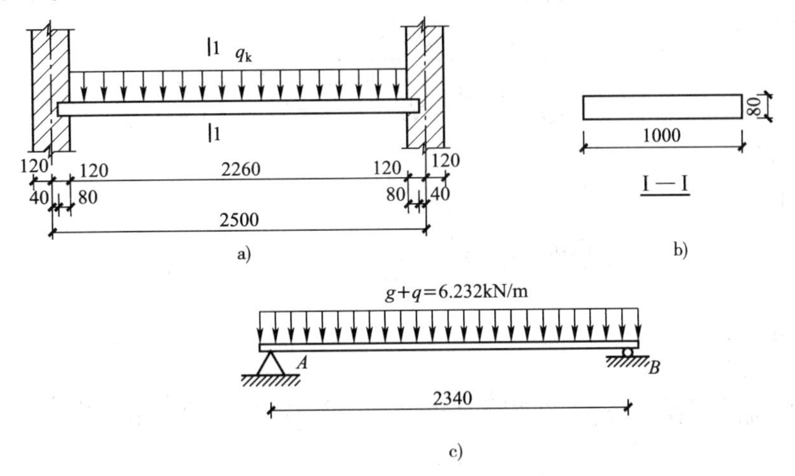

图 2-15 例 2-1 图（尺寸单位：mm）

解：

①计算单元选取及截面有效高度计算。

走廊虽然很长，但板的厚度和板上的荷载都相等，因此只需取 1m 宽的板带进行计算并配筋，其余板带均按本板带配筋。取出 1m 宽板带计算，假定板厚 $h = 80mm$（图 2-15b），混凝土保护层厚 15mm，取 $a_s = 20mm$，则 $h_0 = h - a_s = 80 - 20 = 60mm$。

②确定计算跨度。

单跨梁板的计算跨度取：$L_0 = L_n + h = 2260 + 80 = 2340mm$

③确定荷载设计值。

恒载标准值：水磨石地面 $1m \times 0.03m \times 22kN/m^3 = 0.66kN/m$

钢筋混凝土板自重 $1m \times 0.08m \times 25kN/m^3 = 2kN/m$

石灰砂浆粉刷 $1m \times 0.012m \times 17kN/m^3 = 0.204kN/m$

共计 $g_k = 0.66 + 2.0 + 0.204 = 2.864kN/m$

活载标准值： $q_k = 2kN/m^2 \times 1m = 2kN/m$

恒载的分项系数：$\gamma_G = 1.2$，活载的分项系数 $\gamma_Q = 1.4$

恒载设计值：$g = \gamma_G g_k = 1.2 \times 2.864 = 3.432kN/m$

活载设计值：$q=\gamma_Q q_k=1.4\times2=2.8\text{kN/m}$

④确定板跨中最大弯矩设计值 M。

$$M=\frac{1}{8}(g+q)L_0^2=\frac{1}{8}\times(3.432+2.8)\times2.34^2=4.265\text{kN}\cdot\text{m}$$

⑤计算混凝土受压区高度 x。

查表 1-1 和表 1-4 得：

C25 混凝土：$f_c=11.9\text{N/mm}^2$，$f_t=1.27\text{N/mm}^2$，$\alpha_1=1.0$

HPB300 纵向受拉钢筋：$f_y=270\text{N/mm}^2$

由式(2-10)得

$$x=h_0-\sqrt{h_0^2-\frac{2M}{\alpha_1 f_c b}}=60-\sqrt{60^2-\frac{2\times4.265\times10^6}{1\times11.9\times1000}}=6.3\text{mm}$$

⑥计算 A_s 值

由式(2-11)得

$$A_s=\frac{\alpha_1 f_c bx}{f_y}=\frac{1.0\times11.9\times1000\times6.3}{270}=278\text{mm}^2$$

⑦验算适用条件。

$$\rho=\frac{A_s}{bh_0}=\frac{278}{1000\times60}=0.46\%>\rho_{\min}=0.45\frac{f_t}{f_y}=0.45\times\frac{1.27}{270}=0.212\%$$

$$\xi=\frac{x}{h_0}=\frac{6.3}{60}=0.105<\xi_b=0.576$$

⑧选用钢筋及绘配筋图。

查表 1-3，选用Φ 8@170($A_s=296\text{mm}^2$)，配筋如图 2-16 所示。

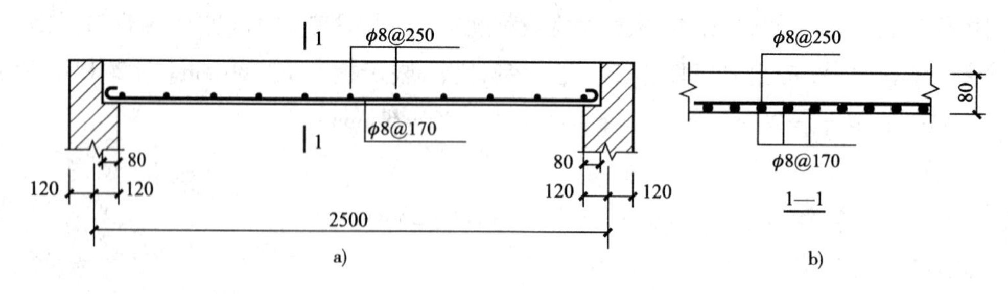

图 2-16　例 2-1 配筋图(尺寸单位：mm)

例 2-2　某教学楼中的一矩形截面钢筋混凝土简支梁，计算跨度 $L_0=6.0\text{m}$，板传来的永久荷载及梁的自重标准值为 $g_k=15.6\text{kN/m}$，板传来的楼面活荷载标准值 $q_k=10.7\text{kN/m}$，梁的截面尺寸为 200mm×500mm(见图 2-17)，混凝土的强度等级 C30，钢筋为 HRB400，试求纵向受力钢筋所需面积。

解：

①计算梁跨中最大弯矩设计值。

永久荷载的分项系数 $\gamma_G=1.2$，活载的分项系数 $\gamma_Q=1.4$，结构的重要性系数为 1.0，因此梁的跨中截面的最大弯矩设计值为

$$M=\gamma_0(\gamma_G M_{gk}+\gamma_Q M_{qk})=\gamma_0\left(\gamma_G\frac{1}{8}g_k L_0^2+\gamma_Q\frac{1}{8}q_k L_0^2\right)$$

$$=1.0\times\left(1.2\times\frac{1}{8}\times15.6\times6^2+1.4\times\frac{1}{8}\times10.7\times6^2\right)=151.65\text{kN}\cdot\text{m}$$

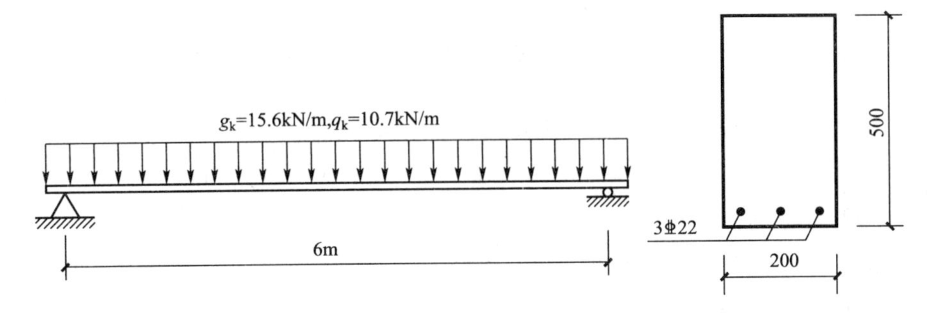

图 2-17　例 2-2 图(尺寸单位:mm)

②计算所需受力钢筋的截面面积。

查表 1-1、表 1-4 得，

C30 混凝土：$f_c=14.3\text{N/mm}^2$，$f_t=1.43\text{N/mm}^2$，$\alpha_1=1.0$

HRB400 纵向受拉钢筋：$f_y=360\text{N/mm}^2$。先假定受力钢筋按一排布置，则

$$h_0=h-a_s=500-40=460\text{mm}$$

由式(2-10)得

$$x=h_0-\sqrt{h_0^2-\frac{2M}{\alpha_1 f_c b}}=460-\sqrt{460^2-\frac{2\times151.65\times10^6}{1\times14.3\times200}}=135\text{mm}$$

由式(2-11)得

$$A_s=\frac{\alpha_1 f_c bx}{f_y}=\frac{1.0\times14.3\times200\times135}{360}=1072.5\text{mm}^2$$

③验算适用条件

$$\rho=\frac{A_s}{bh_0}=\frac{1072.5}{200\times460}=1.17\%>\rho_{min}=0.45\frac{f_t}{f_y}=0.45\times\frac{1.43}{360}=0.179\%$$

$$\xi=\frac{x}{h_0}=\frac{135}{460}=0.293<\xi_b=0.518$$

④选用钢筋及绘配筋图。

查表 1-2，选用 3 ⌀ 22($A_s=1140\text{mm}^2$)，配筋见图 2-17。

例 2-3　某钢筋混凝土矩形截面梁，截面尺寸 $b\times h=200\text{mm}\times500\text{mm}$，混凝土强度等级 C25，纵向受拉钢筋为 3 ⌀ 18，混凝土保护层厚度为 20mm，该梁承受最大弯矩设计值 $M=80\text{kN}\cdot\text{m}$，试复核该梁是否安全。

解：

查表得：$f_c=11.9\text{N/mm}^2$，$f_t=1.27\text{N/mm}^2$，$f_y=360\text{N/mm}^2$，$\alpha_1=1.0$，$A_s=763\text{mm}^2$

①计算 h_0。

纵向受力筋布置成一层，$h_0=h-40=500-40=460\text{mm}$

②判断梁的类型。

由式(2-12)得

$$x=\frac{f_yA_s}{\alpha_1f_cb}=\frac{360\times763}{1\times11.9\times200}=115.4\text{mm}$$

$\rho_{\min}=0.45f_t/f_y=0.45\times1.27/360=0.16\%<0.2\%$，取 $\rho_{\min}=0.2\%$

$$\rho_{\min}bh=0.2\%\times200\times500=200\text{mm}^2<A_S=763\text{mm}^2$$

故该梁属于适筋梁。

③求截面受弯承载力 M_u，并判断该梁是否安全。

$M_u=f_yA_s(h_0-x/2)=360\times763\times(460-115.2/2)=110.53\times10^6\text{kN}\cdot\text{m}>\text{M}=80\text{kN}\cdot\text{m}$

故该梁安全。

2.3 单筋T形截面受弯构件正截面承载力计算

在单筋矩形截面梁正截面受弯承载力计算中，不考虑受拉区混凝土的作用。如果把矩形截面受拉区两侧的混凝土挖掉一部分，既不会降低截面承载力，又可以节省材料，减轻自重，这就形成了T形截面梁(见图2-18)。T形截面受弯构件在工程实际中应用较广，除独立T形梁外，现浇肋形楼盖中的主梁和次梁(跨中截面)也按T形梁计算(见图2-19)。

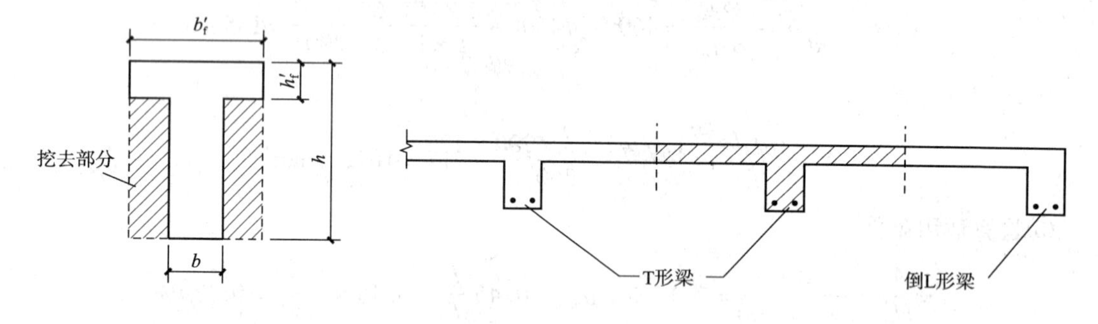

图2-18　独立T形截面梁

图2-19　现浇肋形楼盖主梁、次梁

2.3.1 翼缘计算宽度 b'_f

试验表明，T形梁破坏时，其翼缘上混凝土的压应力沿翼缘宽度方向的分布是不均匀的，离梁肋越远，压应力越小。因此，受压翼缘的计算宽度应有一定限制，在此范围内的压应力假定为均匀的，且能与梁肋很好地整体工作，这个宽度称为翼缘计算宽度，用 b'_f表示，其值按表2-5中有关规定的最小值取用。

受弯构件受压区有效翼缘计算宽度 b'_f　　　表 2-5

情况			T形截面、I形截面		倒L形截面
			肋形梁(板)	独立梁	肋形梁(板)
1	按计算跨度 l_0 考虑		$l_0/3$	$l_0/3$	$l_0/6$
2	按梁(肋)净距 s_n 考虑		$b+s_n$	—	$b+s_n/2$
3	按翼缘高度 h'_f 考虑	$h'_f/h_0 \geqslant 0.1$	—	$b+12h'_f$	—
		$0.1 > h'_f/h_0 \geqslant 0.05$	$b+12h'_f$	$b+6h'_f$	$b+5h'_f$
		$h'_f/h_0 < 0.05$	$b+12h'_f$	b	$b+5h'_f$

注:1. 表中 b 为梁的腹板厚度。

2. 肋形梁在梁跨内设有间距小于纵肋间距的横肋时,可不考虑表中情况 3 的规定。

3. 加腋的 T 形、I 形和倒 L 形截面,当受压区加腋的高度 h_h 不小于 h'_f 且加腋的长度 b_h 不大于 $3h_h$ 时,其翼缘计算宽度可按表中情况 3 的规定分别增加 $2b_h$(T 形、I 形截面)和 b_h(倒 L 形截面)。

4. 独立梁受压区的翼缘板在荷载作用下经验算沿纵肋方向可能产生裂缝时,其计算宽度应取腹板宽度 b。

2.3.2　T 形截面的计算公式和适用条件

根据使用要求及作用荷载的大小,T 形截面中和轴的位置也不同。T 形截面按受压区高度的不同可分为两类:

①第一类 T 形截面,受压区高度在翼缘内,$x \leqslant h'_f$(见图 2-20a)。

②第二类 T 形截面,受压区进入腹板内,$x > h'_f$(见图 2-20b)。

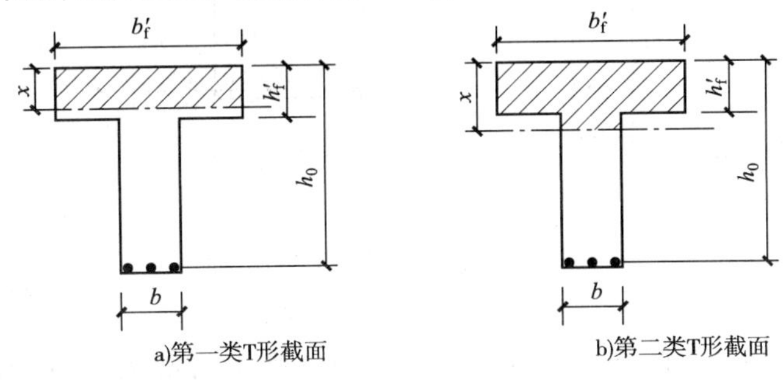

图 2-20　两类 T 形截面

1)两类 T 形截面的判别

为判定 T 形截面属于何种类型,可把 $x = h'_f$ 作为界限情况进行受力分析,如图 2-21 所示。

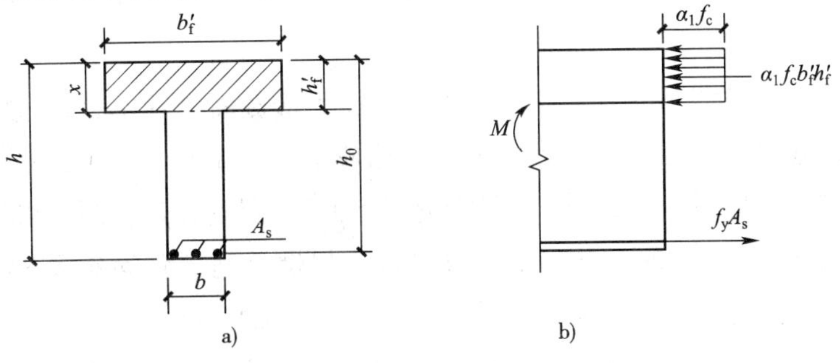

图 2-21　受压区高度 $x = h'_f$ 时截面计算应力图形

由平衡条件可得

$$\sum x=0 \qquad \alpha_1 f_c b_f' h_f' = f_y A_s \tag{2-15}$$

$$\sum M=0 \qquad M=\alpha_1 f_c b_f' h_f'\left(h_0-\frac{h_f'}{2}\right) \tag{2-16}$$

由此可见，设计时弯矩设计值 M 已知，可由式(2-16)来判定。

若 $M \leqslant \alpha_1 f_c b_f' h_f'(h_0 - h_f'/2)$，为第一类 T 形截面，否则为第二类 T 形截面。

进行承载力复核时，由于钢筋截面面积 A_s 已知，可由式(2-15)来判定。

若 $f_y A_s \leqslant \alpha_1 f_c b_f' h_f'$，为第一类 T 形截面，否则为第二类 T 形截面。

2)基本公式及其适用条件

(1)第一类 T 形截面

由图2-22 可知，第一类T 形截面与截面尺寸为 $b_f' \times h$ 的矩形截面完全相同，故其基本公式可表示为：

$$\sum x=0 \qquad \alpha_1 f_c b_f' x = f_y A_s \tag{2-17}$$

$$\sum M=0 \qquad M \leqslant M_u = \alpha_1 f_c b_f' x\left(h_0-\frac{x}{2}\right) \tag{2-18}$$

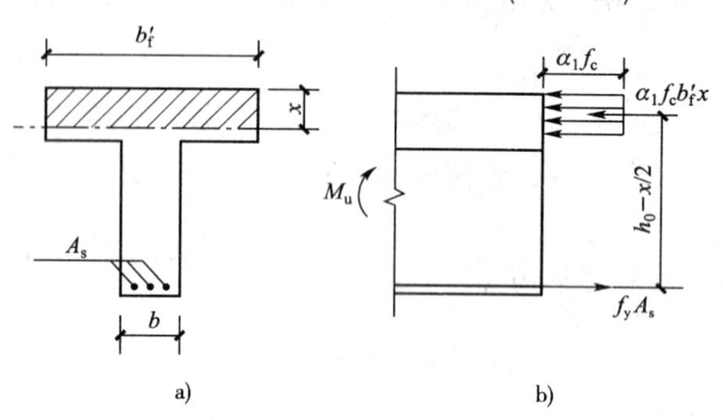

图2-22　第一类 T 形截面应力图形

公式的适用条件为：

①$\xi \leqslant \xi_b$，该条件是为了防止出现超筋梁。但第一类 T 形截面一般此条件均能满足，故可不验算。

②$\rho=\dfrac{A_s}{bh_0} \geqslant \rho_{min}$，该条件是为了防止出现少筋梁。

(2)第二类 T 形截面

当 $x > h_f'$时，受压区为T 形，为了便于建立第二类T 形截面的基本公式，现将其应力图形分成两部分：一部分由肋部受压区混凝土的压力与相应的受拉钢筋 A_{s1} 的拉力组成，相应的截面受弯承载力设计值为 M_{u1}；另一部分则由翼缘混凝土的压力与相应的受拉钢筋 A_{s2} 的拉力组成，相应的截面受弯承载力设计值为 M_{u2}(见图 2-23)。根据平衡条件可得两部分的基本计算公式，将两部分叠加即得整个截面的基本公式。

$$\sum x=0 \qquad \alpha_1 f_c bx + \alpha_1 f_c (b_f' - b) h_f' = f_y A_s \tag{2-19}$$

$$\sum M=0 \qquad M_u=\alpha_1 f_c bx\left(h_0-\frac{x}{2}\right)+\alpha_1 f_c(b_f'-b)h_f'\left(h_0-\frac{h_f'}{2}\right) \tag{2-20}$$

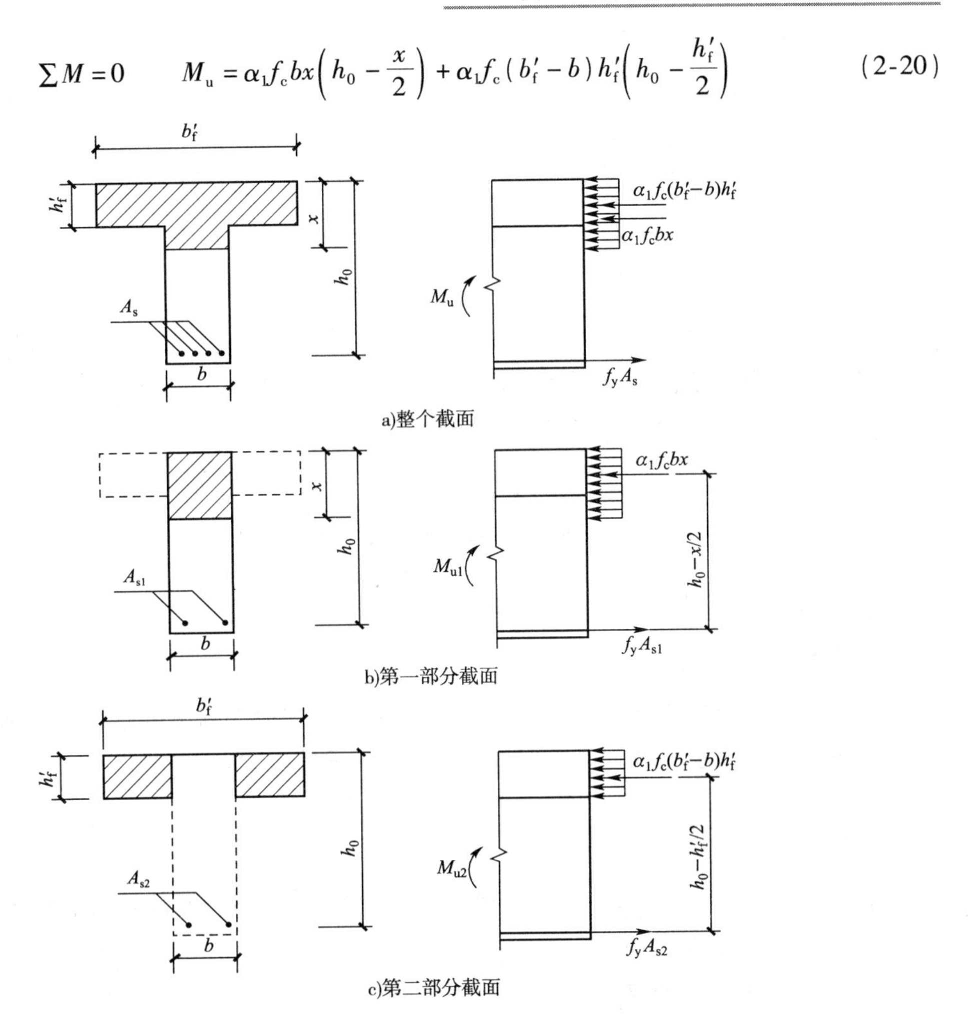

图2-23　第二类T形截面应力图形

公式的适用条件为：

①$\xi \leqslant \xi_b$，该条件是为了防止出现超筋梁。

②$\rho \geqslant \rho_{min}$，该条件是为了防止出现少筋梁。由于第二类T形截面受压区已进入肋部，相应地受拉钢筋配置较多，一般此条件均能满足，故可不验算。

3）截面计算步骤

与单筋矩形截面受弯构件的截面计算问题一样，T形截面受弯构件的截面计算，通常也是截面设计和复核承载力两类问题。

（1）截面设计

已知：弯矩设计值M，混凝土强度等级（f_c），钢筋级别（f_y），构件截面尺寸b、h、b_f'、h_f'。

求：受拉钢筋截面面积A_s。

计算步骤如下：

①判断截面类型。

由式(2-16)，若 $M \leqslant \alpha_1 f_c b'_f h'_f (h_0 - h'_f/2)$，属第一类 T 形截面，可按 $b'_f \times h$ 的矩形截面计算，否则为第二类 T 形截面。

②第二类 T 形截面的计算。

由式(2-20)求出 x。

$$x = h_0 - \sqrt{h_0^2 - \frac{2[M - \alpha_1 f_c (b'_f - b) h'_f (h_0 - h'_f/2)]}{\alpha_1 f_c b}} \tag{2-21}$$

若根号内出现负值，或 $x > x_b = \xi_b h_0$，说明为超筋梁，应加大截面尺寸，或提高混凝土强度等级，或改用双筋截面。否则不属于超筋梁。

③计算钢筋截面面积 A_s，并判断是否属少筋梁。

当 $x \leqslant x_b$ 时，再由式(2-19)求 A_s。

$$A_s = \frac{\alpha_1 f_c b x + \alpha_1 f_c (b'_f - b) h'_f}{f_y} \tag{2-22}$$

④选配钢筋。

(2)复核截面的承载力

已知：构件截面尺寸 b、h、b'_f、h'_f，钢筋截面面积 A_s，混凝土强度等级(f_c)，钢筋级别(f_y)。

求：截面的最大承载力设计值 M_u，或已知弯矩设计值 M，复核截面是否安全。

计算步骤如下：

①判断截面类型。

由式(2-15)，若 $f_y A_s \leqslant \alpha_1 f_c b'_f h'_f$，为第一类 T 形截面，按 $b'_f \times h$ 的矩形截面梁的方法进行复核计算，否则为第二类 T 形截面。

②第二类 T 形截面的复核。

由式(2-19)求出 x。

$$x = \frac{f_y A_s - \alpha_1 f_c (b'_f - b) h'_f}{\alpha_1 f_c b} \tag{2-23}$$

将求出的 x 代入式(2-20)，即可求得 M_u。

③判断截面是否安全。

若 $M \leqslant M_u$，则截面安全。

例 2-4 某现浇肋形楼盖次梁，截面尺寸如图 2-24 所示，梁的计算跨度 4.8m，跨中弯矩设计值为 93.6kN·m，采用 C25 级混凝土和 HRB400 级钢筋。试确定纵向钢筋截面面积。

解：

$f_c = 11.9\text{N/mm}^2$，$f_t = 1.27\text{N/mm}^2$，$f_y = 360\text{N/mm}^2$，$h_0 = h - 40 = 400 - 40 = 360\text{mm}$，$\alpha_1 = 1.0$

①确定翼缘计算宽度 b'_f。

根据表 2-5 有：

按梁的计算跨度 L_0 考虑：$b'_f = L_0/3 = 4800/3 = 1600\text{mm}$

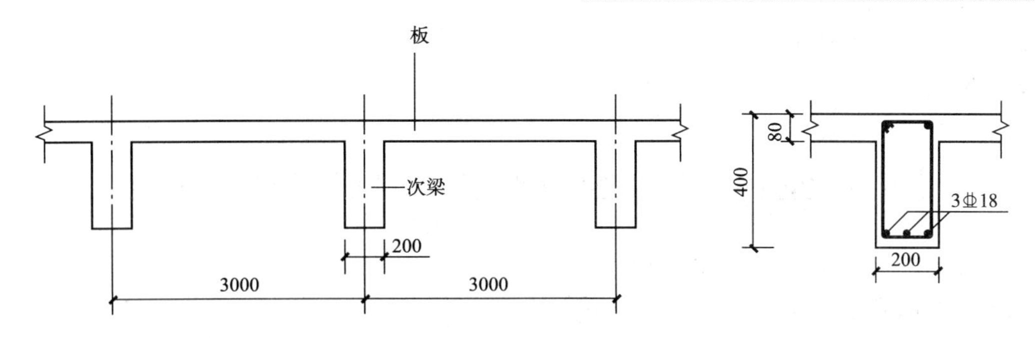

图2-24　例2-4图(尺寸单位:mm)

按梁净距 S_n 考虑:$b_f' = S_n + b = 3000\text{mm}$

按翼缘厚度 h_f' 考虑:$h_f'/h_0 = 80/360 = 0.222 > 0.1$,不受此项限制。

取较小值得翼缘计算宽度 $b_f' = 1600\text{mm}$。

②判别T形截面的类型。

$$\alpha_1 f_c b_f' h_f'(h_0 - h_f'/2) = 1.0 \times 11.9 \times 1600 \times 80 \times (360 - 80/2)$$
$$= 487.424 \times 10^6 \text{N} \cdot \text{mm}^2 > 93.6\text{kN} \cdot \text{m}$$

属于第一类T形截面。

③计算 x。

$$x = h_0 - \sqrt{h_0^2 - \frac{2M}{\alpha_1 f_c b_f'}} = 360 - \sqrt{360^2 - \frac{2 \times 93.6 \times 10^6}{1.0 \times 11.9 \times 1600}} = 13.92\text{mm}$$

④计算 A_s,并验算是否属少筋梁。

$$A_s = \frac{\alpha_1 f_c b_f' x}{f_y} = \frac{1.0 \times 11.9 \times 1600 \times 13.92}{360} = 736.7\text{mm}^2$$

$\rho_{min} = 0.45 f_t/f_y = 0.45 \times 1.27/360 = 0.16\% < 0.2\%$,取 $\rho_{min} = 0.2\%$

$$\rho_{min} bh = 0.2\% \times 200 \times 400 = 160\text{mm}^2 < A_s = 736.7\text{mm}^2$$

不属于少筋梁。

选配3 ⌀ 18($A_s = 763\text{mm}^2$)。

例2-5　已知一T形截面梁,截面尺寸如图2-25所示,截面配有受拉钢筋8 ⌀ 22,采用C25级混凝土,梁截面的最大弯矩设计值 $M = 500\text{kN} \cdot \text{m}$,试校核该梁是否安全?

解:

①由已知条件可知:

C30混凝土:$f_c = 14.3\text{N/mm}^2$,$f_t = 1.43\text{N/mm}^2$,$\alpha_1 = 1.0$,$h_0 = 700 - 65 = 635\text{mm}$

HRB400纵向受拉钢筋:$f_y = 360\text{N/mm}^2$,$\xi_b = 0.518$,$A_s = 3041\text{mm}^2$

②判别T形截面类型。

$f_y A_s = 360 \times 3041 = 1.095 \times 10^6 \text{N} > \alpha_1 f_c b_f' h_f' = 1 \times 14.3 \times 600 \times 100 = 0.858 \times 10^6 \text{N}$

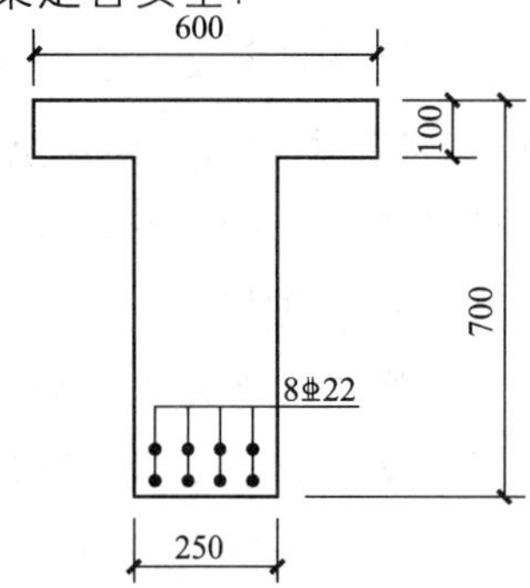

图2-25　例2-5图(尺寸单位:mm)

属于第二类 T 形截面。

③计算 x。

由式 2-22 得:

$$x=\frac{f_yA_s-\alpha_1f_c(b_f'-b)h_f'}{\alpha_1f_cb}=\frac{360\times3041-1\times14.3\times(600-250)\times100}{1\times14.3\times250}$$

$$=166.2\text{mm}<\xi_b=0.518\times635=328.93\text{mm}$$

④计算极限弯矩 M_u。

将求出的 x 代入式(2-19),即得:

$$M_u=\alpha_1f_cbx\left(h_0-\frac{x}{2}\right)+\alpha_1f_c(b_f'-b)h_f'\left(h_0-\frac{h_f'}{2}\right)$$

$$=1\times14.3\times250\times166.2\times\left(635-\frac{166.2}{2}\right)+1\times14.3\times(600-250)\times100\times\left(635-\frac{100}{2}\right)$$

$$=620.7\times10^6\text{N}\cdot\text{mm}=620.7\text{kN}\cdot\text{m}>500\text{kN}\cdot\text{m}$$

所以,该梁截面安全。

2.4 受弯构件斜截面承载力计算

受弯构件在主要承受弯矩的区段将会产生垂直于轴线的裂缝,若其受弯承载力不足,则将沿正截面破坏。不仅如此,在弯矩 M 和剪力 V 共同作用的区段内,梁还可能沿斜截面破坏。这种破坏通常较为突然,具有脆性破坏性质。所以,钢筋混凝土受弯构件不仅要有足够的正截面承载能力,而且必须具有足够的斜截面承载能力。

斜截面承载能力包括斜截面受剪承载力和斜截面受弯承载力,即应同时满足 $V\leqslant V_u$ 和 $M\leqslant M_u$。其中,V 为梁斜截面上最大剪力设计值,V_u 为梁斜截面受剪承载力;M 为梁斜截面上最大弯矩设计值,M_u 为梁斜截面受弯承载力。

在实际工程设计中,斜截面受剪承载力通过计算配置腹筋来保证,而斜截面受弯承载力则通过构造措施来保证。

2.4.1 受弯构件斜截面的破坏形态

受弯构件斜截面破坏形态主要取决于箍筋数量和剪跨比 λ,剪跨比 $\lambda=a/h_0$,其中 a 称为剪跨,即集中荷载作用点至支座边缘的距离。根据箍筋数量和剪跨比的不同,受弯构件有三种不同的斜截面破坏形态,即剪压破坏、斜压破坏和斜拉破坏。

1)斜压破坏

这种破坏多发生在集中荷载距支座较近,即剪跨比较小($\lambda<1$)的梁,或者剪跨比适中,但箍筋配置过多的梁。这种破坏是因梁的剪弯段腹部混凝土被一系列平行的斜裂缝分割成许多倾斜的受压柱体,在正应力和剪应力共同作用下混凝土被压碎而导致的,破坏时箍筋应力尚未达到屈服强度(见图 2-26a)。斜压破坏有明显的脆性。

2)剪压破坏

构件的箍筋配置适量,且剪跨比适中($\lambda=1\sim3$)时将发生剪压破坏。当荷载增加到一定值时,首先在剪弯段受拉区出现垂直裂缝,随后斜向延伸,形成斜裂缝。其中一条将发展成临界斜裂缝(即延伸较长且开展较大的斜裂缝)。荷载进一步增加,与临界斜裂缝相交的箍筋应力达到屈服强度。随后,斜裂缝不断扩展,斜截面末端剪压区不断缩小,最后剪压区混凝土在正应力和剪应力共同作用下达到极限状态而破坏(见图2-26b)。

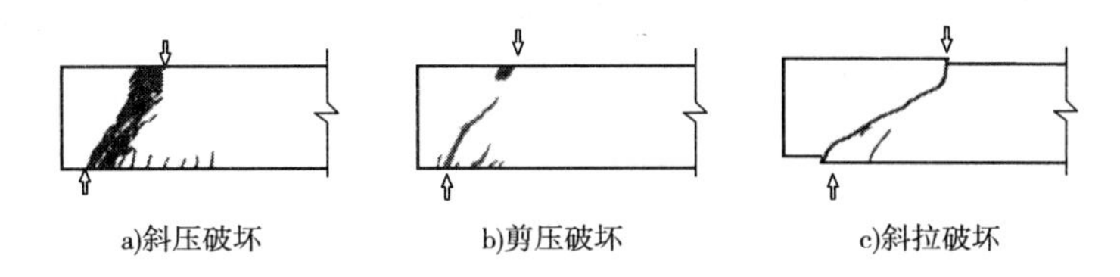

图2-26 斜截面的破坏形式

3)斜拉破坏

剪跨比较大($\lambda>3$),且箍筋量配置过少时,一旦出现斜裂缝,与斜裂缝相交的箍筋应力立即达到屈服强度,箍筋对斜裂缝发展的约束作用消失,随后斜裂缝迅速延伸到梁的受压区边缘,构件裂为两部分而破坏(见图2-26c)。斜拉破坏的过程急骤,具有很明显的脆性。

斜截面的三种破坏形态中,只有剪压破坏充分发挥了箍筋和混凝土的强度,所以剪压破坏应作为斜截面设计的依据,而斜压破坏和斜拉破坏则应避免。

2.4.2 斜截面受剪承载力计算的基本公式及适用条件

1)基本公式

钢筋混凝土受弯构件斜截面受剪承载力计算公式是以剪压破坏为依据建立的。图2-27为斜截面剪压破坏时的计算简图。

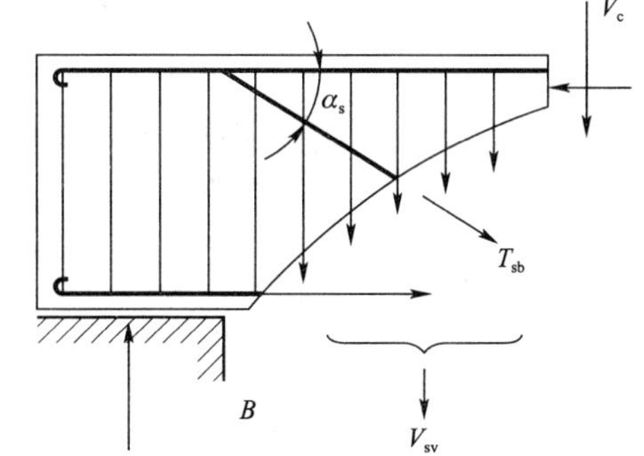

图2-27 斜截面的计算简图

由图可以看出,梁斜截面发生剪压破坏时,其斜截面的抗剪能力由三部分组成,即

$$V_u=V_c+V_{sv}+V_{sb} \tag{2-24}$$

式中:V_c——构件斜截面上混凝土受剪承载力设计值;

V_{sv}——与斜裂缝相交的箍筋的受剪承载力设计值;

V_{sb}——与斜裂缝相交的弯起钢筋的受剪承载力设计值。

仅配箍筋的受弯构件斜截面受剪承载力V_{cs}可表示为两项相加的形式,即

$$V_{cs}=V_c+V_{sv} \tag{2-25}$$

对均布荷载作用下仅配箍筋的矩形、T形及I形截面一般受弯构件,其斜截面受剪承载力计算的基本公式为:

$$V \leqslant V_{cs} = 0.7 f_t b h_0 + f_{yv} \frac{A_{sv}}{s} h_0 \tag{2-26}$$

式中：f_t——混凝土轴心抗拉强度设计值，按表 1-1 采用；

b——矩形截面的宽度，T 形、I 形截面的腹板宽度；

f_{yv}——箍筋抗拉强度设计值，按表 1-4 采用；

A_{sv}——配置在同一截面内箍筋各肢的全部截面面积。即 $A_{sv} = nA_{sv1}$，此处 n 为同一个截面内箍筋的肢数，A_{sv1} 为单肢箍筋的截面面积；

s——沿构件长度方向的箍筋间距。

2）适用条件

（1）防止出现斜压破坏的条件——规定最小截面尺寸

试验表明，当箍筋量达到一定程度时，再增加箍筋，截面受剪承载力几乎不再增加。相反，若剪力很大，而截面尺寸过小，即使箍筋配置很多，也不能完全发挥作用，因为箍筋屈服前混凝土已被压碎而发生斜压破坏。所以为了防止斜压破坏，必须限制截面最小尺寸。

对矩形、T 形及 I 形截面受弯构件，其受剪截面应符合下列条件：

当 $h_w/b \leqslant 4$ 时
$$V \leqslant 0.25 \beta_c f_c b h_0 \tag{2-27}$$

当 $h_w/b \geqslant 6$ 时
$$V \leqslant 0.2 \beta_c f_c b h_0 \tag{2-28}$$

当 $4 > h_w/b > 6$ 时，按直线内插法取用。

式中：b——矩形截面的宽度，T 形、I 形截面的腹板宽度；

h_w——截面的腹板高度。矩形截面取有效高度 h_0；T 形截面取有效高度减去翼缘高度；I 形截面取腹板净高；

β_c——混凝土强度影响系数，当混凝土强度等级不超过 C50 时，取 1.0；当混凝土强度等级为 C80 时，取 0.8；期间按线性内插法确定。

实际上，截面最小尺寸条件也就是最大配箍率的条件。

（2）防止出现斜拉破坏的条件——规定最小配箍率

为了避免出现斜拉破坏，构件配箍率应满足：

$$\rho_{sv} = \frac{A_{sv}}{bs} = \frac{nA_{sv1}}{bs} \geqslant \rho_{sv,min} = 0.24 f_c / f_{yv} \tag{2-29}$$

同时，箍筋的间距和直径应满足表 2-3 的要求。

3）斜截面受剪承载力计算的步骤

这里只介绍均布荷载作用下仅配箍筋梁斜截面受剪承载力计算的步骤。

已知：剪力设计值 V，截面尺寸 $b \times h$，混凝土强度等级（f_c），箍筋级别 f_{yv}，纵向受力钢筋的级别和数量（f_y 和 A_s）。

求：箍筋数量。

计算步骤如下：

（1）复核截面尺寸

梁的截面尺寸应满足式（2-27）或式（2-28）的要求，否则，应加大截面尺寸或提高混凝土强度等级。

(2)确定是否需按计算配置箍筋

当满足式(2-30)条件时,可按构造配置箍筋,否则,需按计算配置箍筋。

$$V \leqslant 0.7 f_t b h_0 \tag{2-30}$$

(3)确定斜截面受剪承载力的计算位置

斜截面受剪承载力的计算位置,应是受剪承载力的危险截面,一般按下列规定采用。

①支座边缘处的斜截面(图2-28中截面1—1)。

②箍筋截面面积或间距改变处的截面(图2-28中截面2—2)。

③截面尺寸改变处的截面。

(4)确定箍筋数量。

箍筋数量按式(2-26)计算。

$$\frac{A_{sv}}{s} \geqslant \frac{V - 0.7 f_t b h_0}{f_{yv} h_0} \tag{2-31}$$

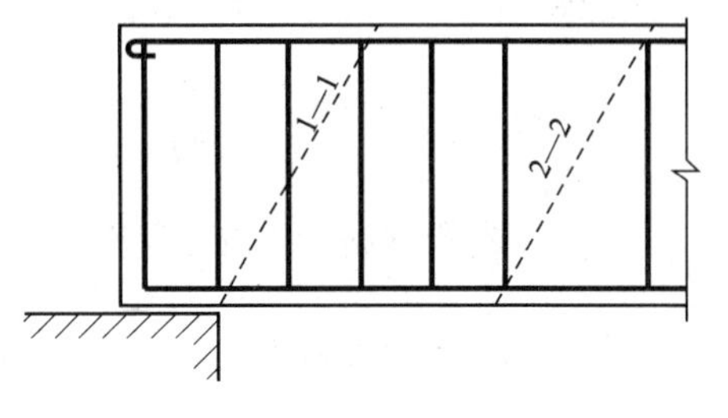

图2-28　斜截面受剪承载力计算位置

求出 A_{sv}/s 的值后,即可根据构造要求确定箍筋肢数 n 和直径 d,最后求出间距 s,或者根据构造要求选定 n、s,然后计算出箍筋的截面面积,以确定箍筋直径 d。选用箍筋的间距和直径应满足表2-3的要求。

(5)验算配箍率。

配箍率应满足式(2-29)的要求。

例2-6　某钢筋混凝土梁,两端搁置在240mm厚的砖墙上,如图2-29所示,截面尺寸 $b \times h = 200\text{mm} \times 500\text{mm}$,梁净跨为 $L_n = 4.76\text{m}$,梁上承受均布荷载 $q = 60\text{kN/m}$,采用C25混凝土,箍筋为HPB300钢筋,纵筋为HRB400。试进行斜截面承载力计算。

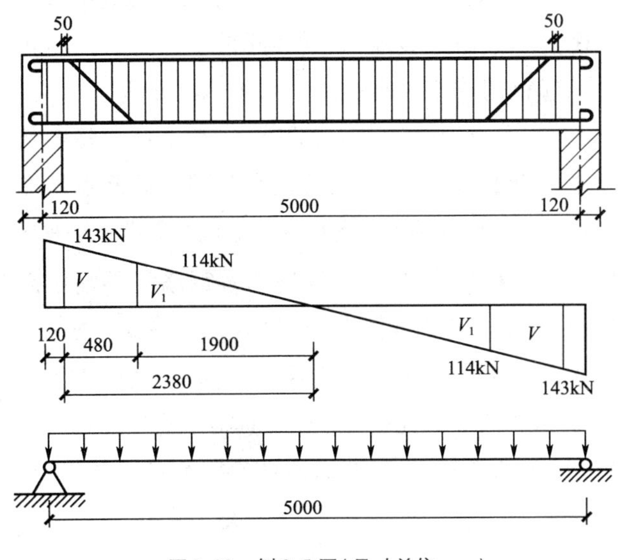

图2-29　例2-5图(尺寸单位:mm)

解:

①计算支座边缘处的剪力 V。

$$V = \frac{1}{2} q L_n = \frac{1}{2} \times 60 \times 4.76 = 142.8\text{kN}$$

②验算截面尺寸及配箍条件。

因 $\dfrac{h_w}{b} = \dfrac{h_0}{b} = \dfrac{500 - 40}{200} = 2.3 < 4$

$0.25\beta_c f_c b h_0 = 0.25 \times 1 \times 11.9 \times 200 \times 460 = 273.7\text{kN} > 142.8\text{kN}$,截面尺寸满足要求。

又因 $0.7 f_t b h_0 = 0.7 \times 1.27 \times 200 \times 460 = 81.8\text{kN} < 142.8\text{kN}$,应按计算配置箍筋。

③计算箍筋数量。

由式(2-31)得:

$$\frac{A_{sv}}{s} \geqslant \frac{V-0.7f_t bh_0}{f_{yv}h_0}=\frac{142.8\times10^3-0.7\times1.27\times200\times460}{270\times460}=0.491$$

选箍筋为 $\phi 8$ 双肢箍,则 $n=2$,$A_{sv1}=50.3\text{mm}^2$,可求 S 为:

$$S\leqslant\frac{nA_{sv1}}{0.491}=\frac{2\times50.3}{0.491}=205\text{mm},取 S=200\text{mm}$$

配箍率

$$\rho_{sv}=\frac{A_{sv}}{bs}=\frac{nA_{sv1}}{bs}=\frac{2\times50.3}{200\times200}=0.252\%$$

$$\geqslant\rho_{sv,\min}=0.24\frac{f_t}{f_{yv}}=0.24\times\frac{1.27}{270}=0.113\%$$

所以,该构件符合要求,箍筋沿梁全长均匀布置。

2.4.3 保证斜截面受弯承载力的构造措施

1)抵抗弯矩图的概念

按构件实际配置的钢筋所绘出的各正截面所能承受的弯矩图形称为抵抗弯矩图。图2-30为某简支梁的抵抗弯矩图。

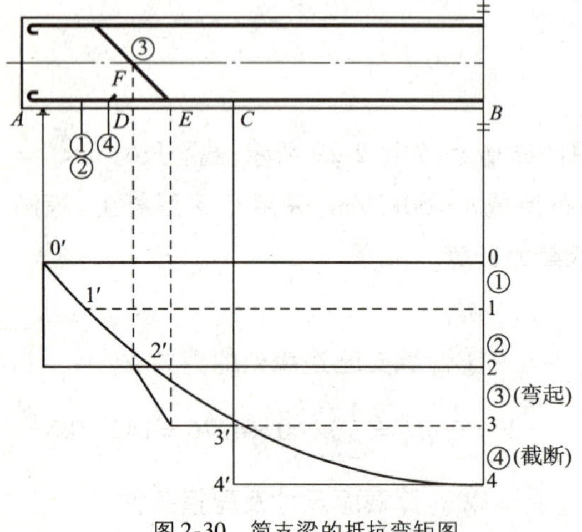

图2-30 简支梁的抵抗弯矩图

从图2-30中可以归纳出抵抗弯矩图的以下规律。

①在纵向受力钢筋既不弯起又不截断的区段内,抵抗弯矩图是一条平行于梁纵轴线的直线,如AD、EC、CB段。

②在纵向受力钢筋弯起的范围内,抵抗弯矩图为一条斜直线段,该斜线段自钢筋弯起点始至弯起钢筋与梁纵轴线的交点止,如DE段。

③当纵向受力钢筋截断时,其抵抗弯矩图将发生突变,突变的截面就是钢筋理论截断点所在截面。钢筋的理论截断点,又称不需要点,是从正截面承载力来看不需要,理论上可以截断的截面,图2-30中3′点就是④号钢筋的不需要点或理论截断点,这一截面的弯矩设计值恰好等于③号钢筋的抵抗弯矩,也就是说在这一截面,③号钢筋的承载力得到了充分发挥,所以3′点又是③号钢筋的充分利用点。同样,图中1′、2′、4分别是①号、②号、④号钢筋的充分利用点,而同时1′、2′又是②、③号钢筋的不需要点。

由此得出结论:前一钢筋的充分利用点就是后一钢筋的不需要点或理论截断点。

2)保证斜截面受弯承载力的措施

(1)纵向受拉钢筋截断时的构造

纵向受拉钢筋在跨间截断时,钢筋截面面积会发生突变,混凝土中会产生应力集中现象,在纵筋截断处提前出现裂缝。如果截断钢筋的锚固长度不足，则会导致黏结破坏，从而降低构件承载力。因而梁底部承受正弯矩的钢筋不应在受拉区截断。连续梁和框架梁承受支座负弯矩的钢筋也不宜在受拉区截断，但为了节省钢筋，可在适当部位截断(图2-31)。此时其截断点的位置应满足两个控制条件。一是该批钢筋截断后斜截面仍有足够的受弯承载力，二是被截断的钢筋应具有必要的锚固长度。具体讲，截断点位置应符合下列规定：

①当 $V\leqslant 0.7f_tbh_0$ 时，延伸至该钢筋理论截断点以外的长度 l_1 不小于 $20d$(d 为被截断钢筋的直径)，且从该钢筋强度充分利用截面伸出的长度 l_2 不应小于 $1.2l_a$。

②当 $V>0.7f_tbh_0$ 时，延伸至该钢筋理论截断点以外的长度 l_1 不小于 h_0 且不小于 $20d$，且从该钢筋强度充分利用截面伸出的长度 l_2 不应小于 $1.2l_a+h_0$。

③若按上述规定确定的截断点仍位于负弯矩受拉区内，则延伸至该钢筋理论截断点以外的长度 l_1 不小于 $1.3h_0$ 且不小于 $20d$，且从该钢筋强度充分利用截面伸出的长度 l_2 不应小于 $1.2l_a+1.7h_0$。

(2)纵向受力钢筋弯起时的构造

为了保证构件的正截面受弯承载力，弯起钢筋与梁轴线的交点必须位于该钢筋的理论截断点之外。同时，弯起钢筋的实际起弯点必须伸过其充分利用点一段距离，以保证纵向受力钢筋弯起后斜截面的受弯承载力。为简便，《混凝土结构设计规范》规定，不论钢筋的弯起角度为多少，均统一取 $s\geqslant 0.5h_0$(见图2-30)。

弯起钢筋在弯终点外应有一直线段的锚固长度，以保证在斜截面处发挥其强度。《混凝土结构设计规范》规定，当直线段位于受拉区时，其长度不小于 $20d$，位于受压区时不小于 $10d$(d 为弯起钢筋的直径)。光面钢筋的末端还应设置弯钩。为了防止弯折处混凝土挤压力过于集中，弯折半径应不小于 $10d$(见图2-32)。

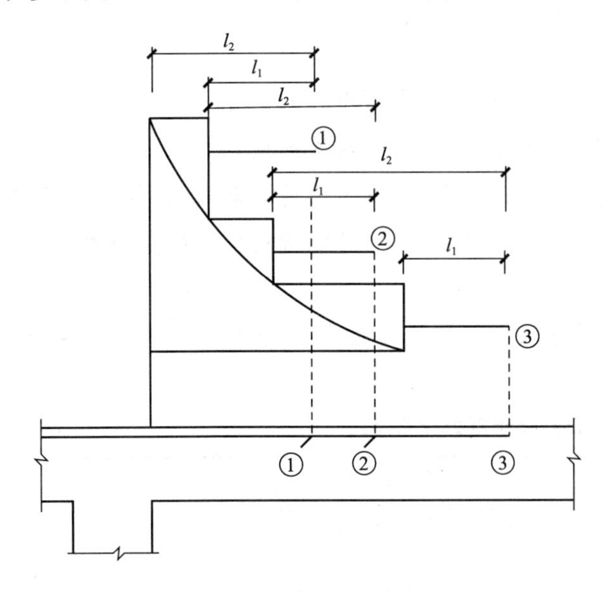

图2-31　纵向钢筋截断的构造

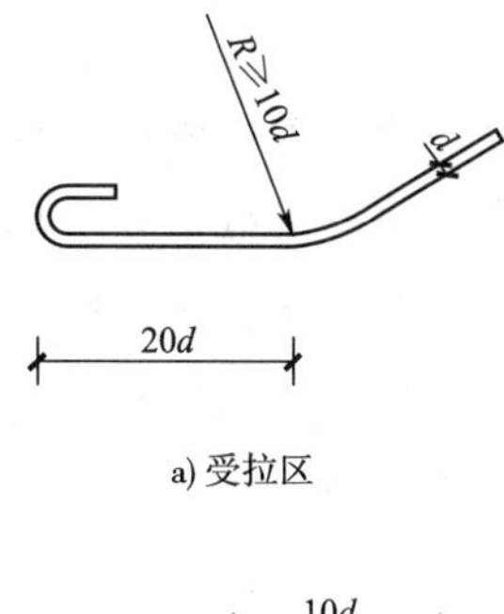

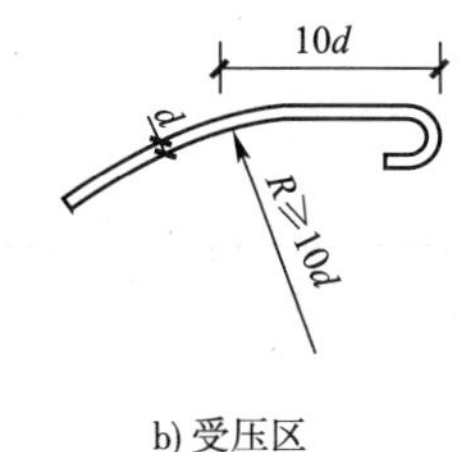

图2-32　弯起钢筋的端部构造

(3)纵向受力钢筋在支座内的锚固

当在支座附近发生斜裂缝时,与裂缝相交的纵筋所承受的弯矩会由原来的 M_c 增加到 M_d(见图 2-33),纵筋的拉力也明显增大。若纵筋无足够的锚固长度,就会从支座内拔出而使梁发生沿斜截面的弯曲破坏。为此,钢筋混凝土简支梁和连续梁简支端的下部纵向受力钢筋伸入支座内的锚固长度 l_{as} 应满足下列规定:

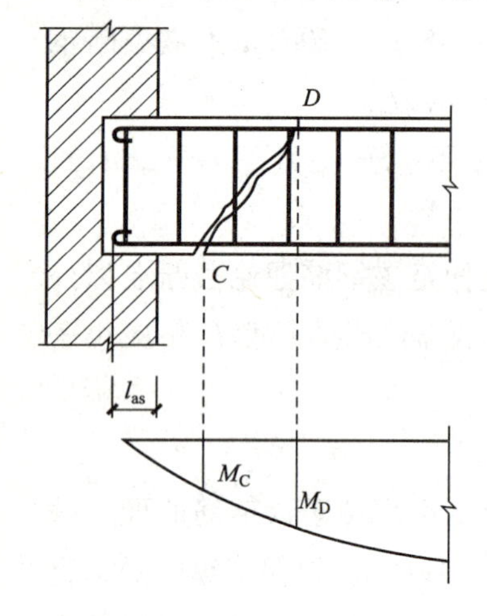

图 2-33 纵向受力钢筋在支座内的锚固

①当 $V \leqslant 0.7f_tbh_0$ 时,$l_{as} \geqslant 5d$(d 为纵向受力钢筋直径)。

②当 $V > 0.7f_tbh_0$ 时,带肋钢筋 $l_{as} \geqslant 12d$,光面钢筋 $l_{as} \geqslant 15d$。

因条件限制不能满足梁的上述规定锚固长度时,应采取在钢筋上加焊锚固钢板或将钢筋端部焊接在梁端的预埋件上等有效锚固措施。

简支板或连续板简支端下部纵向受力钢筋伸入支座的锚固长度 l_{as} 不应小于 $5d$(d 为受力钢筋直径)。伸入支座的下部钢筋的数量,当采用弯起式配筋时其间距不应大于 400mm,截面面积不应小于跨中受力钢筋截面面积的 1/3;当采用分离式配筋时,跨中受力钢筋应全部伸入支座。

(4)悬臂梁纵筋的弯起与截断

试验表明,在作用剪力较大的悬臂梁内,由于梁全长受负弯矩作用,临界斜裂缝的倾角较小,而延伸较长,因此不应在梁的上部截断负弯矩钢筋。此时,负弯矩钢筋可以分批向下弯折并锚固在梁的下边(其弯起点位置和钢筋端部构造按前述弯起钢筋的构造确定),但必须有不少于 2 根上部钢筋伸至悬臂梁外端,并向下弯折不小于 $12d$。

本模块回顾

1. 单向板中一般配有受力钢筋和分布钢筋,双向板中两个方向均配有受力钢筋。

2. 梁中一般配有纵向受力钢筋、箍筋、弯起钢筋、架立钢筋等钢筋。

3. 受弯构件正截面由于配筋率的不同,其破坏形态可分为超筋梁破坏、适筋梁破坏和少筋梁破坏三种类型。超筋梁和少筋梁在破坏前无明显预兆,有可能造成巨大的生命和财产损失,实际工程中严禁使用。

4. 受弯构件正截面承载力计算公式见表 2-6。学习过程中要进行分析比较,掌握它们的设计计算方法。

受弯构件正截面承载力计算公式　　表 2-6

截面类型	计算公式
单筋矩形	$\alpha_1 f_c bx = f_y A_s$ $M_u = \alpha_1 f_c bx\left(h_0 - \frac{x}{2}\right)$

续上表

截面类型		计算公式
单筋T形	第一类	$\alpha_1 f_c b_f' x = f_y A_s$ $M = \alpha_1 f_c b_f' x(h_0 - x/2)$
	第二类	$\alpha_1 f_c bx + \alpha_1 f_c(b_f' - b)h_f' = f_y A_s$ $M_u = \alpha_1 f_c bx\left(h_0 - \frac{x}{2}\right) + \alpha_1 f_c(b_f' - b)h_f'\left(h_0 - \frac{h_f'}{2}\right)$

5. 受弯构件斜截面由于箍筋数量和剪跨比的不同，其破坏形态分为剪压破坏、斜压破坏和斜拉破坏。斜压破坏和斜拉破坏无明显破坏预兆，应注意避免。

6. 对均布荷载作用下仅配箍筋的矩形、T形及I形截面的一般受弯构件，其斜截面受剪承载力计算的基本公式为：

$$V \leqslant V_{cs} = 0.7 f_t b h_0 + f_{yv} \frac{A_{sv}}{s} h_0$$

想一想

(一)简答题

2-1　梁、板的截面尺寸应满足哪些要求？

2-2　梁、板中通常配置哪几种钢筋？各起什么作用？

2-3　梁中箍筋有哪几种形式？采用箍筋肢数有何规定？

2-4　什么是混凝土保护层厚度？混凝土保护层的作用是什么？室内正常环境中梁、板的保护层厚度一般取多少？

2-5　根据纵向受力钢筋配筋率的不同，钢筋混凝土梁可分为哪几种类型？不同类型梁的破坏特征有何不同？实际工程中为何必须设计成适筋梁？

2-6　受弯构件斜截面破坏形态有哪几种？各有何特点？破坏形态主要取决于什么？

(二)计算题

2-7　一钢筋混凝土矩形截面梁承受弯矩设计值 $M=125\text{kN}\cdot\text{m}$，$b\times h=200\text{mm}\times500\text{mm}$，采用C25级混凝土，HRB335级钢筋。试求纵向受力钢筋的数量，并绘配筋图。

2-8　某钢筋混凝土矩形截面简支梁，计算跨度 $L_0=6\text{m}$，承受的均布荷载标准值为：恒荷载8kN/m，活荷载6kN/m，可变荷载组合值系数 $\psi_c=0.7$，采用C30级混凝土、HRB400级钢筋。试确定梁的截面尺寸和纵向钢筋的数量，并绘配筋图。

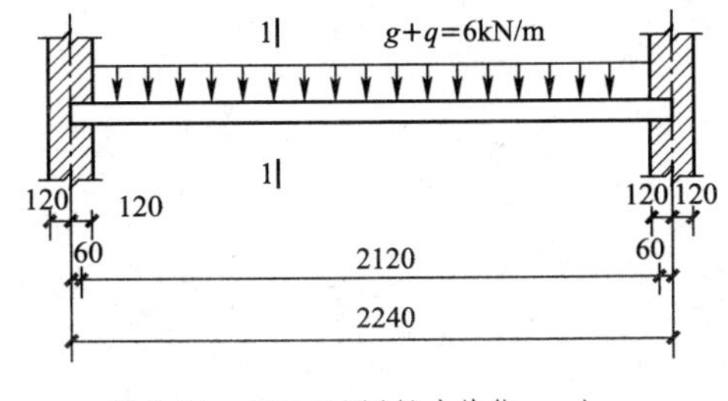

图2-34　题2-9图(尺寸单位:mm)

2-9　某大楼中间走廊单跨简支板，如图2-34，计算跨度 $L_0=2.18\text{m}$，承受均布荷载设计值 $g+q=6\text{kN/m}$(包括自重)，混凝土强度等级C20，HPB300钢筋。试确定现浇板的厚度 h 及所需受拉钢筋截面面积 A_s，选配钢筋，并绘钢筋配筋图。

2-10　某钢筋混凝土矩形截面梁，$b \times h = 200\text{mm} \times 450\text{mm}$，承受的最大弯矩设计值 $M = 70\text{kN} \cdot \text{m}$。所配纵向受拉钢筋为 4 Φ 14HRB335 级钢筋，混凝土强度等级为 C20。试复核该梁是否安全。

2-11　有一矩形截面梁，截面尺寸 $b \times h = 200\text{mm} \times 500\text{mm}$。纵向受拉钢筋 6 Φ 20 的 HRB335 钢筋(排两排)。试求该梁的受弯承载力。

2-12　某 T 形截面独立梁，截面尺寸已知：$b_f' = 500\text{mm}$，$b = 250\text{mm}$，$h = 600\text{mm}$，$h_f' = 100\text{mm}$。采用 C30 级混凝土强度，HRB400 级钢筋。承受弯矩设计值 256kN · m。求纵向受力钢筋的数量，并绘配筋图。

2-13　某现浇肋形楼盖次梁，承受弯矩设计值 $M = 62\text{kN} \cdot \text{m}$，计算跨度为 4.5m，截面尺寸如图 2-35 所示，采用 C25 级混凝土，HRB400 级钢筋。试确定次梁的纵向受力钢筋截面面积，并绘钢筋配筋图。

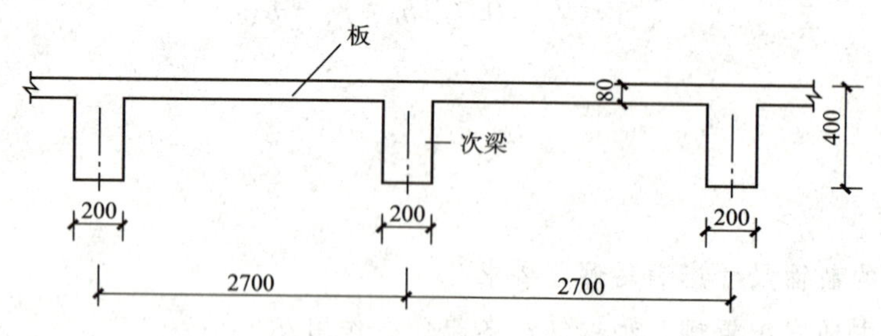

图 2-35　题 2-13 图(尺寸单位：mm)

2-14　某 T 形截面梁，截面尺寸已知：$b_f' = 1200\text{mm}$，$b = 200\text{mm}$，$h = 600\text{mm}$，$h_f' = 80\text{mm}$。采用 C25 级混凝土，已配 4 Φ 20HRB335 级钢筋，承受弯矩设计值 131kN · m。试符合梁截面是否安全。

2-15　某办公楼楼面梁采用矩形截面简支梁，截面尺寸 $b \times h = 200\text{mm} \times 500\text{mm}$，净跨度 5.76m，承受均布恒载标准值 16kN/m(含自重)，均布活荷载标准值 8kN/m。混凝土强度等级为 C25。经正截面承载力计算，已配置纵向受力钢筋 6 Φ 18(排两排)。箍筋采用 HPB300 级钢筋。试求箍筋数量。

2-16　已知某承受均布荷载的矩形截面梁截面尺寸 $b \times h = 250\text{mm} \times 500\text{mm}$，采用 C25 级混凝土，箍筋为 HPB300 级钢筋。若已知剪力设计值为 150kN，试求采用 $\phi 8$ 双肢箍的箍筋间距 s?

模块3　钢筋混凝土受压构件承载力计算

学习目标

1. 了解轴心受压构件的受力特点和破坏特征。
2. 掌握轴心受压构件的承载力计算和构造要求。
3. 了解偏心受压构件的破坏形态。
4. 掌握对称配筋矩形截面偏心受压构件的计算方法、适用条件及构造要求。

钢筋混凝土受压构件是建筑结构中的常见构件。

按照轴向压力在截面上作用位置的不同，钢筋混凝土受压构件可分为轴心受压构件和偏心受压构件。当纵向压力与构件轴线重合时为轴心受压构件（见图3-1a），否则为偏心受压构件。偏心受压构件又可分为单向偏心受压构件（见图3-1b）和双向偏心受压构件（见图3-1c）。在实际工程结构中，几乎不存在真正的轴心受压构件。通常由于荷载作用位置偏差、配筋不对称以及施工误差等原因，总是或多或少存在初始偏心距。但当这种偏心距很小时，为计算方便，仍可近似按轴心受压构件计算。例如只承受节点荷载屋架的受压弦杆和腹杆、以恒荷载为主的等跨多层框架房屋的内柱等，均可近似按轴心受压构件计算。本章只介绍轴心受压构件和单向偏心受压构件。

按照箍筋配置方式不同，钢筋混凝土轴心受压柱可分为两种：一种是配置纵向钢筋和普通箍筋的柱（见图3-2a），简称普通箍筋柱；另一种是配置纵向钢筋和螺旋箍筋（见图3-2b）或配置

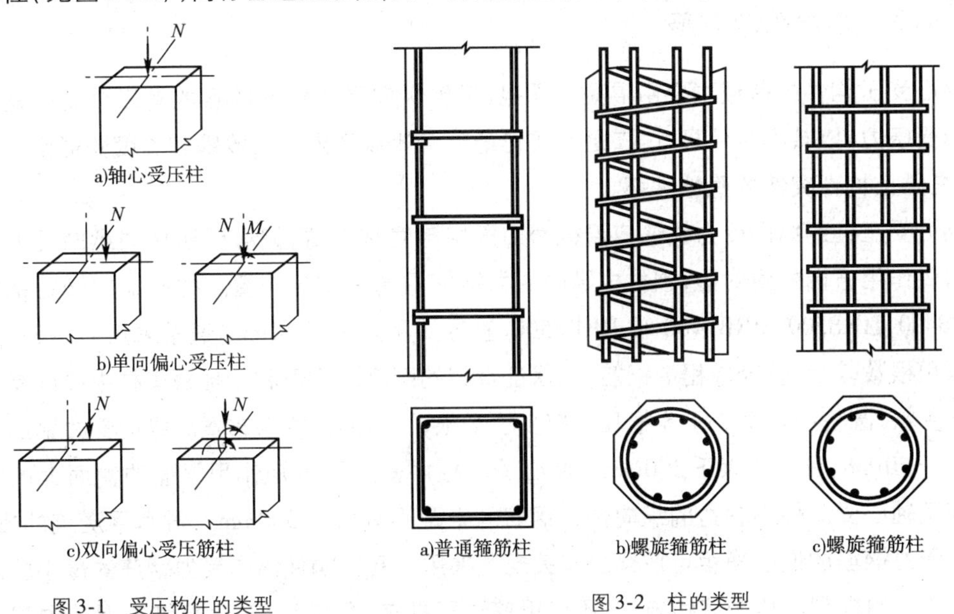

图3-1　受压构件的类型

图3-2　柱的类型

纵向钢筋和焊接环形箍筋的柱(见图3-2c),简称螺旋箍筋柱。后者可提高构件承载力,但施工复杂,用钢量较多,一般很少采用,这里不作介绍。

3.1 构造要求

3.1.1 材料强度要求

受压构件的承载力主要取决于混凝土强度,采用较高强度等级的混凝土可以减小构件截面尺寸,节省钢材,因而柱中混凝土一般采用C20、C25、C30或更高强度等级。但纵向受力钢筋不宜采用高强度钢筋,这是因为高强度钢筋在柱中不能充分发挥其强度。试验表明,在柱中配置各级热轧钢筋均可达到其屈服强度。

3.1.2 截面形式和尺寸

钢筋混凝土受压构件通常采用方形或矩形截面,以便制作模板。一般轴心受压柱以方形为主,偏心受压柱以矩形为主。当有特殊要求时,也可采用其他形式的截面,如轴心受压柱可采用圆形、多边形等,偏心受压柱还可采用I形、T形等。

为了充分利用材料强度,避免构件长细比太大而过多降低构件承载力。柱截面尺寸不宜过小,一般应符合$L_0/h \leqslant 25$及$L_0/b \leqslant 30$(其中L_0为柱的计算长度,h和b分别为截面的高度和宽度)。对于方形和矩形截面,其尺寸不宜小于250mm×250mm。为了便于模板尺寸模数化,柱截面边长在800mm以下者,模数宜取50mm的倍数;在800mm以上者,模数取为100mm的倍数。

3.1.3 纵向受力钢筋

轴心受压构件的荷载主要由混凝土承担,设置纵向受力钢筋的目的有三个。一是协助混凝土承受压力,以减小构件尺寸;二是承受可能的弯矩以及混凝土收缩和温度变形引起的拉应力;三是防止构件突然的脆性破坏。

轴心受压柱的纵向受力钢筋应沿截面四周均匀对称布置,偏心受压柱的纵向受力钢筋放置在弯矩作用方向的两对边,圆柱中纵向受力钢筋沿周边均匀布置。柱内纵向受力钢筋宜采用HRB400、HRB500、HRBF400和HRBF500,直径d不宜小于12mm,通常采用12~32mm。一般宜采用根数较少,直径较粗的钢筋,以保证骨架的刚度。方形和矩形截面柱中纵向受力钢筋不少于4根,圆柱中不宜少于8根且不应少于6根,且沿周边均匀布置。纵向受力钢筋的净距不应小于50mm,且不宜大于300mm。偏心受压柱中垂直于弯矩作用平面的侧面上的纵向受力钢筋及轴心受压柱中各边的纵向受力钢筋的中距不宜大于300mm。对水平浇筑的预制柱,其纵向受力钢筋的最小净距可按梁的有关规定采用。受压构件纵向受力钢筋的最小配筋率应符合表3-1的规定。从经济和施工(不使钢筋过于拥挤)角度考虑,全部纵向钢筋的配筋率不宜超过5%。受压钢筋的配筋率一般不超过3%，通常在0.5%～2%之间。

受压构件纵向受力钢筋的最小配筋百分数 ρ_{min}(%)　　表3-1

受力类型			最小配筋百分数(%)
受压构件	全部纵向钢筋	强度等级500MPa	0.50
		强度等级400MPa	0.55
		强度等级300MPa、335MPa	0.60
	一侧纵向钢筋		0.2

偏心受压构件的纵向钢筋配置方式有两种。一种是对称配筋，即在柱弯矩作用方向的两对边对称配置相同的纵向受力钢筋。对称配筋构造简单，施工方便，不易出错，但用钢量较大。另一种是非对称配筋，即在柱弯矩作用方向的两对边配置不同的纵向受力钢筋。非对称配筋的优缺点与对称配筋相反。在实际工程中，为避免吊装出错，装配式柱一般采用对称配筋。屋架上弦、多层框架柱等，由于在不同的荷载组合下可能承受变号弯矩的作用，为便于设计和施工，通常也采用对称配筋。

3.1.4　箍筋

受压构件中箍筋的作用是保证纵向钢筋的位置正确，防止纵向钢筋压屈，从而提高柱的承载能力。

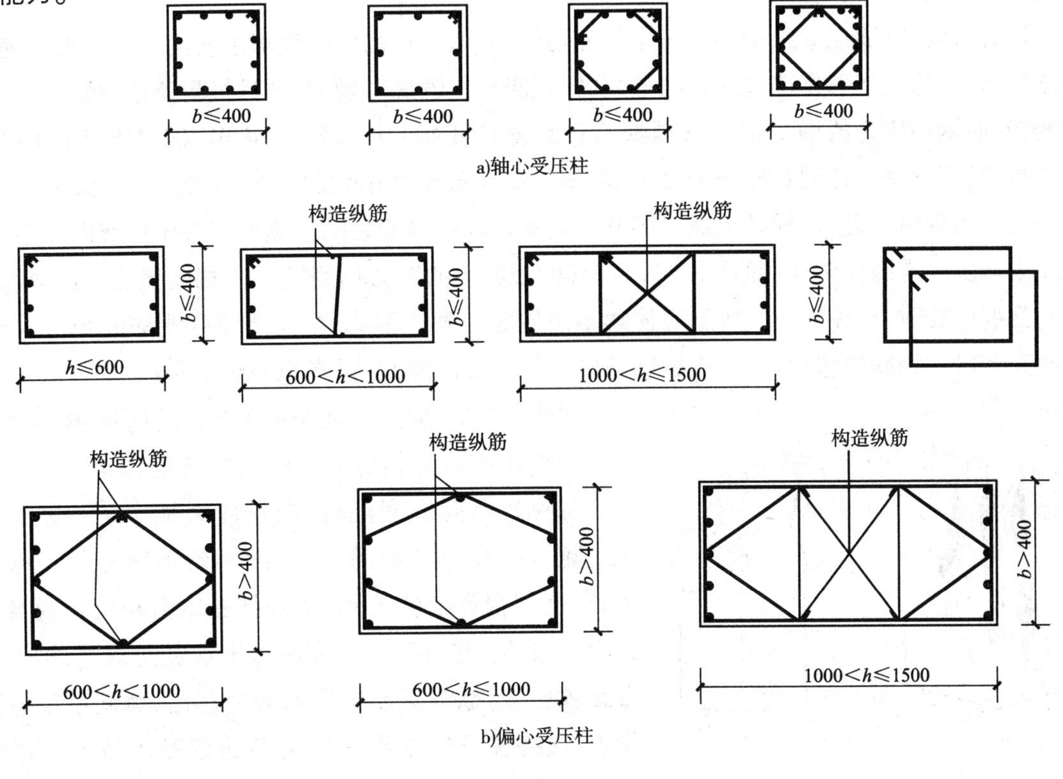

图3-3　箍筋的构造(尺寸单位:mm)

受压构件中的周边箍筋应做成封闭式。箍筋直径不应小于 $d/4$（d 为纵向受力钢筋的最大直径），且不应小于 6mm。箍筋间距不应大于 400mm 及构件截面的短边尺寸，且不应大于 $15d$（d 为纵向受力钢筋的最小直径）。

当柱中全部纵向受力钢筋的配筋率超过 3% 时，箍筋直径不应小于 8mm，间距不应大于 $10d$（d 为纵向受力钢筋的最小直径），且不应大于 200mm；箍筋末端应做成 135，且弯钩末端平直段长度不应小于 $10d$（d 为纵向受力钢筋的最小直径）。此时，也可将箍筋焊成封闭环式。

当柱截面短边尺寸大于 400mm 且各边纵向受力钢筋多于 3 根时，或当柱截面短边尺寸不大于 400mm 但各边纵向钢筋多于 4 根时，应设置复合箍筋，以防止中间钢筋被压屈（见图 3-3）。复合箍筋的直径、间距与前述箍筋相同。

当偏心受压柱的截面高度 $h \geq 600$mm 时，在柱的侧面上应设置直径为 10～16mm 的纵向构造钢筋，并相应设置复合箍筋或拉筋（见图 3-3b）。

3.2 轴心受压构件的承载力计算

3.2.1 破坏特征

按照长细比 L_0/b 的大小，轴心受压柱可分为短柱和长柱两类。对方形和矩形柱，当 $L_0/b \leq 8$ 时属于短柱，否则为长柱。

试验可知，钢筋混凝土轴心受压短柱受荷较小时，构件的压缩变形主要为弹性变形。随着荷载的增大，构件变形迅速增大。与此同时，混凝土塑性变形增加，弹性模量降低，应力增长逐渐变慢，而钢筋应力的增加则越来越快。对配置 HRB400、HRB500、HRBF400、HRBF500 级钢筋的构件，钢筋将先达到其屈服强度，此后增加的荷载全部由混凝土来承受。在临近破坏时，柱子表面出现纵向裂缝，混凝土保护层开始剥落，最后，箍筋之间的纵向钢筋压屈而向外凸出，混凝土被压碎崩裂而破坏（见图 3-4）。破坏时混凝土的应力达到棱柱体抗压强度 f_c。当纵筋为高强度钢筋时，构件破坏时纵筋可能达不到屈服强度。因此，配置高强度钢筋的受压构件，不能充分发挥钢筋的作用，设计中钢筋的抗压强度设计值 f'_y，最多取 400N/mm^2。

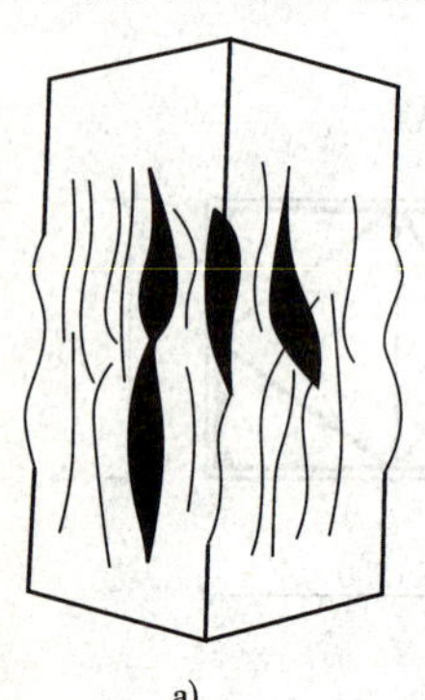
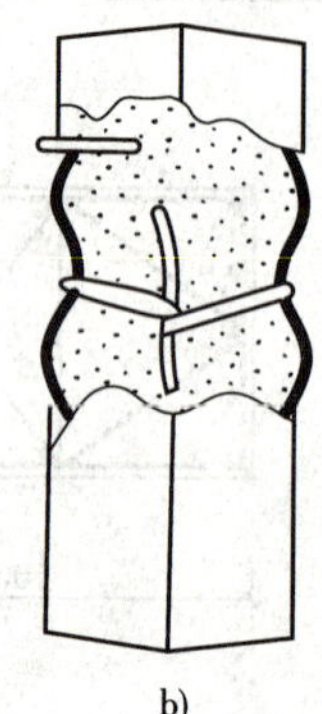
a)　　b)

图 3-4　短柱的破坏

对于钢筋混凝土长柱，初始偏心距的影响不可忽略。长柱在初始偏心距引起的附加弯矩作用下将产生不可忽视的侧向挠度，而侧向挠度又加大了初始偏心距。随着荷载的增加，侧向挠度和附加弯矩将不断增大，这样互相影响的结果，使长柱在轴力和弯矩的共同作用下破坏。破坏时首先在凹边出现纵向裂缝，接着混凝土被压碎，纵向钢筋被压弯向外凸出，侧向挠度急速发展，最终柱子失去平衡并将凸边混凝土拉裂而破坏（见图 3-5）。长细比过大的细长柱，在附加弯矩和相应侧向挠度影响下，甚至可能发生失稳破坏。

3.2.2　轴心受压柱的承载力计算

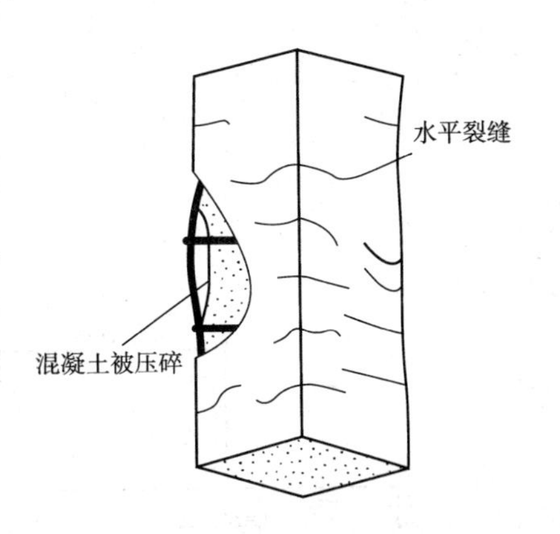

图 3-5　长柱的破坏

1）基本公式

钢筋混凝土轴心受压柱的正截面承载力由混凝土承载力及钢筋承载力两部分组成。短柱和长柱的承载力计算公式可统一表示为：

$$N \leqslant 0.9\varphi(f_c A + f'_y A'_s) \tag{3-1}$$

式中：N——轴向压力设计值；

A——构件截面面积，当纵向钢筋配筋率大于 3% 时，A 应改用 $A - A'_s$；

A'_s——全部纵向普通钢筋的截面面积；

f_c——混凝土轴心抗压强度设计值；

f'_y——纵向钢筋抗压强度设计值；

φ——钢筋混凝土构件的稳定系数，按表 3-2 采用。

钢筋混凝土轴心受压构件的稳定系数　　表 3-2

L_0/b	≤8	10	12	14	16	18	20	22	24	26	28
L_0/d	≤7	8.5	10.5	12	14	15.5	17	19	21	22.5	24
L_0/i	≤28	35	42	48	55	62	69	76	83	90	97
φ	1.00	0.98	0.95	0.92	0.87	0.81	0.75	0.70	0.65	0.60	0.56
L_0/b	30	32	34	36	38	40	42	44	46	48	50
L_0/d	26	28	29.5	31	33	34.5	36.5	38	40	41.5	43
L_0/i	104	111	118	125	132	139	146	153	160	167	174
φ	0.52	0.48	0.44	0.40	0.36	0.32	0.29	0.26	0.23	0.21	0.19

稳定系数反映了长柱由于纵向弯曲而引起的承载能力的降低。构件长细比愈大，稳定系数愈小，构件承载能力降低就愈多。

2）计算方法

（1）截面设计

已知：构件截面尺寸 $b \times h$，计算长度 L_0，材料强度，轴向压力设计值 N。

求：纵向受压钢筋截面面积 A'_s。

计算步骤如图 3-6 所示。

若构件截面尺寸 $b \times h$ 为未知，则可先根据构造要求并参照同类工程假定柱截面尺寸 $b \times h$，然后按上述步骤计算 A'_s。若配筋率 ρ' 过大或过小，则应调整 b、h，重新计算 A'_s。

（2）截面承载力复核

已知：柱截面尺寸 $b \times h$，计算长度 L_0，纵筋数量及级别，混凝土强度等级。

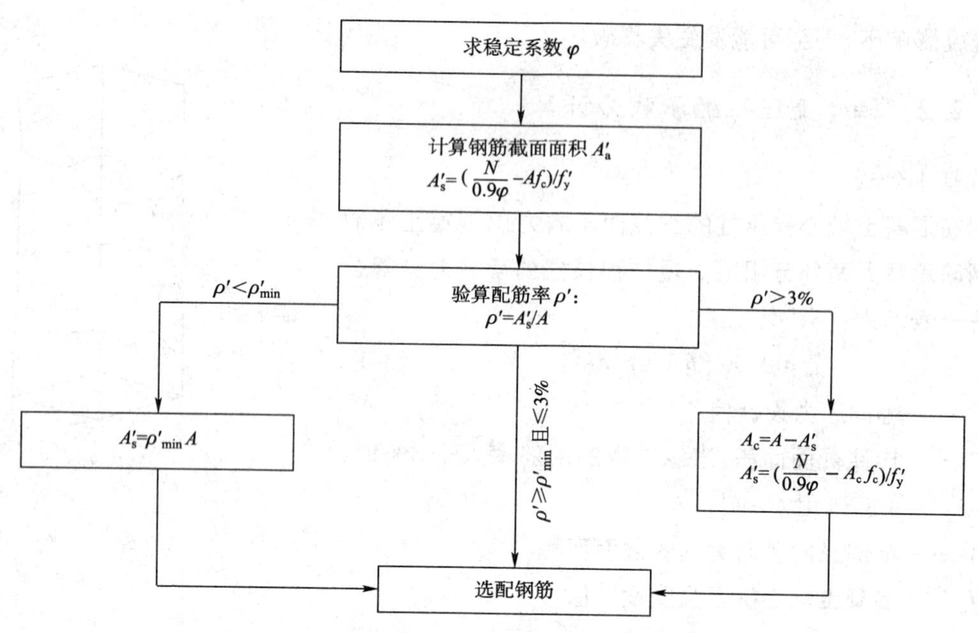

图 3-6　截面设计步骤

求:柱的受压承载力 N。或已知轴向力设计值 N,判断截面是否安全。

计算步骤如图 3-7 所示。

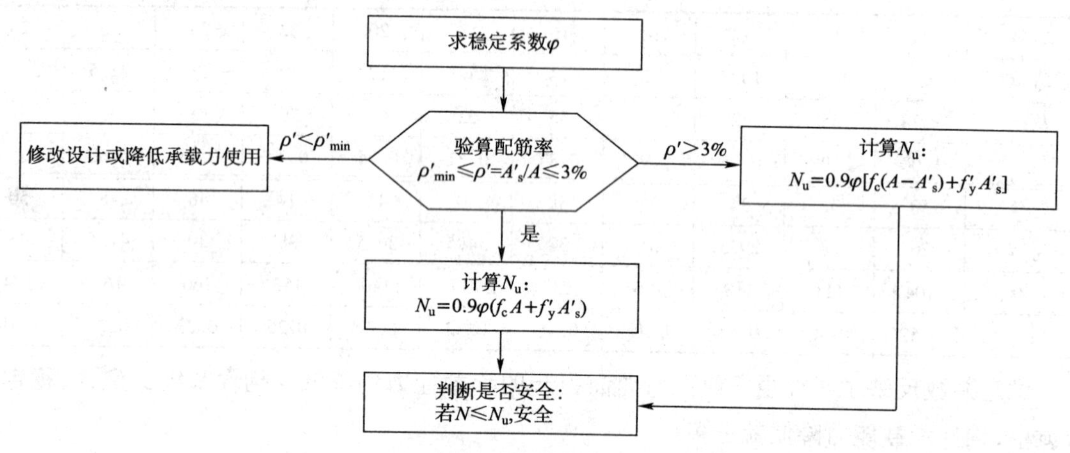

图 3-7　截面复核步骤

例 3-1　某轴心受压钢筋混凝土框架柱,承受轴向压力设计值 $N=1800\text{kN}$,计算高度 $L_0=6.2\text{m}$,混凝土强度等级为 C25,纵筋采用 HRB400 级钢筋,试求柱截面尺寸,并配置受力钢筋。

解:

由表 1-1 查得 C25 混凝土的 $f_c=11.9\text{N/mm}^2$ 由表 1-4 查得 HRB400 级钢筋的 $f'_y=360\text{N/mm}^2$。

①初步估算截面尺寸。

取 $\varphi=1.0,\rho'=1\%$,由式(3-1)可得,

$$A=\frac{N}{0.9\varphi(f_c+f'_y\rho')}=\frac{2400\times10^3}{0.9\times1\times(11.9+360\times0.01)}=172.043\times10^3\text{mm}^2$$

若采用方柱，$h=b=\sqrt{A}=417.78\text{mm}$，取 $b\times h=450\text{mm}\times450\text{mm}$

②求稳定系数 φ。

由 $L_0/b=6.2/0.45=13.78$，查表3-1，得 $\varphi=0.923$

③计算纵筋截面面积 A_s'。

由式(3-1)可求得

$$A_s'=\frac{\dfrac{N}{0.9\varphi}-f_cA}{f_y'}=\frac{\dfrac{2400\times10^3}{0.9\times0.923}-11.9\times450\times450}{360}=1332\text{mm}^2$$

④验算配筋率。

$\rho'=\dfrac{A_s'}{A}=\dfrac{1332}{450\times450}=0.658\%>\rho_{min}=0.55\%$，且 $<3\%$，满足最小配筋率要求。

选用8 ⌀16($A_s'=1608\text{mm}^2$)。

例3-2 某钢筋混凝土轴心受压柱，截面尺寸 $b\times h=250\text{mm}\times250\text{mm}$，计算长度 $L_0=4.5\text{m}$，采用C25级混凝土，纵向钢筋为4 ⌀20HRB400级钢筋。试计算该柱所能承受的轴向压力。

解：

查表 $A_s'=1256\text{mm}^2$，$f_c=11.9\text{N/mm}^2$，$f_y'=360\text{N/mm}^2$。

$A=b\times h=250\times250=62500\text{mm}$，$\rho'=\dfrac{A_s'}{A}=\dfrac{1256}{250\times250}=2\%>\rho_{min}=0.55\%$，且 $<3\%$。

由 $L_0/b=4.5/0.25=18$，查表得 $\varphi=0.81$

再由式(3-1)可求得

$$N_u=0.9\varphi(f_cA+f_y'A_s')=0.9\times0.81\times(11.9\times250\times250+360\times1256)=871.82\text{kN}$$

该柱所能承受的轴心压力设计值为871.82kN。

3.3 偏心受压构件的承载力计算

偏心受压构件的承载力计算包括正截面承载力计算和斜截面承载力计算(当柱承受较大剪力时)两项内容，本节只介绍正截面承载力计算。

3.3.1 破坏特征

随着纵向力偏心距的大小和纵向钢筋配筋率不同，偏心受压构件的破坏形态分为大偏心受压破坏和小偏心受压破坏两种。

1)大偏心受压破坏——受拉破坏

当纵向力的偏心距较大且受拉钢筋配置不太多时，会发生大偏心受压破坏。在这种情况下，构件受纵向力 N 后，离纵向力较远一侧的截面受拉，另一侧截面受压。当 N 增加到一定程度，首先在受拉区出现横向裂缝，随着荷载的增加，裂缝不断发展和加宽，裂缝截面处的拉力全部由钢筋承担。荷载继续加大，受拉钢筋首先达到屈服，并形成一条明显的主裂缝，随后主裂缝明显加宽并向受压一侧延伸，受压区高度迅速减小。最后，受压区边缘出现纵向裂缝，受压区混凝土被压碎而导致构件破坏（见图3-8a）。此时，受压钢筋一般也可能屈服。这种破坏有明显预兆，属于延性破坏。

2）小偏心受压破坏——受压破坏

当轴向力的偏心距较小，或者虽然偏心距较大但受拉钢筋配置过多时，构件将发生小偏心受压破坏。这种情况下，构件截面全部或大部分受压，但其破坏都是由受压区混凝土压碎所致。破坏时离纵向力较近一侧的钢筋受压屈服，另一侧的钢筋可能受压，也可能受拉，但都达不到屈服强度（见图3-8b、c）。这种破坏无明显预兆，属脆性破坏。

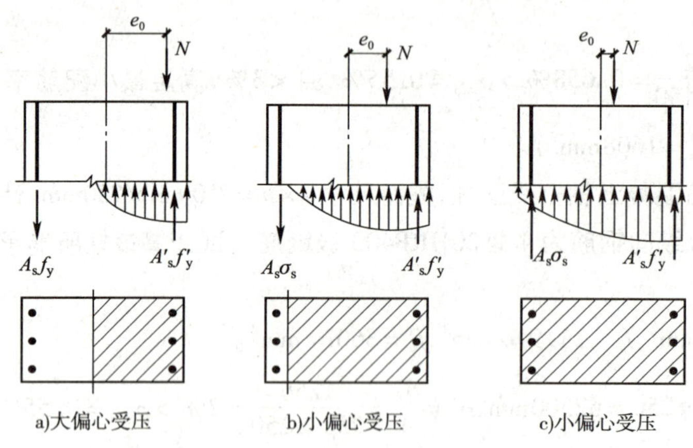

图3-8　偏心受压构件的破坏形式

尽管大、小偏心受压破坏都是由于混凝土的压碎而导致的，但二者有着根本区别。大偏心受压破坏时受拉钢筋先达到屈服，而小偏心受压破坏时受压区混凝土先被压碎。这两种破坏形态可用界限相对受压区高度 ξ_b 来判别。

当 $\xi \leqslant \xi_b$ 时，属大偏心受压；

当 $\xi > \xi_b$ 时，属小偏心受压。

3.3.2　基本公式及适用条件

1）大偏心受压

（1）基本公式

矩形截面大偏心受压构件破坏时的应力分布如图3-9a）所示。为简化计算，将其简化为图3-9b）所示的等效矩形图。由静力平衡条件可得出大偏心受压的基本公式。

$$N \leqslant \alpha_1 f_c bx + f'_y A'_s - f_y A_s \tag{3-2}$$

$$Ne = \alpha_1 f_c bx\left(h_0 - \frac{x}{2}\right) + f'_y A'_s (h_0 - a'_s) \tag{3-3}$$

式中：N——轴向压力设计值；

e——轴向压力作用点至受拉钢筋截面重心的距离；

$$e = \eta e_i + \frac{h}{2} - a_s \tag{3-4}$$

e_i——初始偏心距，$e_i = e_0 + e_a$；

e_0——轴向压力对截面重心的偏心距：$e_0 = M/N$；

e_a——附加偏心距，取20mm和$h/30$两者中的较大值；

η——偏心距增大系数。

附加偏心距e_a是考虑施工误差和计算误差等的综合影响系数。

偏心距增大系数η是考虑纵向弯曲的影响而引入的系数。如图3-10所示，钢筋混凝土偏心受压构件在偏心纵向力作用下，将产生纵向弯曲，从而导致截面的初始偏心距增大。如1/2柱高处的初始偏心距将由e_i增大为$e_i + f$，截面最大弯矩也将由ηe_i增大为$N(e_i + f)$，结果致使柱的承载力降低。引入偏心距增大系数η，相当于用ηe_i代替$e_i + f$。根据理论分析和试验实测结果，矩形截面偏心受压构件偏心距增大系数的值可按下述方法确定：

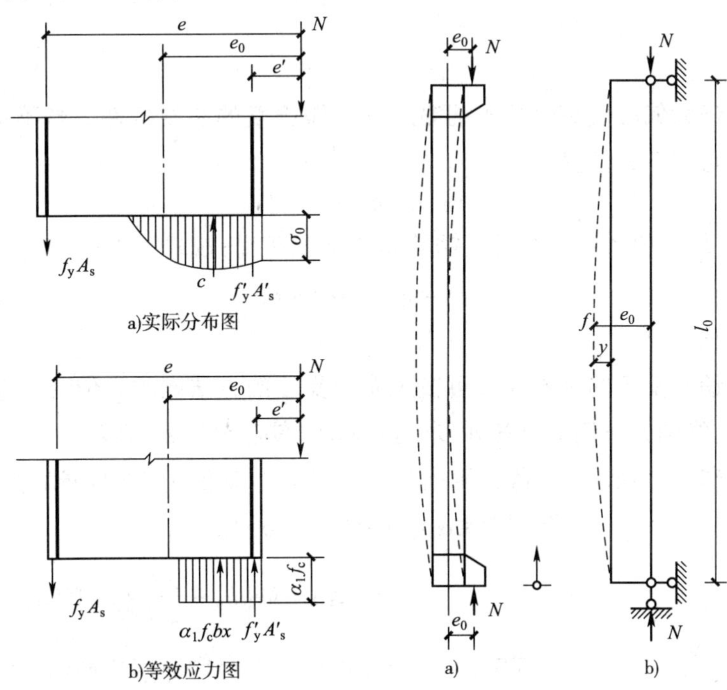

图3-9　大偏心受压构件的应力分布图　　图3-10　偏心受压住的侧向挠曲

①当长细比$L_0/h \leq 5$时，属于短柱，可不考虑纵向弯曲对偏心距的影响，取$\eta = 1.0$。

②当长细比为$5 < L_0/h \leq 30$时，属于长柱，η可按式(3-5)计算。

$$\eta = 1 + \frac{1}{1400\frac{e_i}{h_0}}\left(\frac{L_0}{h}\right)^2 \xi_1 \xi_2 \tag{3-5}$$

式中：L_0——构件的计算长度；

h——截面高度，对圆形截面，取直径d；对环形截面，取外径D；

h_0——截面的有效高度;

ξ_1——偏心受压构件的截面曲率修正系数,按式(3-6)计算,当计算的$\xi_1 \geqslant 1.0$时,取$\xi_1 = 1.0$。

$$\xi_1 = \frac{0.5 f_c A}{N} \tag{3-6}$$

式中:A——构件的截面面积;

N——轴向压力设计值;

ξ_2——构件长细比对截面曲率的影响系数,按式(3-7)计算,当计算的$\xi_2 > 1.0$即$L_0/h < 15$时,取$\xi_2 = 1.0$。

$$\xi_2 = 1.15 - \frac{0.01 L_0}{h} \tag{3-7}$$

③当长细比$L_0/h > 30$时,属于细长柱,η应按专门方法确定。

(2)基本公式适用条件

①$\xi \leqslant \xi_b$。

②$x \geqslant 2a'_s$。

条件②是保证大偏心破坏时受压钢筋达到屈服强度的必要条件。当不满足这一条件时,其正截面承载力可按下式计算:

$$Ne' = f_y A_s (h_0 - a'_s) \tag{3-8}$$

式中:e'——轴向力N的作用点至受压钢筋A'_s重心的距离,按式(3-9)计算。

$$e' = \eta e_i - h/2 + a'_s \tag{3-9}$$

2)小偏心受压

矩形截面小偏心受压的基本公式可按大偏心受压的方法建立。但应注意,小偏心受压构件在破坏时,远离纵向力一侧的钢筋A_s未达到屈服,其应力用σ_s来表示,$\sigma_s < f_y$(或$< f'_y$)。根据如图3-11所示等效矩形图,由静力平衡条件得出的小偏心受压构件承载力计算基本公式为

$$N \leqslant \alpha_1 f_c bx + f'_y A'_s - \sigma_s A_s \tag{3-10}$$

$$Ne \leqslant \alpha_1 f_c bx\left(h_0 - \frac{x}{2}\right) + f'_y A'_s (h_0 - a'_s) \tag{3-11}$$

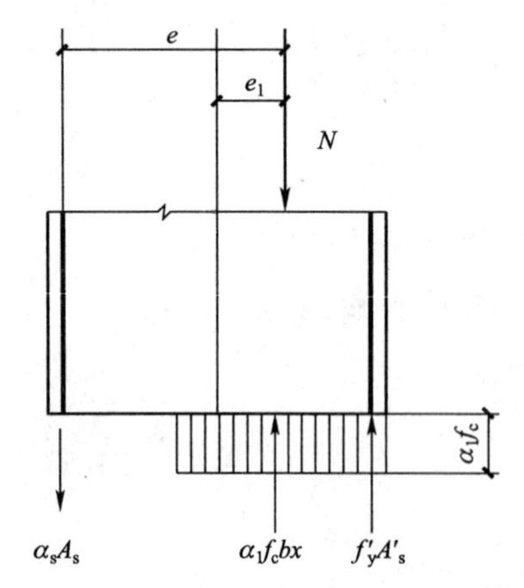

图3-11 小偏心受压构件的等效矩形应力图曲

式中:σ_s——远离纵向力一侧纵向钢筋的拉应力,按式(3-12)计算。

$$\sigma_s = \frac{f_y}{\xi_b - \beta_1}\left(\frac{x}{h_0} - \beta_1\right) \tag{3-12}$$

式中:β_1——系数,按表2-4采用;

其余符号意义同前。

上面所述为偏心受压构件弯矩作用平面的受压承载力计算公式。偏心受压构件除应计算弯矩作用平面的受压承载力外,还应按轴心受压构件验算垂直于弯矩作用平面的受压承

载力。此时只需将式(3-1)中的A'_s以A'_s+A_s代替即可。

3.3.3　矩形截面对称配筋的计算方法

对称配筋矩形截面偏心受压构件正截面承载力计算包括两项内容:截面设计和截面复核。这里仅介绍截面设计的方法。

偏心受压构件截面设计步骤见图3-12。下面用例题来说明。

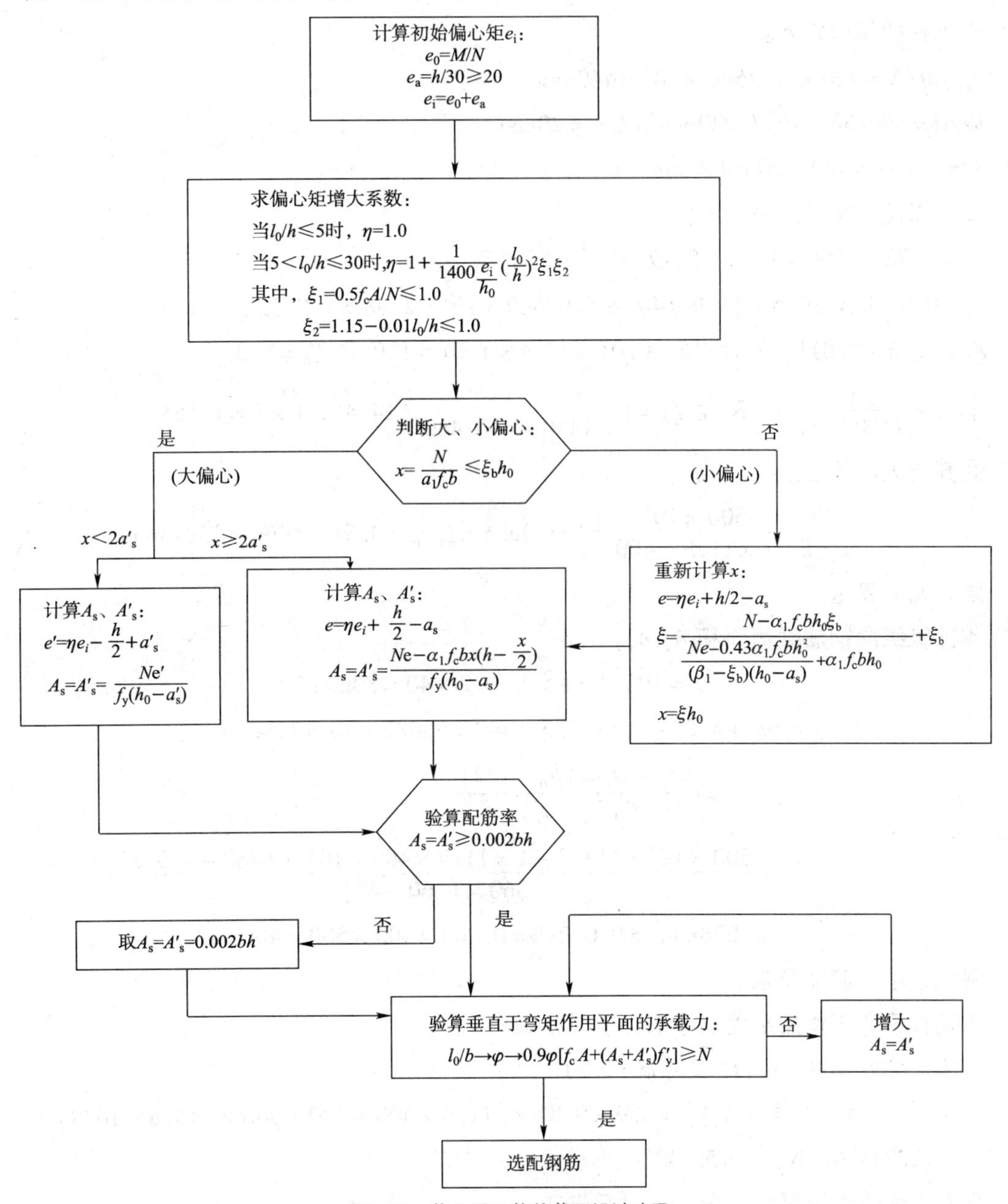

图3-12　偏心受压构件截面设计步骤

例 3-3 某对称配筋钢筋混凝土柱，截面尺寸 $b \times h = 400\text{mm} \times 500\text{mm}$，计算高度 $L_0 = 7.2\text{m}$，所承受的轴向力设计值 $N = 500\text{kN}$，弯矩设计值 $M = 220\text{kN} \cdot \text{m}$，$a_s = a_s' = 40\text{mm}$。采用 C25 级混凝土、HRB400 级钢筋。试计算纵向受力钢筋数量。

解：

查表得：$f_c = 11.9\text{N/mm}^2$，$f_y = f'_y = 360\text{N/mm}^2$，$\alpha_1 = 1.0$，$\xi_b = 0.518$，$h_0 = h - 40 = 500 - 40 = 460\text{mm}$

①求初始偏心距 e_i。

$e_0 = M/N = 220 \times 10^6 / 500 \times 10^3 = 440\text{mm}$

$h/30 = 500/30 = 16.7 < 20\text{mm}$，取 $e_a = 20\text{mm}$

$e_i = e_0 + e_a = 440 + 20 = 460\text{mm}$

②计算偏心距增大系数 η。

$L_0/h = 7200/500 = 14.4 > 5$，应按式(3-5)计算 η。

$\xi_1 = 0.5 f_c A / N = 0.5 \times 11.9 \times 400 \times 500 / 500 \times 10^3 = 2.38 > 1.0$，取 $\xi_1 = 1.0$

$\xi_2 = 1.15 - 0.01 L_0/h = 1.15 - 0.01 \times 14.4 = 1.01 > 1.0$，取 $\xi_2 = 1.0$

$$\eta = 1 + \frac{1}{1400 e_i / h_0}(L_0/h)^2 \xi_1 \xi_2 = 1 + \frac{1}{1400 \times 440/460} \times 14.4^2 \times 1 \times 1 = 1.155$$

③判断大小偏心。

$$x = \frac{N}{\alpha_1 f_c b} = \frac{500 \times 10^3}{1 \times 11.9 \times 400} = 105.0\text{mm} < \xi_b h_0 = 0.518 \times 460 = 238.3\text{mm}$$

属大偏心受压。

④计算纵向钢筋截面面积 A_s、A_s'。

$$x = 105.0\text{mm} > 2a_s' = 2 \times 40 = 80\text{mm}$$

$$e = \eta e_i + h/2 - a_s = 1.155 \times 440 + 500/2 - 40 = 718.2\text{mm}$$

$$A_s = A_s' = \frac{Ne - \alpha_1 f_c bx(h_0 - x/2)}{f_y'(h_0 - a_s')}$$

$$= \frac{500 \times 10^3 \times 718.2 - 1 \times 11.9 \times 400 \times 105 \times (460 - 105/2)}{360 \times (460 - 40)}$$

$$= 1028\text{mm}^2 > 0.002bh = 0.002 \times 400 \times 500 = 400\text{mm}^2$$

满足最小配筋率要求。

⑤垂直于弯矩作用平面的承载力验算。

$L_0/b = 7200/400 = 18$，查表得 $\varphi = 0.81$

则：$0.9\varphi[f_c A + f_y'(A_s + A_s')] = 0.9 \times 0.81 \times [11.9 \times 400 \times 500 + 360 \times (1028 + 1028)]$

$= 2274596.6\text{N} > N = 500\text{kN}$

垂直于弯矩作用平面的承载力满足要求。

A_s、A'_s 各选用 3 ⌀ 22($A_s = A_s' = 1140\text{mm}^2$)。

本模块回顾

1. 钢筋混凝土受压构件根据轴向压力在截面上作用位置的不同,可分为轴心受压构件和偏心受压构件。偏心受压构件又可分为单向偏心受压构件和双向偏心受压构件。本模块只介绍轴心受压构件和单向偏心受压构件。

2. 轴心受压柱根据长细比的大小,可分为短柱和长柱两类。对方形柱和矩形柱,当 $L_0/b \leqslant 8$ 时属于短柱,否则为长柱。

3. 钢筋混凝土轴心受压柱的正截面承载力计算公式为:

$$N \leqslant 0.9\varphi(f_c A + f_y'' A_s')$$

4. 偏心受压构件根据纵向力偏心距的大小和纵向钢筋配筋率的不同,其破坏形态分为大偏心受压破坏和小偏心受压破坏两种:当 $\xi \leqslant \xi_b$ 时,属于大偏心受压;$\xi > \xi_b$ 时,属于小偏心受压。

5. 矩形截面大偏心受压构件破坏时的基本公式为:

$$N \leqslant \alpha_1 f_c bx + f_y' A_s' - f_y A_s$$

$$Ne = \alpha_1 f_c bx\left(h_0 - \frac{x}{2}\right) + f_y' A_s'(h_0 - a_s')$$

6. 矩形截面小偏心受压构件承载力计算基本公式为:

$$N \leqslant \alpha_1 f_c bx + f_y' A_s' - \sigma_s A_s$$

$$Ne \leqslant \alpha_1 f_c bx\left(h_0 - \frac{x}{2}\right) + f_y' A_s'(h_0 - a_s')$$

7. 偏心受压构件有非对称配筋和对称配筋两种配筋形式,后者在工程中比较常见。

想一想

(一)简答题

3-1　在受压构件中配置箍筋的作用是什么?

3-2　偏心受压构件正截面的破坏形态有哪几种?破坏特征各是什么?如何判别大、小偏心受压?

3-3　偏心受压构件正截面承载力计算时,为何要引入初始偏心距和偏心距增大系数?

(二)计算题

3-4　某钢筋混凝土正方形截面轴心受压构件,截面边长350mm,计算长度6m,承受轴向力设计值 $N=1500\text{kN}$,采用C25级混凝土、HRB400级钢筋。试计算所需纵向受压钢筋截面面积。

3-5　某钢筋混凝土正方形截面轴心受压构件,计算长度9m,承受轴向力设计值 $N=1700\text{kN}$,采用C25级混凝土、HRB400级钢筋。试确定构件截面尺寸和纵向钢筋截面面积,并绘出配筋图。

3-6　矩形截面轴心受压构件,截面尺寸为450mm×600mm,计算长度8m,混凝土强度等级 C25。已配纵向受力钢筋 8 Φ22(HRB335 级)。试计算截面承载力。

3-7　某钢筋混凝土矩形柱,截面尺寸 $b \times h = 400\text{mm} \times 500\text{mm}$,计算长度 5m,混凝土强度等级为 C25,钢筋为 HRB400 级,弯矩设计值 190kN·m,轴向压力设计值 510kN。求对称配筋时纵筋截面面积。

3-8　某钢筋混凝土矩形柱,截面尺寸 $b \times h = 500\text{mm} \times 650\text{mm}$,计算长度 8.9m,混凝土强度等级为 C25,钢筋为 HRB400 级,弯矩设计值 350kN·m,轴向压力设计值 2500kN。求对称配筋时钢筋的截面面积。

模块4　钢筋混凝土梁板结构

学习目标

1. 了解常用钢筋混凝土楼盖的类型及特点，掌握单向板和双向板的定义。
2. 掌握现浇整体式单向板肋形楼盖和双向板肋形楼盖梁、板的截面设计和构造要求。
3. 掌握钢筋混凝土房屋结构施工图的识读。

4.1　钢筋混凝土楼(屋)盖

根据施工方法的不同，钢筋混凝土楼(屋)盖可分为现浇式、装配式及装配整体式三类。

现浇楼盖整体性、抗震性和防水性较好，且灵活性较大，缺点是施工期长，模板耗用量大且周转慢。随着商品混凝土、泵送混凝土、早强混凝土的广泛使用，以及工具式钢模板的发展，现浇楼盖的应用正日益增多。

装配式楼盖具有施工进度快，节省模板，构件质量较稳定并有利于建筑工业化等优点，但其整体性不如现浇式，且普遍存在裂缝。装配式楼盖应用广泛。

装配整体式楼盖是在预制梁、板吊装就位后，再利用现浇钢筋混凝土面层，使之形成整体。它既有现浇楼盖的某些优点，又有装配式楼盖的某些优点，但需要进行混凝土一次浇注，有时还需增加焊接工作量。因此这种楼盖主要用于整体性要求较高的建筑物中。

4.2　现浇楼(屋)盖

4.2.1　现浇楼盖的类型与特点

现浇钢筋混凝土楼(屋)盖主要有肋形楼盖、井式楼盖、无梁楼盖和密肋楼盖四种类型。

(1)整体肋形楼盖

整体肋形楼盖包括单向板肋形楼盖和双向板肋形楼盖。由单向板和梁组成的楼盖称为单向板肋形楼盖，由双向板和梁组成的楼盖称为双向板肋形楼盖。

楼盖结构中每一区格的板一般在四边都有梁或墙支承，形成四边支承板。这种板在两个方向受力，板上荷载通过两个方向的受弯传给四边的梁或墙。设板的短边、长边长度分别为 l_2 和 l_1，显然沿 l_1 和 l_2 方向传递的荷载随 l_2/l_1 的不同而不同，l_2/l_1 越大，沿短边 l_1 传递的荷载越大。当 l_2/l_1 超过一定值时，可近似认为全部荷载沿短跨方向传递到支承梁或墙，计算中近似认为其传力途径为：板上荷载—次梁—主梁—墙或柱。计算中可以忽略长跨方向弯矩的板被称为单向板，相反，不能忽略长跨方向弯矩的板被称为双向板。双向板的受力特点是板的两个方向同时受力，板上荷载同时沿 l_2、l_1 方向传递到支承梁或墙上。《混凝土结构设计规范》规定，当 $l_2/l_1 \leqslant 2.0$ 时应按双向板计算，当 $2.0 < l_2/l_1 < 3.0$ 时宜按双向板计算，当 $l_2/l_1 \geqslant 3.0$ 时可按单向板计算。

单向板肋形楼盖构造简单，施工方便，是整体式肋形楼盖中最常用的一种形式。而双向板比单向板受力好，刚度也较大，并能适用较大跨度（板跨可达5m），但构造和计算都较复杂，一般用于门厅等美观要求较高的地方。

(2) 井式楼盖

井式楼盖与双向板肋形楼盖相似，主要区别在于井式楼盖支承梁在交叉点处一般不设柱，整个楼盖相当于一块大型双向密肋板。

(3) 无梁楼盖

无梁楼盖是一种板、柱结构，有时做柱帽。由于完全取消了肋梁，因而其顶棚平滑，可改善采光、通风和卫生条件，并可减小建筑的构造高度。无梁楼盖用于楼板上活荷载较大，跨度6m以内的商店、仓库、展览馆等建筑时，可比肋梁楼盖经济。

(4) 密肋楼盖

密肋楼盖与单向板肋形楼盖相似，只是次梁间距很小（一般500～700mm），且截面尺寸较小，板厚也很小，结构自重轻。密肋楼的隔声、隔热性能较好，可用于荷载不大、跨度较小（肋的跨度不宜超过6m）的房屋。

4.2.2 整体式单向板肋形楼盖的构造

1) 梁、板截面尺寸

在单向板肋形楼盖中，主梁一般沿房间的短方向布置，其经济跨度为5～8m，次梁的经济跨度为4～6m，板的经济跨度为1.7～2.7m，一般不超过3m。单向板的板厚一般为 $l_0/35$～$l_0/40$（l_0 为板计算跨度），常用60～80mm。次梁的截面高度一般取其跨度的1/20～1/15，梁宽取梁高的1/3～1/2。主梁的截面高度一般取其跨度的1/12～1/8，梁宽取梁高的1/3～1/2。应当注意的是，板的混凝土用量占整个楼盖的50%～70%，因此采用合适的板跨，并适当减小板厚，对降低楼盖的造价具有十分重要的意义。

边跨板伸入墙内的支承长度不小于板厚，也不得小于120mm。

2) 板的配筋构造

板的部分构造要求，如混凝土保护层厚度，受力钢筋的直径、间距以及在支座内的锚固，分布钢筋间距等，在模块二已作介绍，下面补充几点。

(1) 受力钢筋的配置方式

板的受力钢筋有弯起式和分离式两种配置方式。

弯起式的特点是支座负弯矩钢筋由支座两侧的跨中钢筋弯起提供，弯起数量一般为跨中钢筋的1/3～1/2，当弯起钢筋不能满足支座负弯矩钢筋要求时，可另补充直钢筋。弯起角度一般为30°，当板厚大于200mm时，可采用45°。跨中和支座的钢筋间距一般采用相同的间距或成倍数的间距。弯起式配筋锚固较好，整体性强，用钢量较少，但施工较为复杂，目前较少采用。

分离式的特点是跨中和支座全部采用直钢筋，各自单独配筋。这种配筋方式虽然锚固较差，整体性不如弯起式，用钢量也较多，但构造简单，施工方便，已成为工程中主要采用的配筋方式。但承受动力荷载的板不应采用这种配筋方式。

板的支座处承受负弯矩的上部钢筋一般加直角弯钩并伸至底模板，将其撑在模板上，以保证施工时不致改变板的截面有效高度。

对于等跨或跨度相差不超过20%的多跨连续板，其纵向受力钢筋可参照图4-1布置，其中弯起钢筋或支座直钢筋伸过支座边缘的距离，可按如下规定采用：

当 $q/g \leqslant 3$ 时，$a = l_n/4$；

当 $q/g > 3$ 时，$a = l_n/3$。

其中 q 和 g 分别为板上恒荷载和活荷载设计值。

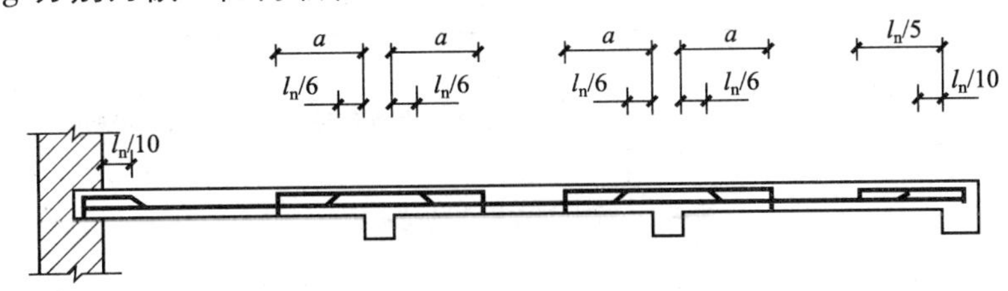

图4-1　现浇楼板的配筋

(2)构造钢筋

①嵌入砌体墙内板的上部构造钢筋

嵌固在砌体墙内的现浇混凝土板，由于支座处受砖墙的约束将产生负弯矩，因此在平行于墙面方向可能产生裂缝，在板角部分还可能产生斜向裂缝。为了防止这种裂缝，在板的上部应配置构造钢筋，其伸入板内的长度，从墙边算起不宜小于 $l_1/7$（l_1 为板的短边跨度）；在两边均嵌固在墙内的板角部分，应双向配置上部构造钢筋，其伸入板内的长度，从墙边算起不宜小于 $l_1/4$（图4-2）。沿板的受力方向配置的上部构造钢筋的截面积不宜小于跨中受力钢筋截面积的1/3，沿非受力方向配置的上部构造钢筋，可根据经验适当减少，但均不少于Φ8@200。

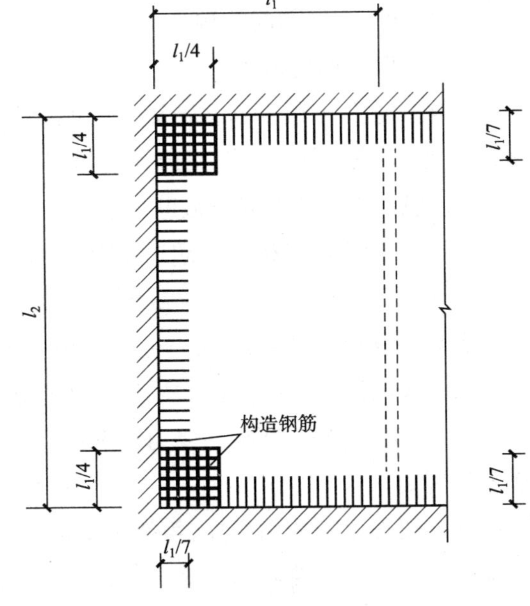

图4-2　嵌固在砌体墙内板的上部构造钢筋

②周边与梁或墙整浇板的上部构造钢筋

现浇楼盖周边与混凝土梁或混凝土墙整体浇筑的单向板或双向板，应在板边上部设置垂直于板边的构造钢筋，其截面面积不宜小于板跨中相应方向纵向受力钢筋截面积的1/3，且不少于Φ8@200；该钢筋自梁边或墙边伸入板内的长度，在单向板中不宜小于$l_0/5$，在双向板中不宜小于$l_0/4$（l_0为板短跨方向计算跨度）；在板角处该钢筋应沿两个垂直方向布置或按放射状布置。当柱角或墙的阳角突出到板内且尺寸较大时，也应沿柱边或墙的阳角边布置构造钢筋，其伸入板内的长度应从柱边或墙边算起。上述构造钢筋应按受拉钢筋锚固在梁内、墙内或柱内。

③与梁垂直的上部构造钢筋

当现浇板的受力钢筋与梁平行时，应沿梁长度方向配置不少于$\phi8$@200与梁垂直的上部构造钢筋，且单位长度内的总截面面积不宜小于板中单位长度内受力钢筋截面积的1/3，伸入板内的长度从梁边算起每边不宜小于$l_0/4$（l_0为板的计算跨度）（见图4-3）。

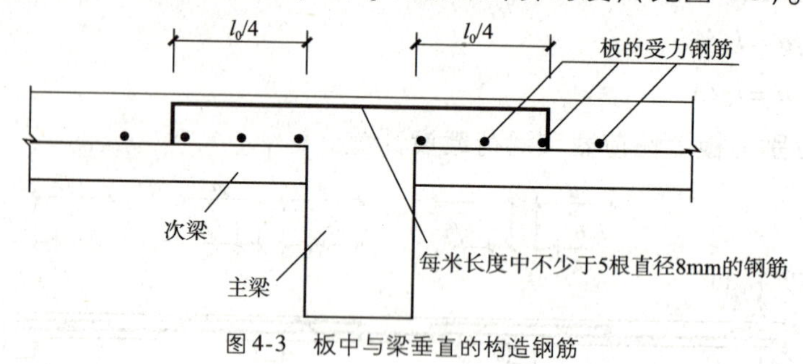

图4-3　板中与梁垂直的构造钢筋

④温度收缩钢筋

在温度、收缩应力较大的现浇板区域内，钢筋间距宜取150～200mm，并应在板的未配筋表面布置温度收缩钢筋。板的上下表面沿纵横两个方向的配筋率不宜小于0.1%。温度收缩钢筋可以利用原有钢筋贯通布置，也可另行设置构造钢筋网，并与原有钢筋按受拉钢筋的要求搭接或在周边构件中锚固。

3）次梁和主梁的配筋构造

（1）一般配筋构造要求

次梁和主梁一般配筋构造要求，如受力钢筋的直径、间距、根数、排数、混凝土保护层厚度以及箍筋、架立钢筋、腰筋、梁端构造负筋等，均与2.1节中梁的构造要求相同。

（2）纵向钢筋的弯起与截断位置

对于等跨或跨度相差不超过20%，且活荷载q与恒载g之比$q/g \leqslant 3$的次梁，其纵向受力钢筋可参照图4-4布置。主梁纵向受力钢筋的弯起与截断位置应通过计算确定。受力钢筋与架立钢筋搭接时，其搭接长度一般为150～200mm。

（3）纵向受力钢筋在中间支座内的锚固

次梁和主梁的上部纵向受力钢筋必须贯穿其中间支座，下部纵向受力钢筋在中间支座应满足锚固要求。

在次梁与主梁的相交处，主梁承受由次梁传来的集中荷载，该荷载在梁高范围内传入，这可能导致主梁集中荷载影响区下部混凝土拉脱，同时该集中荷载对主梁形成间接加载，将导致主梁的斜截面受剪承载力降低，因此在主梁与次梁的交接处应设置附加横向钢筋。附加横向钢筋有附加箍筋和附加吊筋两种，应优先选用附加箍筋。当使用吊筋时，其弯起段应伸至梁的上边缘，且末端水平段长度应符合弯起钢筋的规定。

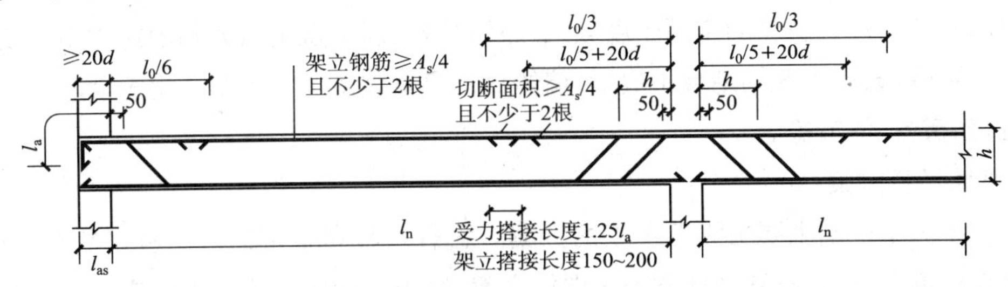

图4-4　次梁的钢筋布置（尺寸单位：mm）

当按构造要求配置附加箍筋时，次梁每侧不得少于2 Φ6，如设置附加吊筋时，吊筋不宜少于2 Φ12。附加横向钢筋应布置在长度为 $s=2h_1+3b$（其中 h_1 为主、次梁截面高度之差）的范围内（见图4-5）。

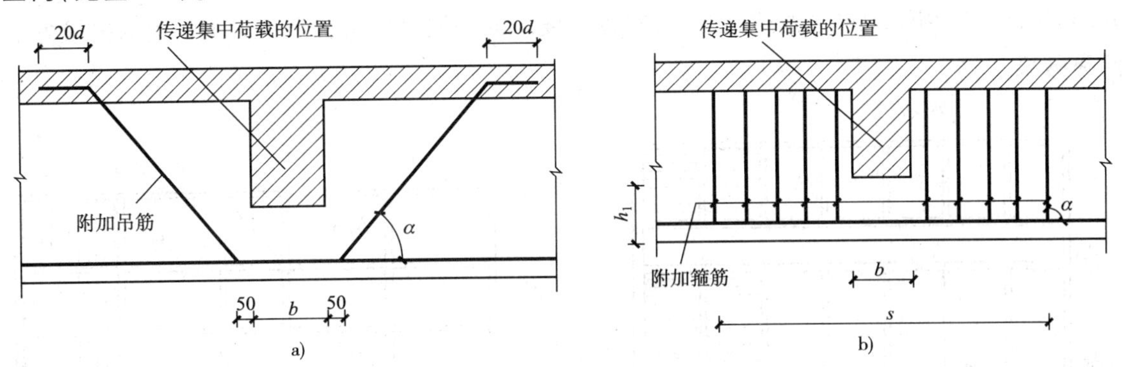

图4-5　附加横向钢筋（尺寸单位：mm）

4.2.3　整体式双向板肋形楼盖的构造

双向板按刚度要求的板厚，简支板不小于 $l_1/45$，连续板不小于 $l_1/50$（l_1 为短跨方向的计算跨度）。一般为80～160mm。传递集中荷载的位置同单向板一样，采用绑扎钢筋时，双向板的配筋方式有弯起式与分离式两种。

双向板跨中沿长、短跨方向都要放置受力钢筋。因而正弯矩钢筋必然叠置。因沿短跨方向的弯矩较大，故施工时应将沿短跨方向的钢筋放在外侧。

双向板的其他构造要求与单向板相同。

4.3　装配式楼（屋）盖

装配式钢筋混凝土楼（屋）盖主要有铺板式、密肋式及无梁式三种形式。这里只介绍铺板式楼（屋）盖。

4.3.1　结构平面布置方案

按竖向荷载的传递路径不同，铺板式楼（屋）盖的结构平面布置有以下四种方案。

(1)横墙承重方案

横墙承重方案是指楼(屋)盖板直接搁置在横墙上,由横墙承重的方案(见图4-6)。这种承重方案的主要优点是房屋的空间刚度较大,整体性好,利于抵抗风力和地震作用以及调整地基的不均匀沉降,缺点是开间划分不灵活,墙体材料用量较多。它主要适用于横墙间距较小的民用建筑,如宿舍、住宅等。

(2)纵墙承重方案

纵墙承重方案是指主要由纵墙承重的方案。它有两种布置形式。一种是将楼(屋)盖板直接搁置在纵墙上,这种布置形式称为长向板方案,适用于横墙间距较大的房屋,如教学楼、实验楼、多层工业厂房等;另一种是楼(屋)盖板铺设在梁(或屋架)上,梁(或屋架)搁置在纵墙上(见图4-7),这种布置形式称为短向板进深梁方案,适用于食堂、礼堂、商店等需要较大使用面积的房屋。纵墙承重方案的主要优点是开间划分灵活、构件规格较少,缺点是房屋整体刚度较差,因此不宜用于地震区建筑,但北方有保温要求的房屋采用这种承重方案则能取得较好的经济效果。

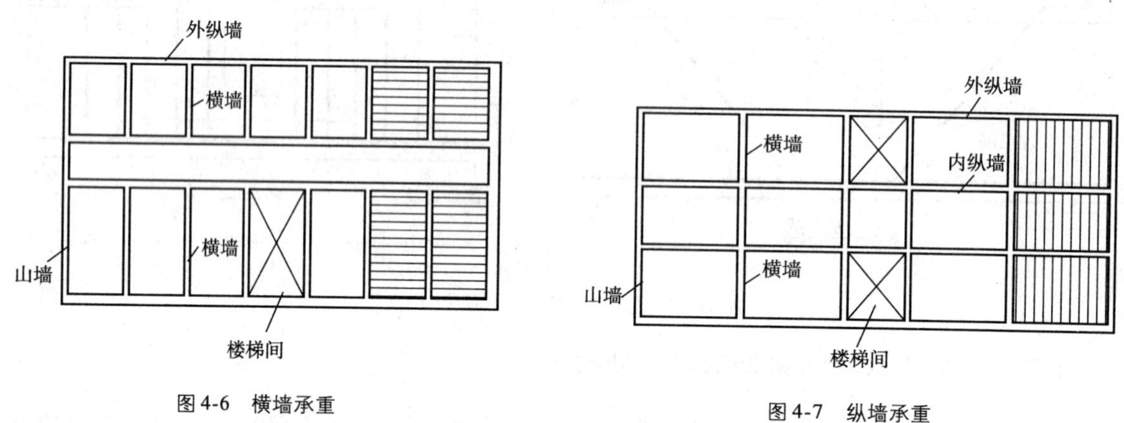

图4-6　横墙承重

图4-7　纵墙承重

(3)纵横墙承重方案

部分纵墙和部分横墙同时承重的方案称为纵横墙承重方案,其典型布置如图4-8所示。这种承重方案的主要优点是房屋平面布置灵活,空间刚度较大,缺点是构件类型较多,施工较复杂。适用于教学楼、医院、住宅、幼儿园等房间类型较多且进深较大的建筑。

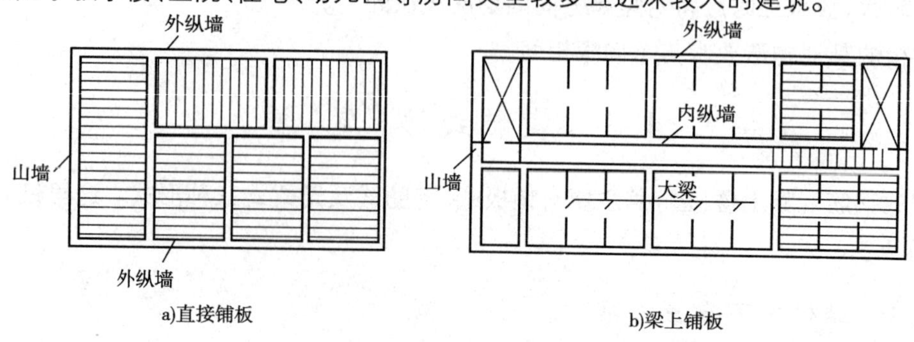

图4-8　纵横墙承重

(4)内框架承重方案

内框架承重方案是指由外墙和内框架共同组成的承重体系(见图4-9)。其主要优点是能获得较大的室内空间,缺点是空间刚度差。这种方案适用于大型商店、餐厅等建筑。

4.3.2　铺板式楼(屋)盖构件的形式

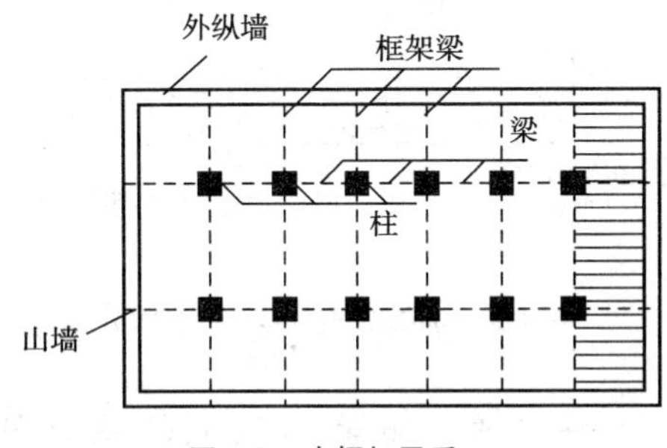

图4-9　内框架承重

铺板式楼(屋)盖的构件主要是预制板和预制梁。

(1)预制板

预制楼(屋)面板主要有空心板、实心板、槽形板和夹心板等几种形式,每种形式都有预应力和非预应力两种,应尽量做成预应力板。

空心板表面平整、刚度大,隔声、隔热效果和经济性都较实心板好,缺点是加工制作较麻烦。空心板是目前应用最广泛的一种板,既可用作房间的楼(屋)面板,也可用作走道板、楼梯平台板等。

实心板上下表面平整、制作简单,但隔声、隔热效果差,故一般只用于走道板、楼梯平台板、地沟盖板等。

槽形板有正槽板及反槽板两种,也可采用正槽板和反槽板组成双层屋盖,两层槽板间铺以保温材料,作为保温层。槽形板的刚度较大,混凝土用量省,开洞较方便,但隔声性能差,而且正槽板不能提供平整的顶棚,故一般只用于仓库、厂房等工业建筑,有时也用于厕所、厨房中。

夹心板往往在两层混凝土中间充填泡沫混凝土,做成自防水保温屋面板,将承重、防水、保温三者结合在一起。

(2)预制梁

装配式楼(屋)盖梁主要是简支梁或外伸梁,其截面形式如图4-10所示。跨度较小的梁常采用矩形梁;当跨度较大时,为保证房屋净空高度,可采用倒T形梁、十字形梁或花篮梁。为了加强楼(屋)盖的整体性,也可采用叠合梁,即梁的一部分先预制,在吊装就位并将预制板搁置在预制梁上后,再浇捣梁上部的混凝土,使板与梁连成整体。

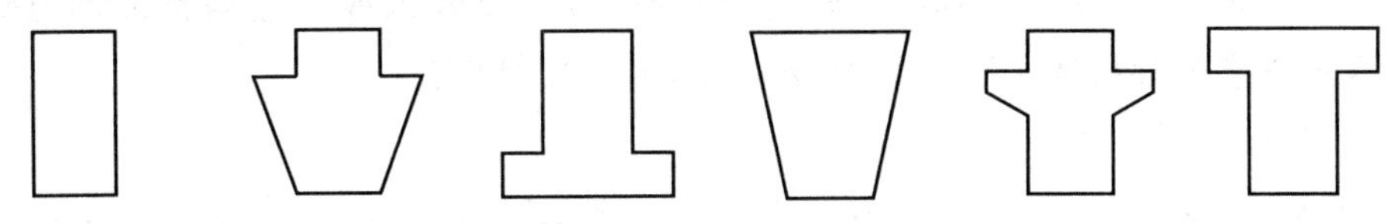
图4-10　预制梁的截面形式

4.3.3　板间空隙的处理

在铺板楼盖中,预制板一般不允许出现三边支承的情况,而垂直于板跨方向的内墙净距往往不是板宽的整数倍,因此,装配式楼盖排板时,一般会有一定的板间空隙。当空隙不大时,直接进行灌缝处理即可,当空隙较大时,可采用下列措施加以处理:

①采用不同宽度的预制板搭配。

②调整板缝宽度。一般预制板的侧缝宽度为 10mm 左右，必要时可适当调整，使板空隙均布，但调整后的空隙不得超过 30mm。

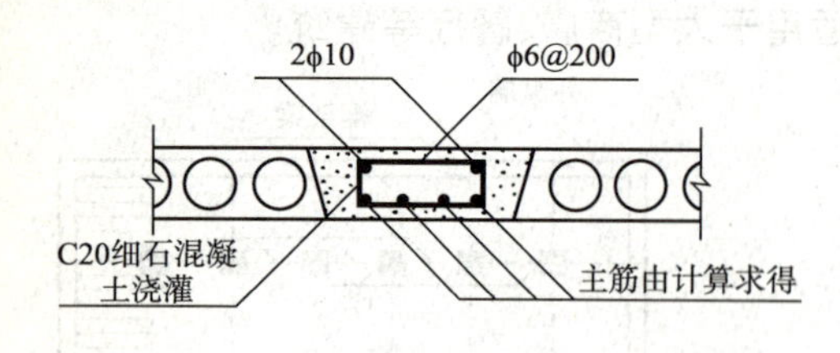

图 4-11　局部现浇补缝(尺寸单位:mm)

③挑砖补缝。当排板所剩空隙小于半砖(120mm)时，可由墙面挑砖填补空隙。

④采用调缝板。调缝板是专门用于调节板缝的宽度较小的特型板。

⑤局部现浇。当排板所剩空隙较大时，可在空隙处吊底模现浇钢筋混凝土板带(见图 4-11)。

4.3.4　装配式楼盖的连接构造

装配式楼盖是由单个预制构件装配而成的。为了保证楼盖本身的整体工作以及楼盖与房屋其他承重构件间的共同工作，增加房屋的整体空间刚度，在构件之间采取可靠的连接构造是十分重要的。

下面介绍装配式楼盖连接构造的一般要求，施工时应以施工图为准。施工图无具体规定时，应按选用构件标准图的规定执行。

(1)板与板的连接

在荷载作用下，预制板间将产生上下错动，为加强整体性，使楼板共同工作，预制板间的缝隙应以不低于 C15 的细石混凝土或 M15 的砂浆灌注密实。当楼面有振动荷载，不允许板缝开裂且对楼盖整体性有较高要求时，可在板缝内加短钢筋。当有更高要求时，可设置厚度为 40～50mm 的整浇层。整浇层可采用 C20 细石混凝土，内配Φ4@150 或Φ6@250 双向钢筋网。

(2)板与支承梁、墙的连接

预制板在墙上的支承长度应不小于 100mm；在预制梁上的支承长度应不小于 80mm。预制板与支承梁或墙之间的连接，应在支承处用强度等级不低于 M5、厚度为 10～20mm 的水泥砂浆坐浆、找平。板的端缝应灌浆填实。当采用空心板时，两端的孔洞须用混凝土块或砖填实，避免灌缝或浇筑楼盖混凝土面层时漏浆。当楼面板跨度较大或对楼盖整体性有较高要求时，还应在板的支座上部板缝中设置拉结钢筋，如图 4-12a)所示。

(3)板与非承重墙的连接

板与非承重墙间一般采用细石混凝土灌缝。当板跨大于 4.8m 时，往往在板跨中间附近加设锚拉筋，以加强其与非承重墙的连接，如图 4-12b)所示。

(4)梁与支承墙的连接

预制梁在墙上的支承长度，当梁高 $h \geqslant 400$mm 时，应不小于 170mm；当梁高 $h \leqslant 400$mm 时，应不小于 110mm。梁下支承面上坐以强度等级不低于 M5、厚度为 10～20mm 的水泥砂浆。当梁下支承处墙体的局部受压承载力不足或梁的跨度较大时，应在梁支承处设置混凝土或钢筋混凝土梁垫。

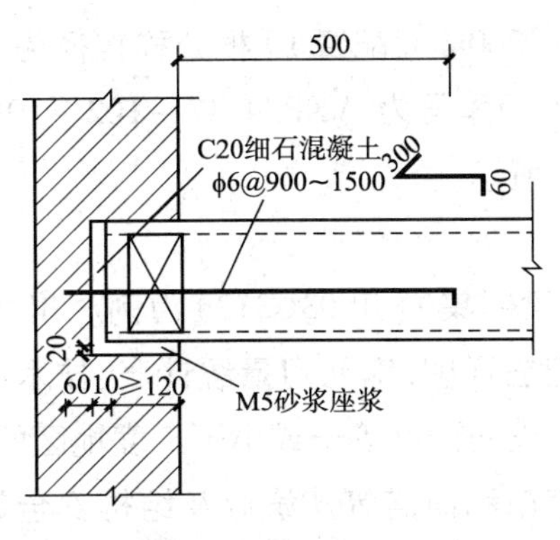

a) 板与承重墙的连接

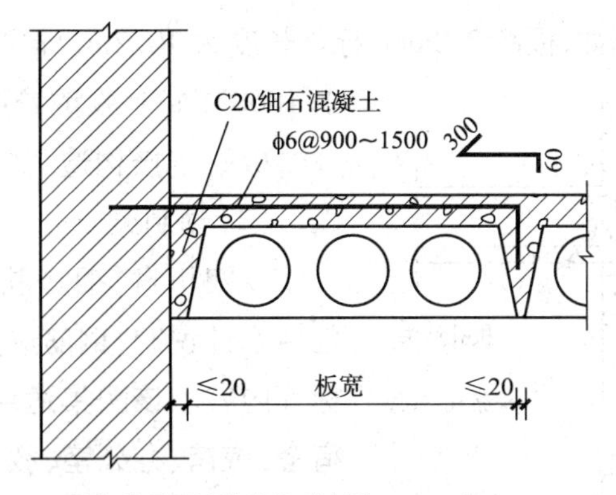

b) 板与非承重墙的连接(当板跨≥4.8m时)

图4-12 板与墙的连接(尺寸单位:mm)

4.3.5 预制板和预制梁通用构件图

预制板和预制梁目前多采用定型构件,一般不需要自行设计。其中不少构件不但有全国通用构件图集(标准构件图集),各地一般也有本地区的通用构件图集(标准构件图集),甚至同一地区同一种构件有多种标准图。但是,通用构件图目前全国尚不统一,它在构件规格、钢筋配置、选用方法、适用范围以及构件编号形式等方面都有差异。现举例说明通用图的主要内容及识读方法。

(1)预制板

以国家标准《预应力混凝土空心板》(GB/T 14040—2007)为例。

该标准规定了预应力混凝土空心板的规格尺寸与标记、要求、试验方法、检验规则、标志、堆放与运输、产品合格证等。

该标准适用于采用先张法工艺生产的预应力混凝土空心板(以下简称空心板),用做一般房屋建筑的楼板和屋面板。

空心板的主要规格尺寸:板高有120mm、150mm、180mm、200mm、240mm、250mm、300mm、360mm、380mm九种,标志宽度有500mm、600mm、900mm、1200mm四种,标志长度有2.1~17.4m共四十多种。该标准推荐的规格尺寸高度宜为120mm、180mm、240mm、300mm、360mm,标志宽度宜为900mm、1200mm,标志长度不宜大于高度的40倍。

空心板的标记表示方式如下:

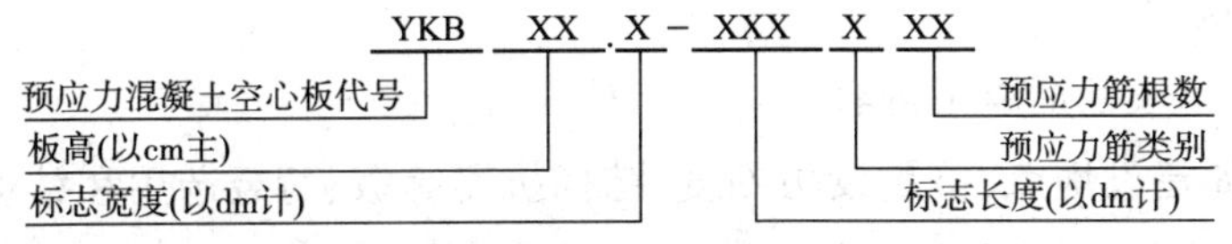

注意:预应力轻骨料混凝土空心板的代号为QYKB。

预应力配筋以英文字母A、B、C等标记。A、B分别代表直径为5mm、7mm的1570MPa螺旋肋钢丝,C代表直径为9mm的1470MPa螺旋肋钢丝,D、E、F、G分别代表直径为9.5mm、11.1mm、12.7mm、15.2mm的1860MPa七股钢绞线。

例如，板高240mm、标志长度为10.2m、标志宽度为1200mm、配置10根公称直径为9.5mm的1860MPa七股钢绞线的空心板型号为：YKB24.12－102－10D。

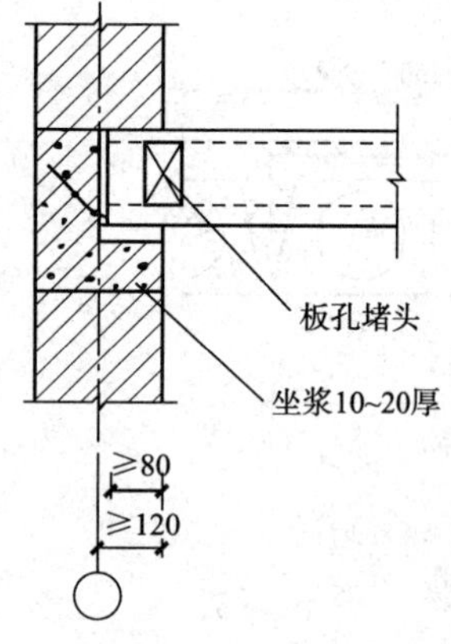

图4-13　板端连接构造示例

板端连接构造，如图4-13所示。

(2)预制梁

以四川省《钢筋混凝土单梁图集》(川03G312)为例。川03G312包括设计说明、钢筋选用表、配筋详图、钢筋用量统计表、技术经济指标等内容。该图集适用于抗震设防烈度等于或小于7度地区的住宅、宿舍、旅馆、办公室、教室、展览馆和商店等建筑以及结构安全等级为二级的一般民用建筑。

构件规格：跨度3.3～7.2m，矩形截面，梁宽250mm。

构件编号：构件编号形式为：

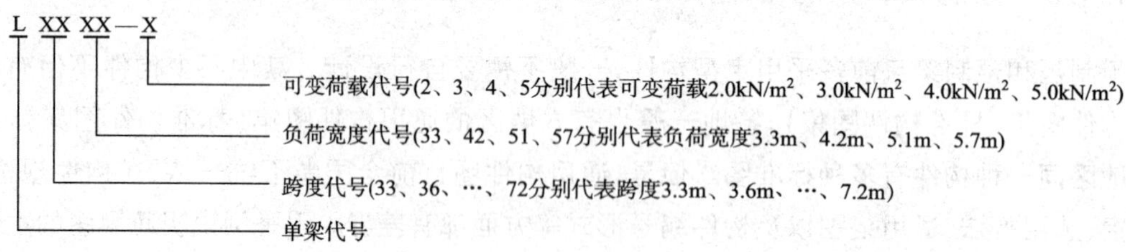

例如，L4857－5表示单梁跨度4.8m，负荷宽度5.7m，可变荷载5.0kN/m^2。

4.4　钢筋混凝土房屋结构施工图

4.4.1　结构施工图概要

1)结构施工图的主要内容

建筑施工图只表示房屋的外形、内部布置及建筑细部构造等情况，不能表示各种承重构件(包括基础、墙、梁或屋架、板、柱等)的布置、内部构造及相互连接情况，而能表示这些内容的图样就是结构施工图，简称结施图。

结构施工图的内容很多，且因结构类型不同而有所不同，主要有结构设计说明、基础图、结构平面布置图、结构详图等。

(1)结构设计说明

结构设计说明一般包括以下内容：

①工程概况，如建设地点、抗震设防烈度、结构抗震等级、荷载选用和结构形式等。

②选用材料的情况。如混凝土的强度等级，钢筋的级别，砌体结构中块材和砌筑砂浆的强度等级，钢结构中所选用的结构用钢材的情况，焊条或螺栓的要求等。

③上部结构的构造要求。如混凝土保护层厚度，钢筋的锚固，钢筋的接头，钢结构焊缝的要求等。

④地基基础的情况。如地质情况，不良地基的处理方法和要求，对地基持力层的要求，基础的形式，地基承载力特征值或桩基的单桩承载力设计值，地基基础的施工要求等。

⑤施工要求。如对施工顺序、方法、质量标准的要求，与其他工种配合施工方面的要求等。

⑥选用的标准图集。

⑦其他必要的说明。

(2)基础图

基础图是表示基础的平面位置和尺寸以及细部构造的图样，包括基础平面图和详图，这里不作详细介绍。

(3)结构平面布置图

它是表示房屋各层承重构件平面布置的图样，主要包括楼盖结构平面布置图和屋盖结构平面布置图，混合结构房屋有时还包括圈梁布置图。

(4)结构详图

结构详图主要表示节点的构造做法，以及各构件的钢筋配置情况、模板情况等，一般有梁(或屋架)、板、柱等构件详图和楼梯等部件详图。

2)结构施工图的图示特点

结构施工图的主要图示特点如下：

①结构施工图用直接正投影原理绘制，特殊情况可用仰视投影绘制。

②图线的选用应符合突出重点、表达清楚的要求，要表达的主要内容用较粗的线表示，次要内容用较细的线表示。如在构件配筋图中，钢筋用粗实线表示，构件轮廓线用细实线表示。

几种主要图线在结构施工图中的用途见表4-1。

主要图线在结构施工图中的用途　　表4-1

名　称	一般用途
粗实线	螺栓、主钢筋线，结构平面图中的单线结构构件线，钢、木支撑及系杆线
粗虚线	不可见的钢筋、螺栓线，结构平面图中不可见的单线结构构件线及钢、木支撑线
粗单点长画线	柱间支撑、垂直支撑、设备基础轴线图中的中心线
粗双点长画线	预应力钢筋线
中实线	结构平面图及详图中剖到的或可见的墙身轮廓线，基础轮廓线，钢、木结构轮廓线，箍筋线，板钢筋线
中虚线	结构平面图中不可见构件、墙身轮廓线及钢与木构件轮廓线
细实线	可见的钢筋混凝土构件轮廓线
细虚线	基础平面图中的管沟轮廓线，不可见的钢筋混凝土构件轮廓线
细双点长画线	原有结构轮廓线

③各构件的名称用代号表示，代号后用阿拉伯数字标注该构件型号或编号。当采用标准构件时，其代号或型号的标注方法应按所选标准图集的规定注写。常用构件的代号见表4-2。

常用构件代号 表4-2

序号	名称	代号	序号	名称	代号	序号	名称	代号
1	板	B	13	基础梁	JL	25	设备基础	SJ
2	屋面板	WB	14	楼梯梁	TL	26	挡土墙	DQ
3	槽形板	CB	15	框架梁	KL	27	地沟	DG
4	楼梯板	TB	16	框支梁	KZL	28	梯	T
5	密肋板	MB	17	屋面框架梁	WKL	29	雨篷	YP
6	盖板或沟盖板	GB	18	框架	KJ	30	阳台	YT
7	墙板	QB	19	刚架	GJ	31	梁垫	LD
8	梁	L	20	支架	ZJ	32	预埋件	M－
9	屋面梁	WL	21	柱	Z	33	钢筋网	W
10	圈梁	QL	22	框架柱	KZ	34	钢筋骨架	G
11	过梁	GL	23	构造柱	GZ	35	基础	J
12	连系梁	LL	24	承台	CT	36	暗柱	AZ

④结构施工图应按表4-3常用比例绘制,特殊情况可选用可用比例。特殊情况下,同一详图的纵、横向尺寸,轴线尺寸与构件尺寸可以采用不同比例绘制,但尺寸数值以图中标注值为准。

结构施工图的比例 表4-3

图名	常用比例	可用比例
结构平面图、基础平面图	1:50、1:100、1:150、1:200	1:60
圈梁平面图、总图中管沟、地下设施等	1:200、1:500	1:300
详图	1:10、1:20	1:5、1:25、1:4

⑤当钢筋混凝土构件对称时,可在同一图中用一半表示模板图,另一半表示钢筋;当钢筋混凝土构件配筋较简单时,可在其模板图的一角绘出局部剖面图表示钢筋布置。

⑥当构件布置较简单时,结构平面布置图可与板的配筋图合并绘制。

3)结构施工图的识读方法和步骤

识读建筑工程施工图一般是从外向里、由大到小、先粗后细,并要前后对照,特别是将建施图、结施图、设施图对照。识图前,应根据结构设计说明准备好相应的标准图集和相关的资料,相关的标准图是施工图的组成部分。

结构施工图的识读步骤如下:

①读图纸目录,了解图纸的种类、图纸张数等。

②读结构设计总说明,了解工程的概况,结构形式(包括基础形式和上部结构形式),材料要求,结构构造要求,预制构件选用的标准图集,工程在设计时的一些特殊要求,对施工总的技术要求等。

③将结构施工图与建筑施工图对照,查对其轴线、各部分的相对位置、节点构造做法、标高、尺寸等是否吻合。

④读基础图，看基础平面图中轴线尺寸和总尺寸，基础及墙（柱）的尺寸，各构件与轴线的关系（如墙、柱、基础的形心线是否与轴线重合），基础及各构件的编号，结合设备基础图看其与结构施工图的关系等。然后，读基础详图，看基础的形式、埋置深度、基础所用的材料和做法，各基础及构件的详细尺寸、标高、配筋等。核查基础剖面号及详图平面尺寸与基础平面图是否相符。若有专门的基础说明，还应仔细阅读其内容。

⑤读结构平面图，看各种尺寸，如轴线尺寸，各构件宽度或断面尺寸，墙、柱、梁、板及其他构件与轴线的关系，板的厚度，楼（屋）面标高等，然后看楼（屋）面板的布置和配筋情况，楼梯情况等。还应结合构件详图仔细查看各种构件（如梁、柱、雨篷、现浇板、挑檐板）的编号、位置、标高和形状等。最后检查平面图中各构件的标注有无遗漏，构件布置有无错误。

⑥阅读结构详图，看各构件的模板尺寸、配筋情况以及构造节点大样图、材料表等。

4.4.2 钢筋混凝土房屋结构施工图

1）楼（屋）盖结构平面布置图

楼（屋）盖结构平面布置图主要用于表示该层楼（屋）面中梁、板的布置情况，现浇板的配筋情况。它是假想沿楼板面将房屋水平剖切后所作的水平投影图。其图示要点如下：

楼（屋）盖结构平面布置图的轴线应与建筑平面图完全一致。

楼（屋）面的标高为结构标高，它等于建筑标高减去楼（屋）面上的建筑构造层厚度后的值。尺寸只需标注两道：轴线尺寸和总轴线尺寸。

对装配式楼盖，可在相同预制板布置的范围内用细线画一对角线，并标出预制板的数量和构件代号。结构平面布置图中房间较多时，则可将房间进行编号，相同的房间编相同的号，然后在每一种编号的房间选一处标注预制板的数量和构件代号即可。对现浇楼板，若结构平面布置图的比例较大，在结构平面布置图上能较为清楚地表示楼板的配筋时，则可直接在结构平面布置图上画出板的配筋图。否则沿楼板范围画一对角线，并注上编号，以便将该部分现浇板单独提出来画大样图。

梁一般在板下，故一般可用中虚线表示其轮廓，也可用一根粗虚线来表示，并在旁侧标注梁的构件代号。

楼梯间的表示方法，当采用装配式楼梯且结构平面布置图的比例较大时，可直接在结构平面布置图上画出构件的布置图，标注各构件的代号，并应标注清楚每个平台的结构标高。对现浇楼梯，常需另外出详图。

在楼层结构平面布置图中，钢筋混凝土柱可涂黑表示；在屋顶结构平面布置图中出屋面的柱涂黑来表示，而未出屋面的钢筋混凝土柱不涂黑，只画其断面形状的轮廓。

2）梁、柱结构详图

钢筋混凝土结构梁、柱一般采用平面整体表示法（简称平法）。它是把结构构件的尺寸和配筋整体直接表达在各类构件的结构平面布置图上，再与标准构造详图相结合而构成完整施工图的表示方法。平法施工图一般由构件的平法施工图和标准构造详图两大部分构成。对于复杂的工业与民用建筑尚需增加模板、开洞和预埋件平面图等。

(1)平法施工图表示方法的产生

随着国民经济的发展和建筑设计标准化水平的提高,近年来各设计单位采用一些较为方便的图示方法。为了规范各地的图示方法,我国推出《混凝土结构施工图平面整体表示方法制图规则和构造详图》(简称"平法"图集),图集号为11G101-1。

(2)平法表示方法与传统表示方法的区别

把结构构件的尺寸和配筋等,按照平面整体表示方法的制图规则,整体直接地表示在各类构件的结构布置平面图上,再与标准构造详图配合,形成一套新型完整的结构设计表示方法,简称平法。它改变了传统表示方法的那种将构件(如柱、剪力墙和梁等)从结构平面设计图中索引出来,再逐个绘制模板详图和配筋详图的繁琐办法。

平法适用的结构构件为柱、剪力墙、梁三种,其内容包括两大部分,即平面整体表示图和标准构造详图。在平面布置图上表示各种构件尺寸和配筋方式。表示方法分平面注写方式、列表注写方式和截面注写方式三种。

传统的结构施工图用剖面表达,即把结构图中的各构件剖开,通过剖面形式来反映构件的截面大小和钢筋尺寸,但因信息表达重复、杂乱,现在基本不大规模使用,只是作为一种补充出现在结构图中。20世纪90年代,在广东出现的梁表,是专门针对很多的梁来设计的一张表,象填空一样把梁构件的一切信息都填在上面,再在上面绘制梁的构件构造图,从而形成梁表。它虽比剖面节省了不少重复信息,但梁表填起来很容易出现错误,而且不直观,要对照结构平面布置图来看,现在也逐渐被淘汰。

平法是建筑上国际通行的语言,它直接在结构平面图上把构件的信息(截面、钢筋、跨度和编号等)标在旁边,整体直接表达在各类构件的结构平面布置图上,再与标准构造详图相配合,即构成一套新型完整的结构设计。

(3)柱平法施工图的表达方法

柱平法施工图是在柱平面布置图上采用列表注写方式或截面注写方式来表达柱的配筋,并注明各层的楼层结构标高和结构层高的图示方法。

①列表注写方式

列表注写方式是在柱平面布置图上,将柱按整幢建筑进行归类编号,分别在同一编号的柱中选择一个截面标注截面几何参数代号,在柱表中注写柱号、柱段起止标高、几何尺寸及配筋具体数值的方式。柱表注写内容包括:

a.柱编号。柱编号一般由类型代号和序号组成,形式为:

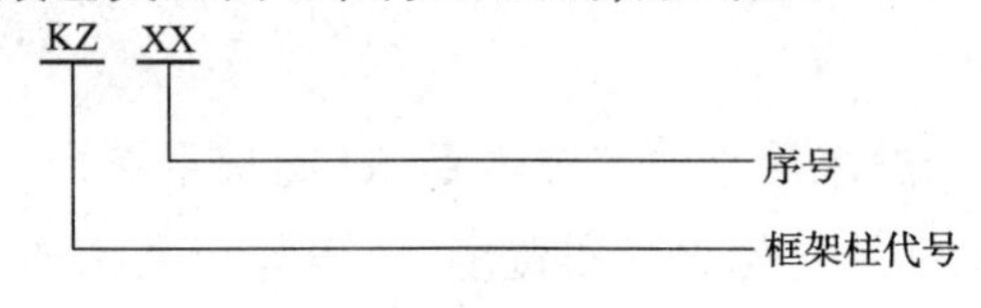

b. 各段柱的起止标高。自基础顶面标高往上以变截面位置或截面未变但配筋改变处为界分段注写。

c. 柱截面尺寸及与轴线关系的具体数值，须对应于各段柱分别注写。对于圆柱，则用圆柱直径 d 的数字表示。圆柱截面与轴线的关系也用上述方法表示。

d. 柱纵筋，包括角筋、截面 b 边中部筋和 h 边中部筋三项，对于对称配筋的矩形截面柱，可仅注写一侧中部筋，对称边省略不注；当为圆柱时，表中角筋一栏注写圆柱全部纵筋的数值。

e. 箍筋类型号和箍筋肢数。

f. 柱箍筋，包括钢筋级别、直径与间距；箍筋有加密区和非加密区时，一般用斜线"/"区分箍筋加密区与非加密区长度范围内箍筋的不同间距。"/"左边表示加密区间距，"/"右边表示非加密区间距，例如：Φ6@100/200 表示柱加密区箍筋为Φ6@100，而非加密区箍筋为Φ6@200。加密区的长度，应按标准构造详图中的规定在三种长度值中取最大者。当箍筋沿柱全高为一种间距时，不使用"/"线而直接在其直径后写出。在圆柱中，当采用螺旋箍筋时，需在箍筋前加"L"，例如 LΦ8@100。

柱平法施工图列表注写方式如图 4-14 所示。

②截面注写方式

首先将每层所有的柱，按整幢建筑物归并结果的编号注上截面的类型及编号，然后在各层柱平面布置图上，分别在相同编号的柱中选择一个截面，按另一种比例原位放大绘制截面配筋图，并在各配筋图上注写截面尺寸 $b \times h$、角筋或全部纵筋（当纵筋采用一种直径时）、箍筋的具体数值；当纵筋采用两种直径时，需再注写截面各边中部筋和箍筋的具体数值。同时在柱截面配筋图上注写柱截面与轴线关系 b_1、b_2 和 h_1、h_2 的具体数值。如图 4-15 所示。

（4）梁平法施工图的表达方法

梁平法施工图是在梁的结构平面布置图上，采用平面注写方式或截面注写方式表达的梁配筋图。施工人员依据平法施工图及相应的标准构造详图进行施工，故称梁平法施工图。在梁平面布置图上分别在不同编号的梁中各选择一根来进行标注，按结构楼层一层一层地绘制；同时注明各楼层的梁顶标高和梁与轴线间的关系。

首先，按一定比例绘制梁的平面布置图，分别按照梁的不同结构层（标准层），将全部梁及与之相关联的柱、墙绘制在该图上，并按规定注明各结构层的标高及相应的结构层号。对轴线未居中的梁，应标注其偏心定位尺寸，但贴柱边的梁可不注。

然后，根据设计计算结果，采用平面注写方式或截面注写方式表达梁的截面及配筋。

平面注写方式，是在梁平面布置图上，分别于不同编号的梁中各选一根梁，在其上注写截面尺寸和配筋具体数值。

梁的平面注写包括集中标注与原位标注。集中标注表达梁的通长数值，原位标注表达梁的特殊值，施工时原位标注取值优先。如图 4-16 所示，其中梁的编号见表 4-4。

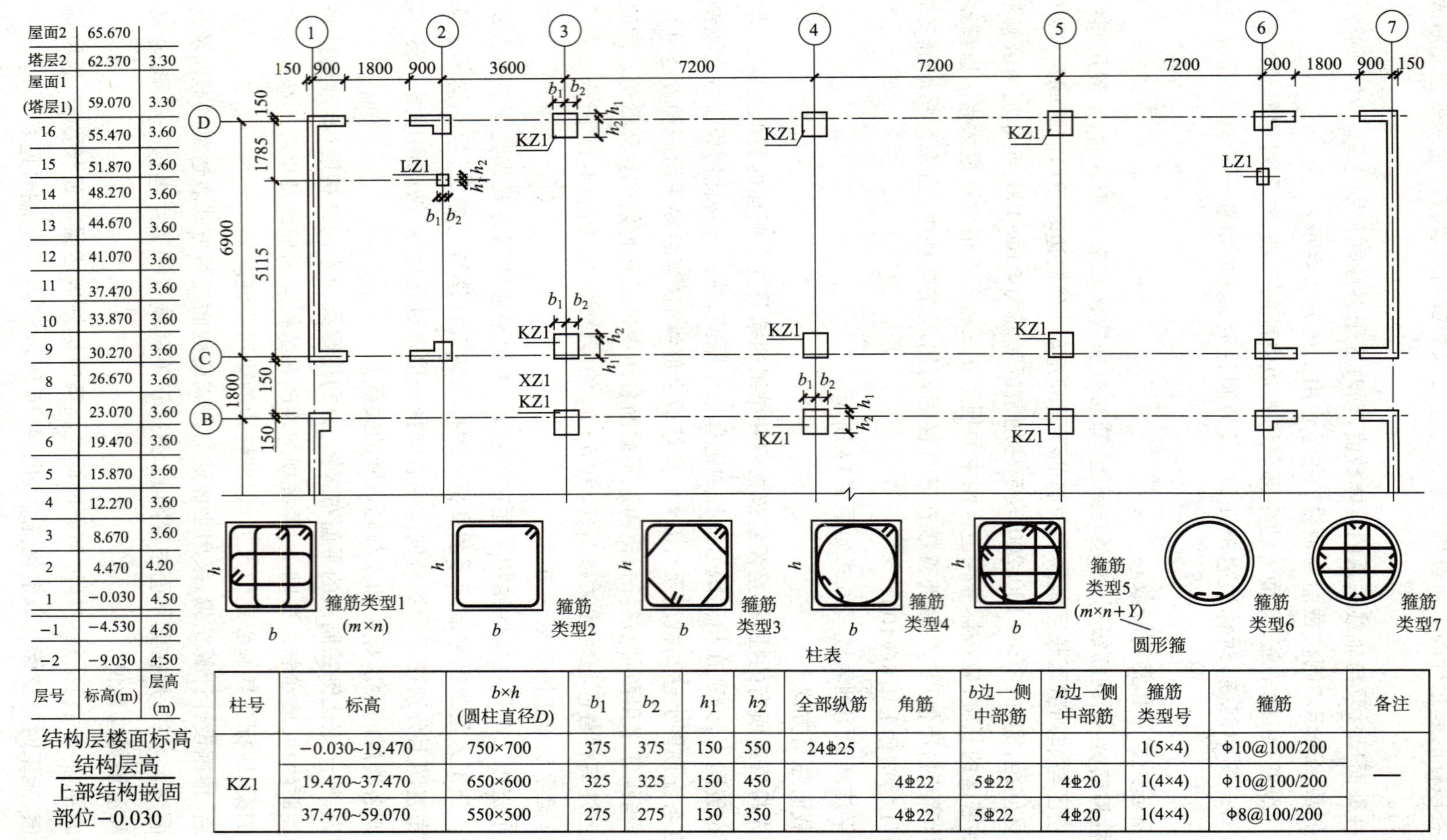

层号	标高(m)	层高(m)
屋面2	65.670	
塔层2	62.370	3.30
屋面1(塔层1)	59.070	3.30
16	55.470	3.60
15	51.870	3.60
14	48.270	3.60
13	44.670	3.60
12	41.070	3.60
11	37.470	3.60
10	33.870	3.60
9	30.270	3.60
8	26.670	3.60
7	23.070	3.60
6	19.470	3.60
5	15.870	3.60
4	12.270	3.60
3	8.670	3.60
2	4.470	4.20
1	−0.030	4.50
−1	−4.530	4.50
−2	−9.030	4.50

结构层楼面标高
结构层高
上部结构嵌固部位−0.030

柱表

柱号	标高	$b \times h$ (圆柱直径D)	b_1	b_2	h_1	h_2	全部纵筋	角筋	b边一侧中部筋	h边一侧中部筋	箍筋类型号	箍筋	备注
KZ1	−0.030~19.470	750×700	375	375	150	550	24Φ25				1(5×4)	Φ10@100/200	—
	19.470~37.470	650×600	325	325	150	450		4Φ22	5Φ22	4Φ20	1(4×4)	Φ10@100/200	
	37.470~59.070	550×500	275	275	150	350		4Φ22	5Φ22	4Φ20	1(4×4)	Φ8@100/200	

图 4-14　柱平法施工图列表注写方式(尺寸单位:mm)

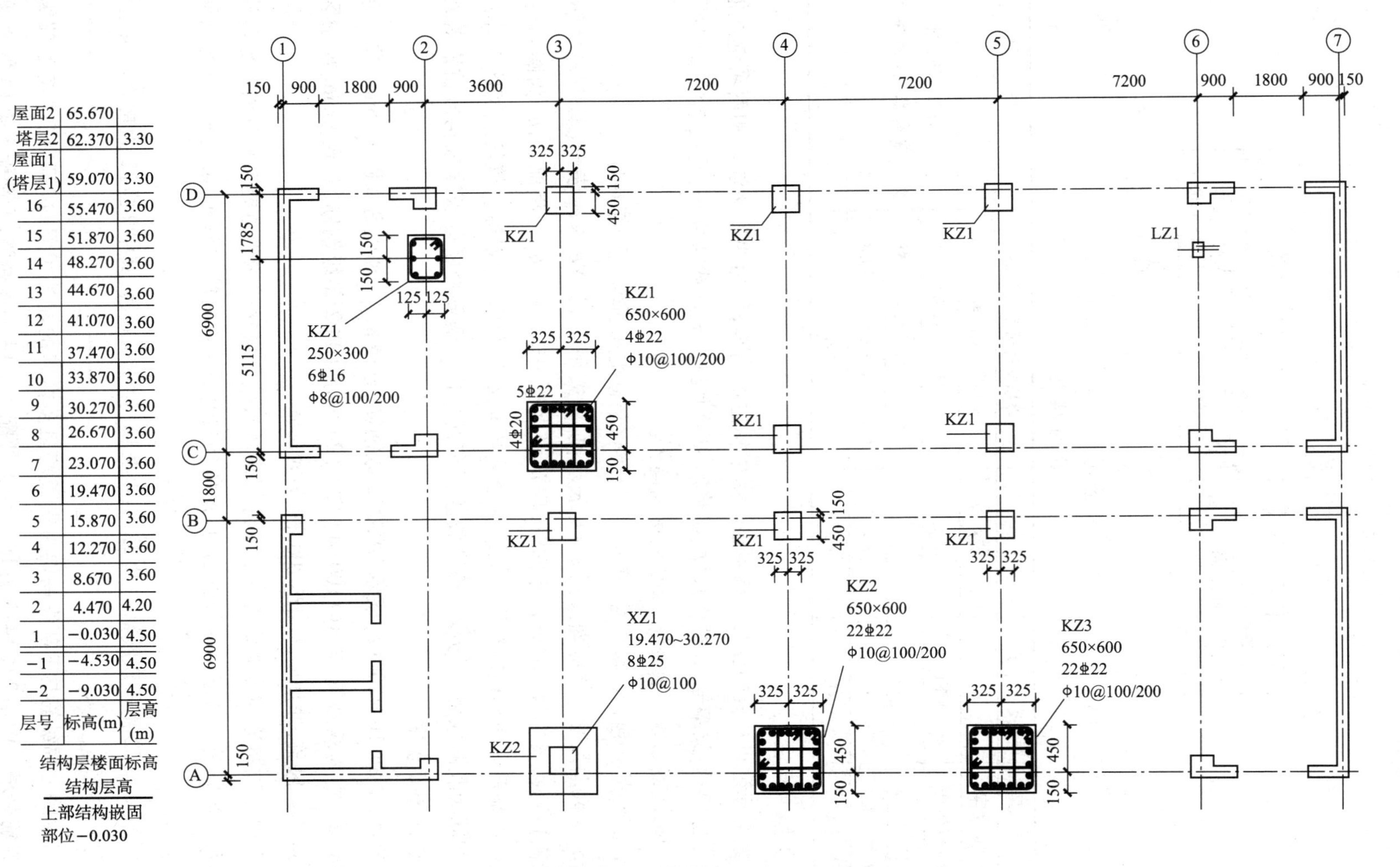

层号	标高(m)	层高(m)
屋面2	65.670	
塔层2	62.370	3.30
屋面1(塔层1)	59.070	3.30
16	55.470	3.60
15	51.870	3.60
14	48.270	3.60
13	44.670	3.60
12	41.070	3.60
11	37.470	3.60
10	33.870	3.60
9	30.270	3.60
8	26.670	3.60
7	23.070	3.60
6	19.470	3.60
5	15.870	3.60
4	12.270	3.60
3	8.670	3.60
2	4.470	4.20
1	−0.030	4.50
−1	−4.530	4.50
−2	−9.030	4.50

结构层楼面标高
结构层高

上部结构嵌固部位−0.030

图4-15　柱平法施工图截面注写方式(尺寸单位:mm)

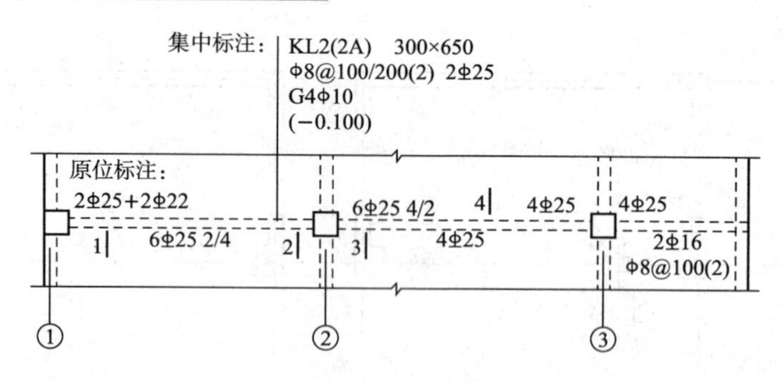

图4-16 梁的平面注写方法(尺寸单位:mm)

梁的编号 表4-4

梁类型	代号	序号	跨数及是否带有悬挑	备注
楼层框架梁	KL	××	(××)、(×XA)或(××B)	
屋面框架梁	WKL	××	(××)、(××A)或(×XB)	(××A)为一端悬挑,(××B)为两端有悬挑,悬挑不计入跨数
框支梁	KZL	××	(××)、(××A)或(×XB)	
非框架梁	L	××	(××)、(×XA)或(×XB)	
悬挑梁	XL	××		

①集中标注

集中标注可从梁的任意一跨引出。集中标注的内容,包括四项必注值和两项选注值。四项必注值包括:梁编号、梁截面尺寸、梁箍筋和梁上部贯通筋或架立筋;两项选注值包括:梁侧面纵向构造钢筋或受扭钢筋、梁顶面标高高差。

a. 梁编号。包括类型代号、序号、跨数及有无悬挑几项表示见表4-4。

b. 梁截面尺寸。等截面梁用 $b \times h$ 表示;加腋梁用 $b \times h$、$Yc_1 \times c_2$ 表示(其中 c_1 为腋长,c_2 为腋高);悬挑梁当根部和端部不同时,用 $b \times h_1/h_2$ 表示(其中 h_1 为根部高,h_2 为端部高)。

c. 梁箍筋。包括钢筋级别、直径、加密区与非加密区间距及肢数。箍筋加密区与非加密区的不同间距及肢数用"/"分隔,箍筋肢数写在括号内。箍筋加密区长度按相应抗震等级的标准构造详图要求采用。

例如:Φ8@100/200(2)表示HPB235级钢筋、直径8mm、加密区间距100mm、非加密区间距200mm,均为双肢箍;Φ8@100(4)/200(2)表示HPB235级钢筋、直径8mm、加密区间距100mm为4肢箍、非加密区间距200mm为双肢箍。

d. 梁上部贯通筋或非架立筋。所注规格及根数应根据结构受力要求及箍筋肢数等构造要求而定。当既有贯通筋又有架立筋时,用角部贯通筋+架立筋的形式,架立筋写加号后面的括号内。

例如:2Φ22用于双肢箍;2Φ22+(4Φ12)用于6肢箍,其中2Φ22为贯通筋,4Φ12为架立筋;

当梁的上部纵筋与下部纵筋均为贯通筋且多数跨的配筋相同时,可用";"将上部纵筋与下部纵筋分隔。例如2Φ14;3Φ18表示上部配2Φ14的贯通筋,下部配3Φ18的贯通筋。

e. 梁侧面纵向构造钢筋或受扭钢筋。此项为选注值，当梁腹板高≥450mm 时，须配置符合规范规定的纵向构造钢筋，注写为：G4 ⌀ 12，表示梁的两个侧面共配置 4 ⌀ 12 的纵向构造钢筋，两侧各 2 ⌀ 12 对称配置。

当梁侧面需配置受扭纵向钢筋时，注写为：N6 ⌀ 18，表示梁的两个侧面共配置 6 ⌀ 18 的纵向构造钢筋，两侧各 3 ⌀ 18 对称配置。

当配置受扭纵向钢筋时，不再重复配置纵向构造钢筋，但此时受扭纵向钢筋的间距应满足规范对纵向构造钢筋的间距要求。

f. 梁顶面标高高差。此项为选注值，当梁顶面标高不同于结构层楼面标高时，需要将梁顶标高相对于结构层楼面标高的差值注写在括号内，无高差时不注。高于楼面为正值，低于楼面为负值。

②原位标注

原位标注的内容包括梁支座上部纵筋、梁下部纵筋、附加箍筋或吊筋等。

a. 梁支座上部纵筋。原位标注的支座上部纵筋应为包括集中标注的贯通筋在内的所有钢筋。多于一排时，用"/"自上而下分开；同排纵筋有两种不同直径时，用" + "相连，且角部纵筋写在前面。

例如：6 ⌀ 25 4/2 表示支座上部纵筋共两排，上排 4 ⌀ 25，下排 2 ⌀ 25；

2 ⌀ 25 +2 ⌀ 22 表示支座上部纵筋共四根一排放置，其中角部 2 ⌀ 25，中间 2 ⌀ 22。

当梁中间支座两边的上部纵筋相同时，仅在支座的一边标注配筋值；否则，须在两边分别标注。

b. 梁下部钢筋。与上部纵筋标注类似，多于一排时，用"/"自上而下分开。同排纵筋有两种不同直径时，用" + "相连，且角部纵筋写在前面。

例如：6 ⌀ 25 2/4 表示下部纵筋共两排，上排 2 ⌀ 25，下排 4 ⌀ 25；

c. 附加箍筋或吊筋。它直接画在平面图中的主梁上，用线引注总配筋值，附加箍筋的肢数注在括号内，如图 4-17 所示。当多数附加箍筋或吊筋相同时，可在图中统一说明，少数与统一说明不一致者，再原位引注。

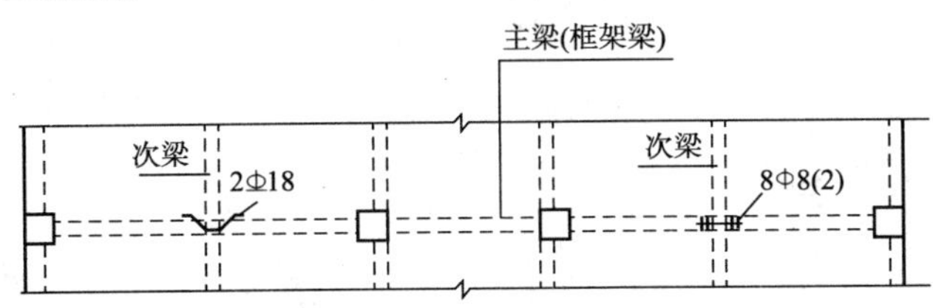

图 4-17 附加箍筋或吊筋的平面注写方法

d. 当在梁上集中标注的内容（某一项或某几项）不适用于某跨或某悬挑段时，则将其不同数值原位标注在该跨或该悬挑段。

e. 梁侧面纵向构造钢筋或受扭钢筋配置。分别以 G 或 N 打头，接续注写设置在梁两个侧面的总配筋值，且对称配置。如 G4 Φ12 表示梁的两个侧面共配置 4 Φ12 纵向构造钢筋，每侧各配置 2 Φ12；N6 Φ22 表示梁的两个侧面共配置 6 Φ22 受扭纵向钢筋，每侧各配置 3 Φ22。选注值为梁顶顶面标高高差，无高差时不标注。

以图 4-16 为例说明梁的配筋情况。引出线部分为集中标注，KL2（2A）300×650 为 2 号框架梁，有两跨，一端有悬挑，梁断面 300mm×650mm；Φ8@100/200（2）表明此梁箍筋是Φ8、非加密区间距 200mm、加密区间距 100mm 的两肢箍筋，2 Φ25 表示在梁上部贯通直径为 25mm 的钢筋 2 根；G4 Φ10，表示梁的两个侧面共配置 4 Φ10 的纵向构造钢筋，两侧各 2 Φ10 对称配置；（-0.100）表示梁顶相对于楼层标高 24.950m 低 0.100m。两轴之间梁下部中间段 6 Φ25 2/4为该跨梁下部配筋，上一排纵筋为 2 Φ25，下一排纵筋为 4 Φ25，全部伸入支座。在①轴处梁上部注写的 2 Φ25 +2 Φ22，表示梁支座上部有四根纵筋，2 Φ25 放在角部，

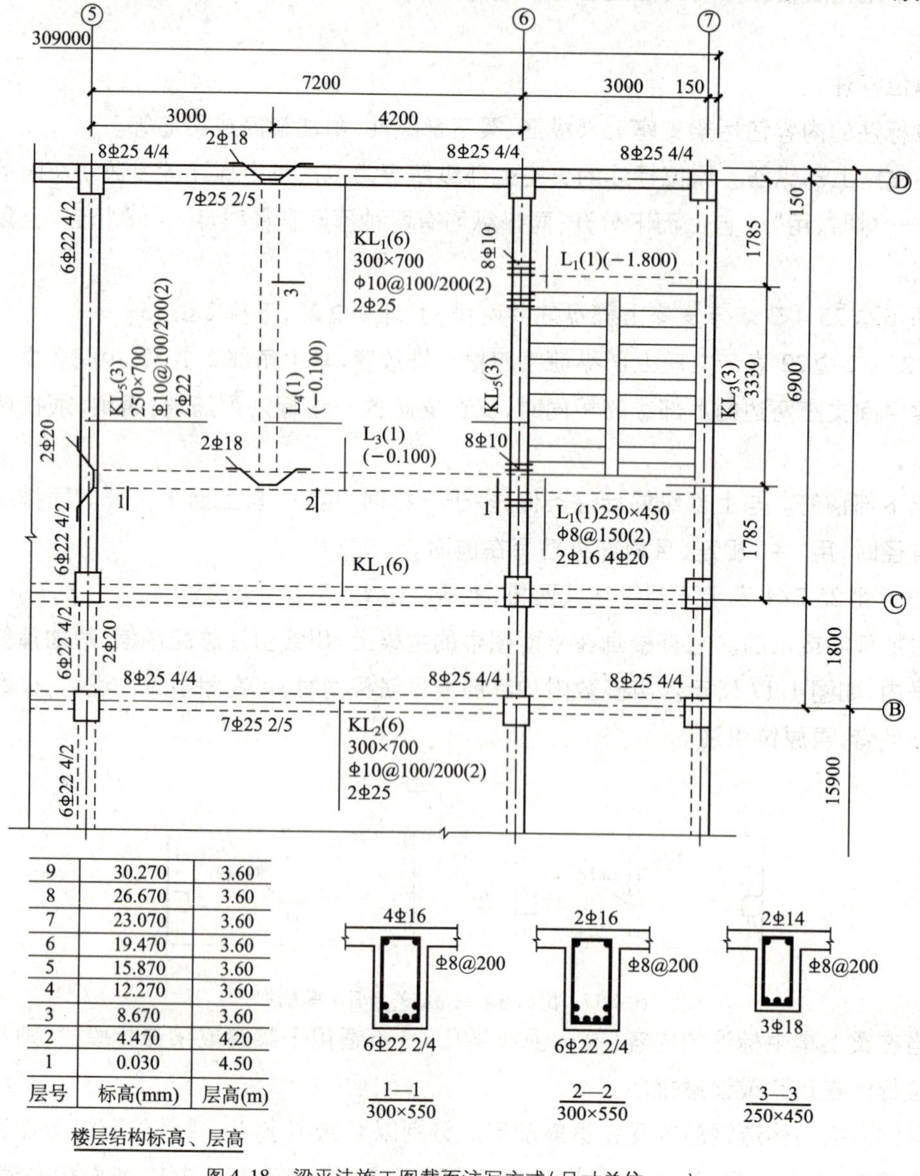

层号	标高(mm)	层高(m)
9	30.270	3.60
8	26.670	3.60
7	23.070	3.60
6	19.470	3.60
5	15.870	3.60
4	12.270	3.60
3	8.670	3.60
2	4.470	4.20
1	0.030	4.50

楼层结构标高、层高

图 4-18　梁平法施工图截面注写方式（尺寸单位：mm）

2Φ22放在中部。当梁支座两边的上部纵筋相同时，可仅在一边标注配筋值，另一边省略不注，如②轴梁上端。当集中注写的数值中某一项（或几项）数值不适用于某跨或某悬挑部分时，则按其不同数值原位注写在该跨或该悬挑部分处，施工时，按原位标注的数值优先选用。例如，③轴右侧悬挑梁部分，下部标注Φ8@100，表示悬挑部分的箍筋通长都为Φ8间距100mm的两肢箍。

梁支座上部纵筋的长度根据梁的不同编号类型，按标准中的相关规定执行。

③截面注写方式

即将断面号直接画在平面梁配筋图上，断面详图画在本图或其他图上。截面注写方式既可以单独使用，也可与平面注写方式结合使用，如在梁密集区，采用截面注写方式可使图面清晰。

图4-18为平面注写和截面注写结合使用的图例。图中吊筋直接画在平面图中的主梁上，用引线注明总配筋值，如L3中吊筋2Φ18。

本模块回顾

1. 钢筋混凝土楼（屋）盖根据施工方法的不同，可分为现浇式、装配式及装配整体式三类。

2. 现浇钢筋混凝土楼（屋）盖主要有肋形楼盖、井式楼盖、无梁楼盖和密肋楼盖四种类型。

3. 整体式单向板肋形楼盖中单向板、次梁和主梁的构造要求。

4. 装配式钢筋混凝土楼（屋）盖其结构平面布置方案有横墙承重方案、纵墙承重方案、纵横墙承重方案和内框架承重方案四种。

5. 钢筋混凝土房屋结构施工图的识读方法。

想一想

4-1　钢筋混凝土楼盖根据施工方法不同可分为哪几类？

4-2　现浇钢筋混凝土楼盖有哪几种类型？各有何特点？

4-3　什么是单向板和双向板？受力有何特点？

4-4　识读梁、柱施工图。

模块 5　钢筋混凝土楼梯

学习目标

1. 掌握钢筋混凝土楼梯的设计要点和构造要求。
2. 掌握钢筋混凝土楼梯结构施工图的正确识读方法。

5.1　钢筋混凝土楼梯的类型

按照施工方法不同，钢筋混凝土楼梯可分为现浇楼梯和装配式楼梯两类。

5.1.1　现浇楼梯

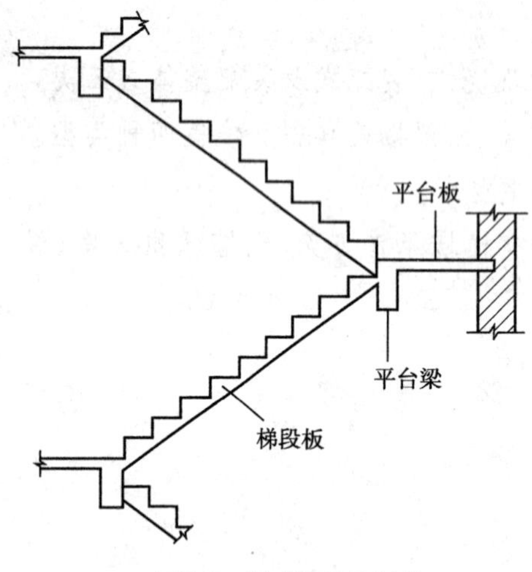

图 5-1　板式楼梯的组成

板式楼梯和梁式楼梯是最常见的现浇楼梯。板式楼梯由楼梯板、平台板和平台梁组成（见图 5-1）。这种楼梯的最大特点是梯段下表面平整，因而外观轻巧美观，施工支模方便，并且不易积灰，缺点是跨度较大时，斜板较厚，从而材料用量较多，故一般宜用于荷载不太大，梯段的水平投影长度在 3m 以内的楼梯或美观要求较高的公共建筑的楼梯。

板式楼梯的荷载传递途径如图 5-2 所示。

梁式楼梯由踏步板、斜梁、平台梁和平台板组成（见图 5-3），其优缺点基本上与板式楼梯相反，用于梯段的水平投影长度在 3m 以上的楼梯时较为经济。梁式楼梯的荷载传递途径如图 5-4 所示。

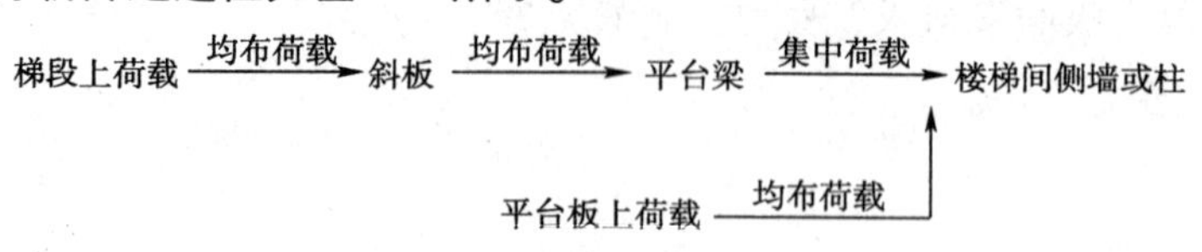

图 5-2　板式楼梯的荷载传递途径

5.1.2　装配式楼梯

根据预制构件划分的不同，装配式楼梯可分为小型构件装配式楼梯和大中型构件装配式楼梯两种类型。前者是将踏步、斜梁、平台梁、平台板分别预制，然后进行组装，其主要优点是构件小而轻，易制作、易运输和吊装，缺点是施工繁琐、进度较慢，适用于施工条件较差的地区；

后者则是将若干个构件合并预制成一个构件，如将整个梯段和平台分别预制成大型构件（起重能力有限时，也可将平台梁和平台板分开），甚至将梯段与平台合并为一个构件，其主要优点是构件少，可简化施工过程，提高施工速度，但构件制作较困难，且需要较大起重设备，在混合结构民用房屋中应用较少。

平台板
平台梁
踏步板
斜梁
斜梁
踏步板

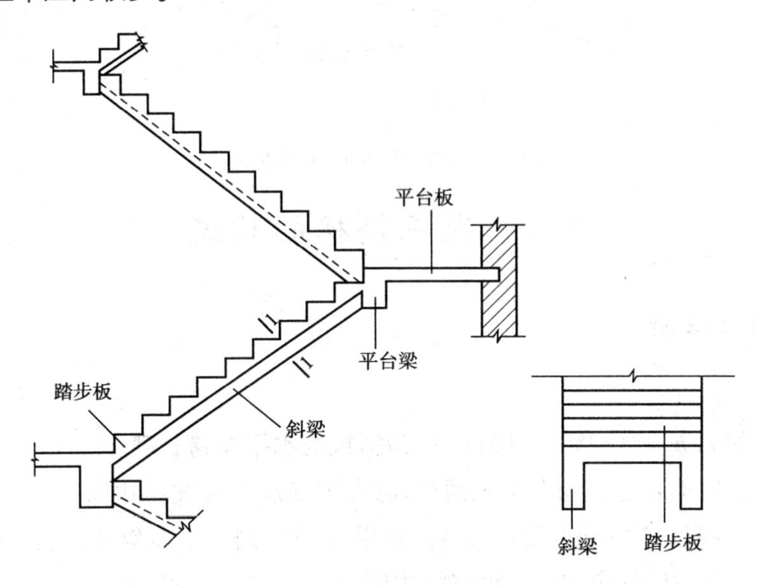

图5-3 梁式楼梯的组成

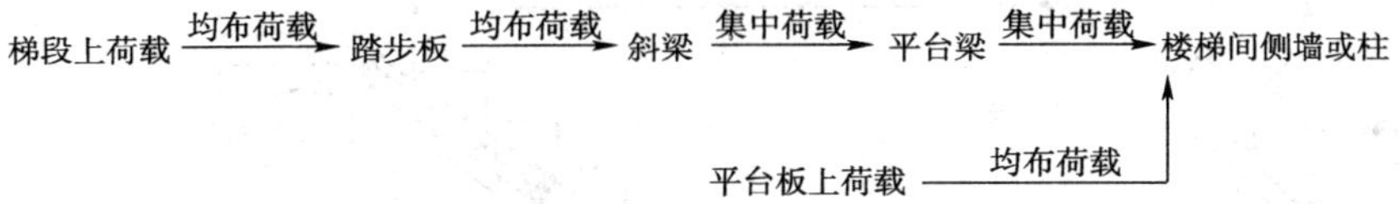

梯段上荷载
均布荷载
踏步板
均布荷载
斜梁
集中荷载
平台梁
集中荷载
楼梯间侧墙或柱
平台板上荷载
均布荷载

图5-4 梁式楼梯的荷载传递途径

常见的小型构件装配式楼梯有墙承式、梁承式和悬臂式三种（见图5-5），常见的大、中型构件装配式楼梯有板式和梁板式两种（见图5-6）。

砖墙
现浇混凝土面层
平台板
预制悬挑踏步
栏杆孔
预制平台板
实心踏步板
斜梁

a)墙承式 b)悬臂式 c)梁承式

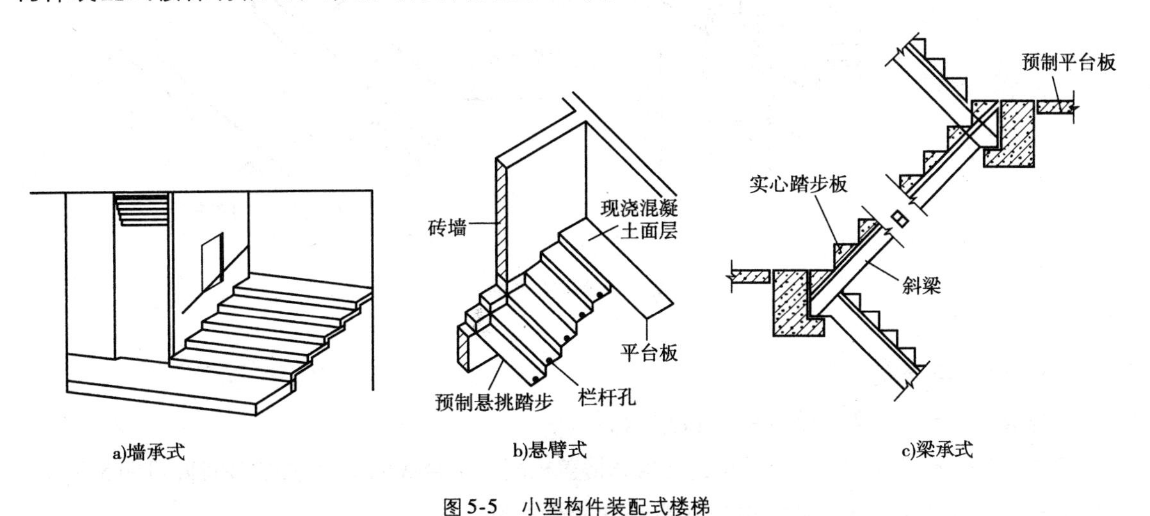

图5-5 小型构件装配式楼梯

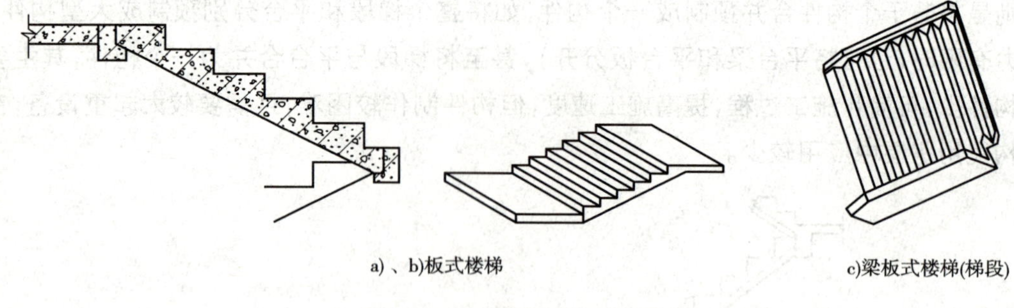

a)、b)板式楼梯　　c)梁板式楼梯(梯段)

图 5-6　大、中型构件装配式楼梯

5.2　现浇楼梯的构造

5.2.1　板式楼梯

1)斜板

斜板厚度一般为 $h=(1/25\sim1/30)l_n$，l_n 为斜板的水平净跨长度。

斜板的配筋方式有弯起式与分离式两种，跨中钢筋应在距支座边缘 $l_n/6$ 处弯起作支座负筋。支座配筋量一般取跨中配筋量的 1/4。自平台伸入的上部直钢筋均应伸至距支座边缘 $l_n/4$ 处(图 5-7)。分布钢筋应在受力钢筋的内侧，间距不大于 250mm。

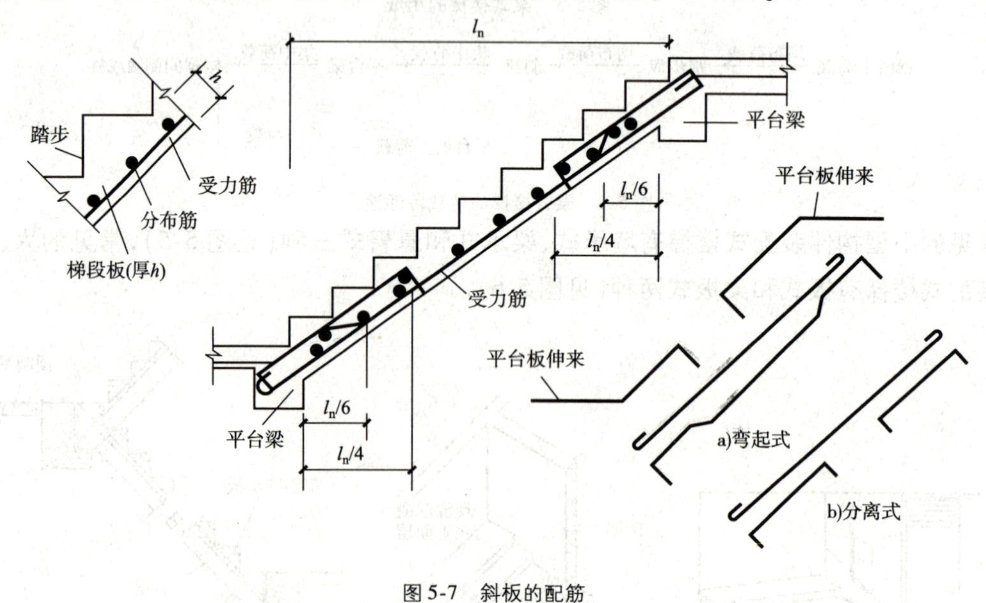

图 5-7　斜板的配筋

2)平台板、平台梁

平台板、平台梁通常为整浇的梁板结构。

平台板厚一般 60~80mm，配筋构造与整体楼盖相同。平台板的支承方式有两种(见图 5-8)。

平台梁一般为简支梁，其构造与一般受弯构件相同。

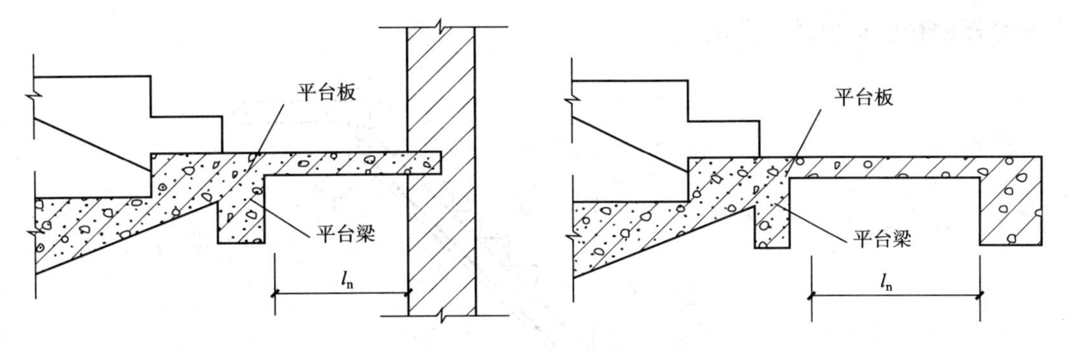

图5-8　平台板的支承方式

3)某板式楼梯配筋实例,如图5-9所示。

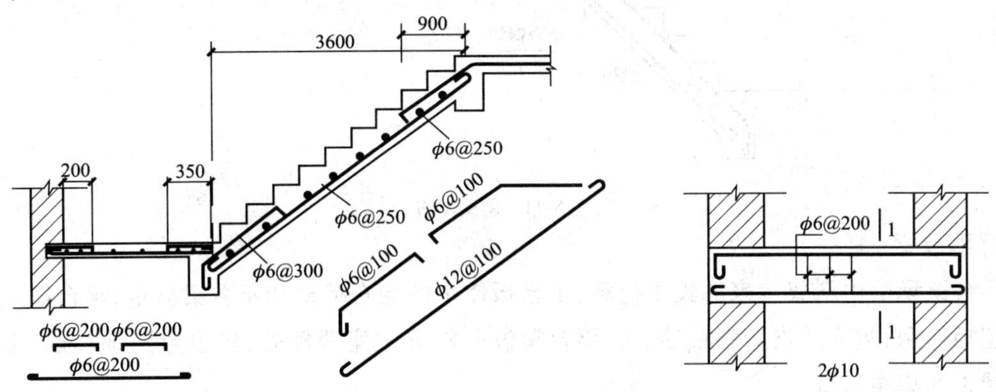

图5-9　某板式楼梯配筋实例

5.2.2　梁式楼梯

1)踏步板

踏步板的厚度一般取30~40mm。踏步板每一个踏步的受力钢筋不得少于2ϕ6,并将每两根中的一根伸入支座后弯起作支座(斜梁)负筋。分布钢筋不少于ϕ6@250。见图5-10。

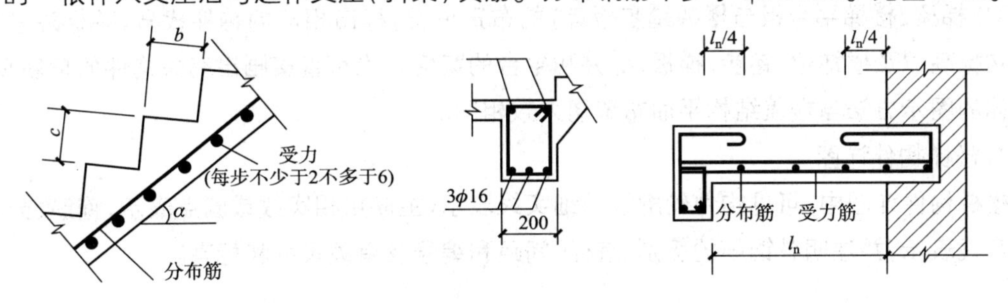

图5-10　踏步板的配筋

2)斜梁

斜梁的纵向钢筋在平台梁中应有足够的锚固长度(图5-11)。斜梁主筋必须放在平台梁的主筋上面。

3)平台板

平台板的构造与板式楼梯相同。

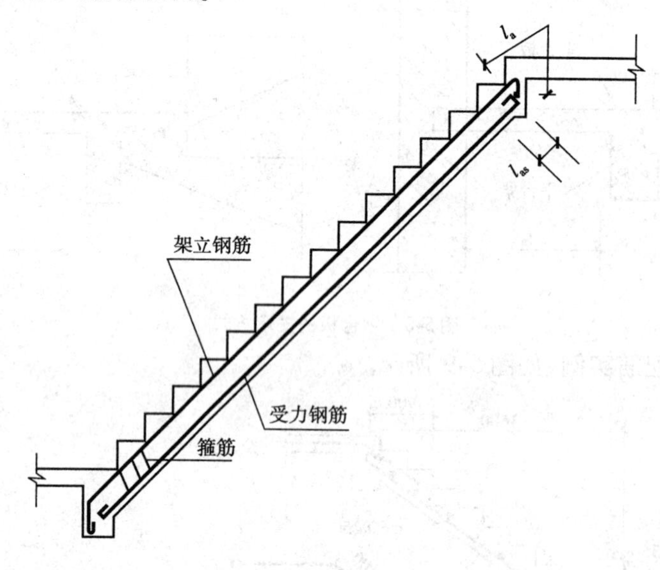

图5-11 斜梁配筋

4)平台梁

平台梁承受由斜梁传来的集中荷载、平台板传来的均布荷载和平台梁自重,平台梁受有一定的扭矩作用,故应适当增强箍筋。在平台梁位于斜梁支座两侧处,应设置附加箍筋,以承受斜梁传来的集中荷载。

5.3 楼梯结构详图

楼梯结构详图包括楼梯结构平面布置图和构件详图。

1)楼梯结构平面布置图

框架结构一般采用现浇楼梯,其楼梯结构平面布置图表示楼梯间梁、柱以及楼梯各构件(包括楼梯梁、楼梯平台板与楼梯踏步板等)的布置情况,标出相应的构件代号,并标注各平台的结构标高以及楼梯梁、踏步、梯板、梯井和平台的宽度。也可直接画出有关构件的配筋情况。其具体的图示方法与楼盖结构平面布置图大致相同。

2)楼梯构件详图

楼梯构件详图中,可见构件轮廓线用细实线表示,主筋用粗实线或圆点表示,箍筋、分布筋用中实线表示,并注明各钢筋的级别、直径、间距和编号及有关尺寸和标高。

本模块回顾

1. 钢筋混凝土楼梯按照施工方法的不同分为现浇楼梯和装配式楼梯两类。

2. 现浇钢筋混凝土楼梯根据组成构件的不同,分为板式楼梯和梁式楼梯。板式楼梯由楼梯板、平台板和平台梁组成。梁式楼梯由踏步板、斜梁、平台梁和平台板组成。

3. 板式楼梯和梁式楼梯各构件的配筋特点。

想一想

5-1 现浇楼梯常见的形式有哪几种？各有什么优缺点？

5-2 识读现浇楼梯的施工图。

模块6　预应力混凝土构件的基本知识

学习目标

1. 了解预应力混凝土的基本概念。
2. 了解张拉控制应力与预应力损失及其组合。
3. 了解预应力混凝土构件的构造要求。

6.1　预应力混凝土的基本概念

6.1.1　预应力混凝土的基本原理

钢筋混凝土是由混凝土和钢筋两种物理力学性能不同的材料所组成的弹塑性材料。它充分利用了混凝土抗压性能好,钢筋抗拉性能好的特点,因而具有很高的强度。但普通钢筋混凝土结构构件自重很大,在一定程度上限制了它的应用范围。从理论上讲,提高材料强度可以提高构件的承载力,从而达到节省材料和减轻构件自重的目的,但在普通钢筋混凝土构件中,提高钢筋强度却难以收到预期的效果。这是因为,对配置高强度钢筋的钢筋混凝土构件而言,承载力可能已不是控制条件,起控制作用的因素可能是裂缝宽度或构件的挠度。理论分析和试验研究表明,混凝土出现裂缝时的极限拉应变很小,仅为$(1\sim1.5)\times10^{-4}$,而钢筋达到屈服强度时的应变却要大得多,约为$(1\sim3)\times10^{-3}$。在普通钢筋混凝土构件中,裂缝出现时受拉钢筋的应力只有$20\sim30N/mm^2$,所以,有裂缝控制要求的构件,高强度的钢筋在在普通钢筋混凝土结构中得不到充分利用。

为了充分利用高强度混凝土及钢材,可以在构件承受荷载以前,预先对受拉区的混凝土施加压力,使其产生预压应力,当构件承受使用荷载而产生拉应力时,首先要抵消混凝土的预压应力,然后随着荷载的增加,受拉区混凝土才出现拉应力。这就可以推迟混凝土裂缝的出现和开展,从而提高构件的抗裂性能和刚度。这种在构件受荷前预先对混凝土受拉区施加压应力的结构,称为预应力混凝土结构。

以预应力混凝土简支梁为例(见图6-1),使梁截面下边缘混凝土产生预压应力。当外荷载作用时,截面下边缘将产生拉应力,最后的应力为上述两种情况的叠加,梁的下边缘可能是数值很小的拉应力,也可能是压应力,也就是说,由于预压应力的作用,可部分抵消或全部抵消外荷载引起的拉应力,因而延缓了混凝土的开裂或不开裂。

预应力的概念在生产和生活中应用颇广。盛水的木桶在使用前要用铁箍把木板箍紧,就是为了使木块受到环向预压力,装水后,只要由水产生的环向拉力不超过预压力,就不会漏水。

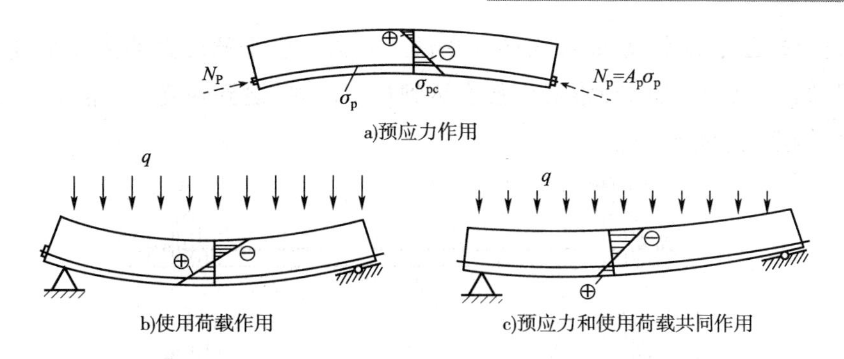

图6-1　预应力混凝土简支梁的原理

6.1.2　预应力混凝土的特点

与钢筋混凝土相比,预应力混凝土具有以下特点:

①构件的抗裂性能较好。

②构件的刚度较大。由于预应力混凝土能延迟裂缝的出现和开展,并且受弯构件要产生反拱,因而可以减小受弯构件在荷载作用下的挠度。

③构件的耐久性较好。由于预应力混凝土能使构件不出现裂缝或减小裂缝宽度,因而可以减少大气或侵蚀性介质对钢筋的侵蚀,从而延长构件的使用年限。

④可以减小构件截面尺寸,节省材料,减轻自重,既可以达到经济的目的,又可以扩大钢筋混凝土结构的使用范围,例如可以用于大跨度结构,代替某些钢结构。

⑤工序较多,施工较复杂,且需要张拉设备和锚具等设施。

由于预应力混凝土具有以上特点,因而在工程结构中得到了广泛的应用。在工业与民用建筑中,屋面板、楼板、檩条、吊车梁、柱、墙板、基础等构配件,都可采用预应力混凝土。

需要指出,预应力混凝土不能提高构件的承载能力。也就是说,当截面和材料相同时,预应力混凝土与普通钢筋混凝土受弯构件的承载能力相同。

6.1.3　施加预应力的方法

按照张拉钢筋与浇筑混凝土的先后次序,施加预应力的方法可分为先张法和后张法两类。

1)先张法

首先在台座上或钢模内张拉钢筋,然后浇筑混凝土的施工方法,称为先张法。先张法的张拉台座设备如图6-2所示。

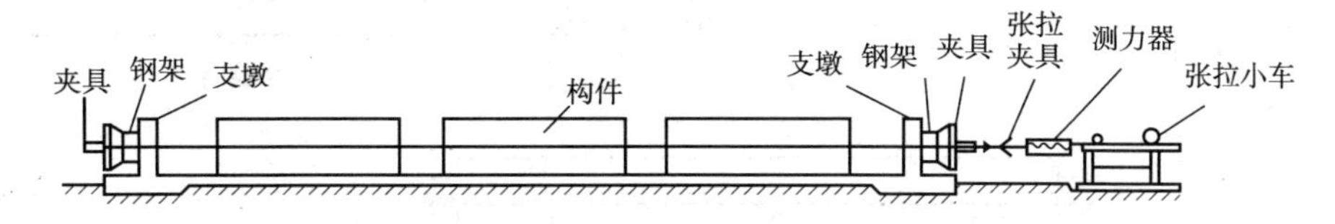

图6-2　先张法的张拉台座设备

先张法的主要工艺过程是:穿钢筋→张拉钢筋→浇筑混凝土并进行养护→切断钢筋。预应力钢筋回缩时挤压混凝土，从而使构件产生预压应力。由于预应力的传递主要靠钢筋和混凝土之间的黏结力，因此，必须待混凝土强度达到规定值时（达到强度设计值的75%以上），方可切断预应力钢筋（见图6-3）。

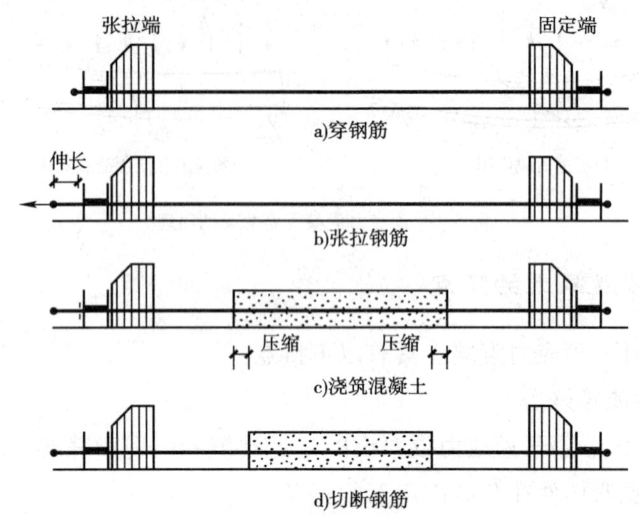

图6-3　先张法构件制作

先张法的优点主要是，生产工艺简单、工序少、效率高以及质量易于保证，同时由于省去了锚具和减少了预埋件，构件成本较低。先张法主要适用于工厂化大量生产，尤其适宜用于长线法生产中、小型构件。

2）后张法

先浇筑混凝土，待混凝土达到规定的强度后，在构件上直接张拉预应力钢筋，这种施工方法称为后张法。图6-4为后张法张拉设备示意图。

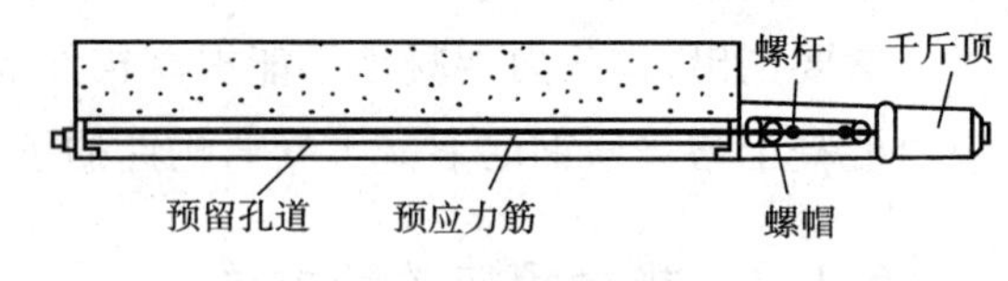

图6-4　后张法的张拉设备

后张法的主要工艺过程是：浇筑混凝土构件（在构件中预留孔道）并进行养护→穿预应力钢筋→张拉钢筋并用锚具（称为工作锚）锚固→往孔道内压力灌浆。钢筋的回弹力通过锚具作用到构件，从而使混凝土产生预压应力（见图6-5）。后张法的预压应力主要通过锚具传递。张拉钢筋时，混凝土的强度必须达到设计值的75%以上。

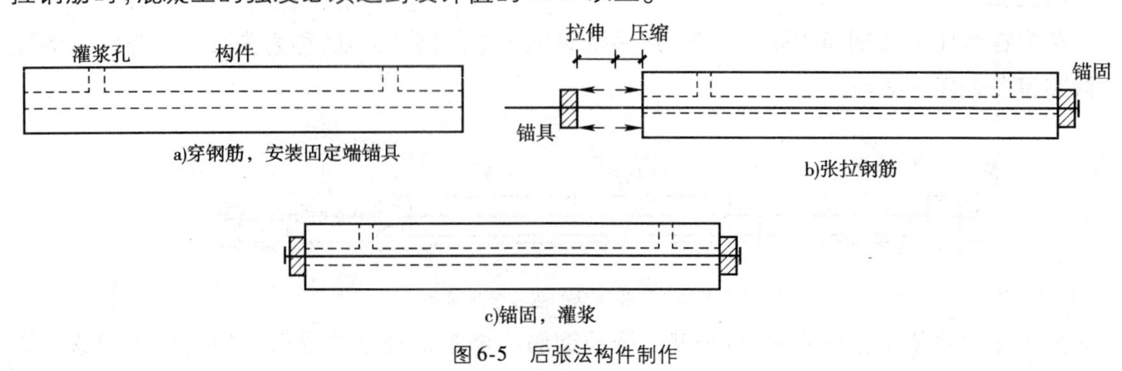

图6-5　后张法构件制作

后张法的优点是预应力钢筋直接在构件上张拉，不需要张拉台座，所以后张法构件既可以在预制厂生产，也可在施工现场生产。大型构件在现场生产可以避免长途搬运，故我国大型预应力混凝土构件主要采用后张法。后张法的主要缺点是生产周期较长；需要利用锚具锚固钢筋，钢材消耗较多，成本较高；工序多，操作较复杂，造价一般高于先张法。

6.2　张拉控制应力与预应力损失

6.2.1　张拉控制应力 σ_{com}

在张拉预应力钢筋时所达到的规定应力，即在张拉钢筋时，张拉设备（如千斤顶上油压表）所指示出的总张拉力除以预应力钢筋截面面积的应力值，称为张拉控制应力，用 σ_{com} 表示。张拉控制应力的数值应根据设计和施工经验确定。

为了合理地确定 σ_{com} 值，防止张拉控制应力 σ_{com} 值偏高，使构件出现裂缝时开裂弯矩 M_{cr} 与极限弯矩 M_u 接近，从而降低构件的延性，构件破坏时有可能产生脆性破坏，这是在结构设计中应力求避免的。对高强钢丝，甚至可能因 σ_{com} 值过大而发生脆断。此外，为了减小预应力损失，在张拉预应力钢筋时往往采取“超张拉”工艺，如果 σ_{com} 值取得过高，由于张拉的不准确性和钢筋强度的离散性，个别钢筋可能达到甚至超过该钢筋的屈服强度而产生塑性变形，从而减小对混凝土的预压应力，降低预压效果。由此可见，确定适当的 σ_{com} 值，对预应力混凝土结构是至关重要的。规范根据多年来国内外设计和施工经验，规定预应力筋的张拉控制应力应符合下列规定：

（1）消除应力钢丝、钢绞线

$$0.4f_{ptk} \leqslant \sigma_{com} \leqslant 0.75f_{ptk}$$

（2）中强度预应力钢丝

$$0.4f_{ptk} \leqslant \sigma_{com} \leqslant 0.70f_{ptk}$$

（3）预应力螺纹钢筋

$$0.5f_{pyk} \leqslant \sigma_{com} \leqslant 0.85f_{pyk}$$

式中：f_{ptk}——预应力筋极限强度标准值；

f_{pyk}——预应力螺纹钢筋屈服强度标准值。

当符合下列情况之一时，张拉控制应力限值可相应提高 $0.05f_{ptk}$ 或 $0.05f_{pyk}$。

①要求提高构件在施工阶段的抗裂性能而在使用阶段受压区内设置的预应力筋。

②要求部分抵消由于应力松弛、摩擦、钢筋分批张拉以及预应力钢筋与张拉台座之间的温差等因素产生的预应力损失。

6.2.2　预应力损失及其减小措施

由于张拉工艺和材料特性等原因，从张拉钢筋开始直到构件使用的整个过程中，经张拉所建立起来的钢筋预应力将逐渐降低,这种现象称为预应力损失。预应力损失会影响预应力混凝土结构构件的预压效果,甚至造成预应力混凝土结构的失效,因此,不仅设计时应正确计算预应力损失值,施工中也应采取有效措施减少预应力损失值。引起预应力损失的因素很多,要精确计算十分困难,《混凝土结构设计规范》规定采用分项计算各项应力损失,再叠加计算总应力损失。

预应力损失共有六种。

(1)张拉端锚具变形和预应力筋内缩引起的预应力损失 σ_{l1}

该项损失是由于经过张拉的预应力钢筋被锚固在台座或构件上以后,锚具、垫板与构件之间的缝隙被压紧,以及预应力钢筋在锚具中的滑动,造成预应力钢筋回缩而产生的,用 σ_{l1} 表示。它既发生于先张法构件,也发生于后张法构件中。

减小该项损失的措施有以下 2 种。

①选择变形小或预应力筋滑动小的锚具,尽量减少垫板的块数。

②对于先张法张拉工艺,选择长的台座。

(2)预应力钢筋与孔道壁之间摩擦引起的预应力损失 σ_{l2}

预应力钢筋与孔道摩擦引起的预应力损失是后张法构件在预留孔道中张拉钢筋时,因钢筋与孔道壁之间的接触引起摩擦阻力而产生的预应力损失(在采用折线张拉的先张法构件中,预应力钢筋在转向装置处的摩擦也会引起预应力损失,这里不涉及)。由于摩擦损失的存在,预应力钢筋截面的应力随距张拉端的距离的增加而减小。当孔道为曲线时,摩擦损失会更大。σ_{l2} 只发生在后张法构件中。

减少摩擦损失的措施有:

①采用两端张拉;

②采用“超张拉”工艺。其工艺程序为:

$$0 \longrightarrow 1.1\sigma_{com} \xrightarrow{\text{持荷 2min}} 0.85\sigma_{com} \xrightarrow{\text{持荷 2min}} \sigma_{com}$$

(3)混凝土加热养护时,预应力钢筋与承受拉力的设备间温差引起的预应力损失 σ_{l3}

当先张法构件进行蒸汽养护时,随着钢筋温度升高,其长度也增加(由于新浇混凝土尚未结硬,不能约束钢筋增长),而台座长度固定不变,因此张拉后的钢筋变松,预应力钢筋的应力降低。降温时混凝土和钢筋已黏结成整体,二者一起回缩,钢筋的应力不能恢复到原来的张拉应力值。这种预应力损失只发生在采用蒸汽养护的先张法构件中。

减少温差损失的措施有:

①在蒸汽养护时采用“二次升温制度”,即第一次升温至 20℃,恒温养护至混凝土强度达到 7 ~ 10N/mm^2 时,再第二次升温至规定养护温度。

②在钢模上张拉,将构件和钢模一起养护。此时,由于预应力钢筋和台座间不存在温差,故 $\sigma_{l3}=0$。

(4)预应力钢筋应力松弛引起的预应力损失 σ_{l4}

预应力钢筋应力松弛引起的预应力损失实际上是钢筋的应力松弛和徐变引起的预应力损失的统称。所谓应力松弛，是指钢筋在高应力作用下，当长度保持不变时，应力随时间增长而逐渐减小的现象。徐变是指钢筋在长期不变应力作用下，应变随时间增长而逐渐增大的现象。一般说来，预应力混凝土构件最初几天松弛是主要的。在最初的1h内大约完成总松弛值的50%，24h内可以完成80%，以后逐渐减小。到后一阶段，当大部分预应力损失出现后，则以钢筋的徐变为主。该项损失既发生在先张法构件中，也发生在后张法构件中。

减少应力松弛损失的措施有：

①采用应力松弛损失较小的钢筋作预应力钢筋。

②采用“超张拉”工艺。

(5)混凝土的收缩和徐变引起的预应力损失 σ_{l5}

收缩徐变损失是由于混凝土的收缩和徐变使构件长度缩短，被张紧的钢筋回缩而产生的预应力损失。收缩徐变损失既发生在先张法构件中，也发生在后张法构件中。此项损失是各项损失中最大的一项，在直线预应力配筋构件中约占总损失的50%，在曲线预应力配筋构件中约占30%。

减少此项损失的措施有：

①设计时尽量使混凝土压应力不要过高。

②采用高强度等级水泥，以减少水泥用量，同时严格控制水灰比。

③采用级配良好的集料，增加集料用量，同时加强振捣，提高混凝土密实度。

④加强养护，使水泥水化作用充分。有条件时宜采用蒸汽养护。

(6)用螺旋式预应力筋作配筋的环形构件，由于混凝土的局部挤压引起的预应力损失 σ_{l6}

该项损失是由于构件环形配筋时，预应力钢筋将混凝土局部压陷，使构件直径减小而产生的。该损失只存在于直径 $d \leq 3\text{m}$ 的构件，并取 $\sigma_{l6}=30\text{N/mm}^2$，当 $d>3\text{m}$ 时，取 $\sigma_{l6}=0$。σ_{l6} 只发生在后张法构件中。

将上述这些损失分为两批损失：发生在混凝土预压之前的损失称为第一批损失，用 $\sigma_{l\text{I}}$ 表示；发生在混凝土预应力产生之后的损失称为第二批损失，用 $\sigma_{l\text{II}}$ 表示。

《混凝土结构设计规范》规定预应力构件在各阶段的预应力损失值按表6-1的进行组合。

各阶段预应力损失值的组合　　表6-1

预应力损失值的组合	先张法构件	后张法构件
混凝土预压前(第一批)的损失	$\sigma_{l1}+\sigma_{l2}+\sigma_{l3}+\sigma_{l4}$	$\sigma_{l1}+\sigma_{l2}$
混凝土预压后(第二批)的损失	σ_{l5}	$\sigma_{l4}+\sigma_{l5}+\sigma_{l6}$

《混凝土结构设计规范》要求按上述规定计算求得的预应力总损失值小于下列数值时，应按下列数值取用：

先张法构件：100N/mm^2；后张法构件 80N/mm^2。

6.3 预应力混凝土构件的材料及构造要求

6.3.1 预应力混凝土的材料

(1)混凝土

预应力混凝土结构构件所用的混凝土应满足以下要求:

①强度高。只有采用高强度混凝土,才能充分发挥高强度钢筋的作用,从而减小构件截面尺寸,减轻自重。才能通过预压使构件获得较高的抗裂性能。规范规定预应力混凝土结构的混凝土强度等级不应低于C30;当采用钢丝、钢绞线、热处理钢筋作为预应力钢筋时,混凝土强度等级不宜低于C40,且不应低于C30。目前,常用的混凝土强度等级是C30、C35、C40、C45和C50等。

②快硬、早强。混凝土硬化速度快、早期强度高,可以尽早施加预应力,加快台座、锚具、夹具的周转,以加快施工速度。

③收缩、徐变小。这样的混凝土可以减小由收缩徐变引起的预应力损失。

(2)预应力钢筋

与普通混凝土构件不同,钢筋在预应力构件中,从构件制作开始到构件破坏为止,始终处于高应力状态,故对钢筋有较高的质量要求:

①高强度。为了使混凝土构件内部能建立较高的预压应力,就需采用较高的初始张拉应力,故要求预应力钢筋具有较高的抗拉强度。

②具有一定的塑性。为了避免钢筋在低温和冲击荷载作用下发生脆性破坏,要求预应力构件在拉断前具有一定的伸长率。

③良好的加工性能。良好的可焊性、墩头(冷墩或热墩)等性能。

④与混凝土之间应具有足够的黏结强度,以保证预应力的可靠传递。

目前,我国预应力钢筋采用钢丝和钢绞线。

6.3.2 锚具、夹具

在制造预应力混凝土构件中,张拉和锚固预应力钢筋的工具有锚具和夹具。先张法中可以取下重复使用的工具,称为夹具(代号J)。后张法中长期固定在构件上锚固预应力筋的,称为锚具(代号M)。对锚具、夹具的一般要求是:锚固性能可靠、具有足够的强度和刚度、滑移小、构造简单和节约钢材等。锚具有支承式、锥塞式和夹片式三类。

6.3.3 预应力混凝土构件中的基本构造要求

1)先张法构件

(1)钢筋的净距

预应力筋的净距，应根据浇筑混凝土施加预应力及钢筋锚固等要求确定。预应力筋之间的净间距不宜小于其公称直径的2.5倍和混凝土粗骨料最大粒径的1.25倍，且应符合下列规定。预应力钢丝，不应小于15mm；三股钢绞线，不应小于20mm；七股钢绞线，不应小于25mm。当混凝土振捣密实性具有可靠保证时，净间距可放宽为最大粗骨料粒径的1.0倍。

(2)预应力混凝土构件端部构造措施

为防止放松钢筋时外围混凝土产生劈裂裂缝，对预应力钢筋端部周围的混凝土应采取下列加强措施：

①单根配置的预应力筋，其端部宜设置螺旋筋。

②分散布置的多根预应力筋，在构件端部10d且不小于100mm长度范围内，宜设置3~5片与预应力筋垂直的钢筋网片，此处d为预应力筋的公称直径。

③采用预应力钢丝配筋的薄板，在板端100mm长度范围内宜适当加密横向钢筋。

④槽形板类构件，应在构件端部100mm长度范围内沿构件板面设置附加横向钢筋，其数量不应少于2根。

2)后张法构件

(1)后张法预应力筋布置

所有锚具、夹具和连接器等的形式和质量应符合国家现行有关标准的规定。

(2)预应力筋及预留孔道布置

预应力筋及预留孔道布置应符合下列构造规定：

①预留孔道之间的水平净间距不宜小于50mm，且不宜小于粗骨料粒径的1.25倍；孔道至构件边缘的净间距不宜小于30mm，且不宜小于孔道直径的50%。

②预留孔道在竖直方向的净间距不应小于孔道外径，水平方向的净间距不宜小于孔道外径的1.5倍，且不应小于粗骨料粒径的1.25倍；从孔道外壁至构件边缘的净间距，梁底不宜小于50mm，梁侧不宜小于40mm，裂缝控制等级为三级的梁，梁底、梁侧分别不宜小于60mm和50mm。

③预留孔道的内径宜比预应力束外径及需穿过孔道的连接器外径大6~15mm，且孔道的截面积宜为穿入预应力束截面积的3.0~4.0倍。

④当有可靠经验并能保证混凝土浇筑质量时，预留孔道可水平并列贴紧布置，但并排的数量不应超过2束。

⑤在现浇楼板中采用扁形锚具体系时，穿过每个预留孔道的预应力筋数量宜为3~5根；在常用荷载情况下，孔道在水平方向的净间距不应超过8倍板厚与1.5m二者中的较大值。

⑥板中单根无黏结预应力筋的间距不宜大于板厚的6倍，且不宜大于1m；带状束的无黏结预应力筋根数不应多于5根，带状束间距不宜大于板厚的12倍，且不宜大于2.4m。

⑦梁中集束布置的无黏结预应力筋，集束的水平净间距不宜小于50mm，束至构件边缘的净距不宜小于40mm。

(3)端部锚固区钢筋布置

构件的端部锚固区,应按要求配置间接钢筋。

本模块回顾

1. 钢筋混凝土构件存在的主要问题是正常使用阶段构件受拉区出现裂缝,即抗裂性能差,适用范围受到一定的限制。预应力混凝土主要是改善了构件的抗裂性能,正常使用阶段可以做到混凝土受拉区不受拉或不开裂,因而适用于有防水、抗渗要求的特殊环境。

2. 在建筑结构中,通常是通过张拉预应力钢筋给混凝土施加预压应力的。根据施工时张拉预应力钢筋与浇筑混凝土两者的先后次序不同,张拉方法分为先张法和后张法两种。先张法主要依靠钢筋和混凝土之间的黏结力传递预应力,后张法主要通过锚具传递预应力。

3. 预应力钢筋的预应力损失的大小,关系到构件中建立的混凝土有效预应力的水平,应了解产生各项预应力损失的原因,掌握预应力损失的计算方法和减少各项损失的措施。

想一想

6-1　何谓预应力混凝土?与普通钢筋混凝土构件相比,预应力混凝土钢筋有何优缺点?

6-2　简述预应力混凝土的工作原理。

6-3　施加预应力的方法有哪几种?有何区别?试简述它们的优缺点及应用范围。

6-4　什么是张拉控制应力?怎样确定它的数值?

6-5　预应力损失有哪几种?各种损失产生的原因是什么?减小损失的措施有哪些?先张法、后张法各有哪几种损失?哪些属于第一批损失,哪些属于第二批损失?

6-6　什么是预应力钢筋的应力松弛?

模块 7　砌体结构概述

学习目标

1. 了解砌体结构发展概况。
2. 了解砌体结构的特点、主要优缺点及其应用范围。
3. 掌握砌体的材料、强度等级及选用。
4. 熟悉块体、砂浆和砌体的分类以及力学性能。

7.1　砌体结构的演变及特点

7.1.1　砌体结构的历史

由砖、石或砌块组成,并用砂浆黏结而成的材料称为砌体。砌体砌筑成的结构称为砌体结构。

砌体结构在我国有着悠久的历史,其中石砌体与砖砌体在我国更是源远流长,是我国独特的文化体系的一部分。

考古资料表明,我国在原始社会末期就有大型石砌祭坛遗址。在辽宁西部的建平、凌源两县交界处发现有女神庙遗址和数处积石大家群,以及一座类似于城堡或广场的石砌围墙的遗址,这些遗址距今已有五千多年的历史。隋代(公元 590 ~ 608 年)李春所建造的河北赵县安济桥(见图 7-1),是世界上现存最早、跨度最大的空腹式单孔圆弧石拱桥,桥长 50.82m,净跨 37.02m,拱圈矢高 7.23m,桥宽 9.6m,拱由 28 券并列组成,在大拱的两肩又各设两个小拱券,既减轻自重又可泄洪,设计合理,外形美观。无论在材料的使用上、结构受力上,还是在艺术造型和经济上,都达到了高度的成功。建于北宋(公元 1053 ~ 1059 年)的福建泉州万安桥(见图 7-2),原长 1200m,现长 835m,我国现存年代最早的跨海梁式大石桥——洛阳桥,位于洛阳江上,是世界桥梁筏形基础的开端。

图 7-1　河北赵县安济桥

图 7-2　福建泉州万安桥

长城(见图7-3)是举世最宏伟的土木工程,始建于公元前7世纪春秋时期的楚国。秦代用乱石和土将原来秦、赵、燕国北面的城墙连接起来,长达1万余里。明代又对万里长城进行了工程浩大的修筑,使长城蜿蜒起伏达12700里(1里=500m),其中部分城墙用精制的大块砖重修。长城是砌体结构的伟大杰作,是人类创造的一大奇迹,是古代劳动人民勇敢、智慧与血汗的结晶。

图7-3 长城

在世界上,应用砌体结构的历史也相当久远。约公元前3000年在埃及所建成的三座大金字塔、公元70~82年建成的罗马大斗兽场、希腊的雅典卫城和一些公共建筑(运动场、竞技场等),以及罗马的大引水渠、桥梁、神庙和教堂等,都是文化历史上的辉煌成就,至今仍是备受推崇和瞻仰的宝贵遗产。

在只能利用天然材料的时代,由于缺乏运载与修建的工具和设备,又没有科学的结构分析方法,建造的艰难及其用料的浪费和建造不当而引起的巨大损失也是显而易见的,故砌体结构的发展是相当缓慢的。如今留存在世上为数极少砌体结构的壮丽工程是砌体结构经历了自然淘汰后的结果。

19世纪20年代发明了水泥后,由于水泥砂浆的应用,砌体质量得以提高。我国传统的房屋原先一般以木构架承重,以砖砌墙壁作围护。到19世纪中叶,一般的房屋结构才逐渐采用砖墙承重,从而更广泛、更充分地发挥了砌体材料的作用。

7.1.2 我国近代砌体结构的发展

半个世纪以来,我国的砌体结构得到迅速的发展,取得了显著的成就。其主要特点表现是应用广泛,新材料、新技术和新结构不断被采用。

(1)应用范围广泛

目前国内住宅、办公楼等民用建筑中广泛采用砌体承重。5~6层高的房屋,采用以砖砌体承重的混合结构非常普遍,不少城市建到7~8层。重庆市20世纪70年代建成了高达12

层的，以砌体承重的住宅。在福建的泉州、厦门和其他一些产石地区，建成不少以毛石或料石作承重墙的房屋。部分产石地区毛石砌体作承重墙的房屋高达6层。

在工业厂房建筑中，通常用砌体砌筑围墙。中、小型厂房和多层轻工业厂房，以及影剧院、食堂、仓库等建筑，广泛地采用砌体作墙身或立柱的承重结构。

砌体结构还用于建造各种构筑物，如烟囱、小水池、料仓等。在水利工程方面，堤岸、坝身、水闸、围堰引水渠等，也较广泛地采用砌体结构。

我国还积累了砌体结构房屋抗震设计的宝贵经验。在地震设防区建造砌体结构房屋，除必须保证施工质量外，设置钢筋混凝土构造柱和圈梁，并采取适当的构造措施，可有效地提高砌体结构房屋的抗震性能。经震害调查和抗震研究表明，地震烈度在六度以下地区，一般的砌体结构房屋能经受地震的考验：如按抗震设计要求进行改进和处理，完全可在七度和八度设防区建造砌体结构的房屋。

（2）近代发展简况

近半个世纪以来，砌体结构在我国得到了空前的发展。1952年统一了黏土砖的规格，使之标准化、模数化。在砌筑施工方面，创造了多种合理、快速的施工方法，既加快了工程进度，又保证了砌筑质量。

20世纪80年代以来，轻质、高强块材新品种的产量逐年增长，应用更趋普遍。从过去单一的烧结普通砖发展到采用承重黏土多孔砖和空心砖、混凝土空心砌块、轻骨料混凝土或加气混凝土砌块。非烧结硅酸盐砖、硅酸盐砖、粉煤灰砌块、灰砂砖以及其他工业废渣（煤矸石）等制成的无熟料水泥煤渣混凝土砌块等，同时还发展高强度砂浆，制定了各种块体和砂浆的强度等级，形成系列，以便应用。

随着砌体结构的广泛应用，新型结构形式也有了较快的发展，过去单一的墙砌体承重结构已发展为大型墙板、内框架结构、底层框架结构、内浇外砌和挂板等。在大跨度的砌体结构方面，近代也有了新的发展，出现了以砖砌体建造屋面、楼面结构。20世纪50～60年代曾修建过一大批砖拱楼盖和屋盖，有双曲扁球形砖壳屋盖、双曲砖扁壳楼盖。还有采用带钩的空心砖建成的双曲扁壳屋盖，跨度达16m×16m。

在应用新技术方面，我国采用振动砖墙板技术、预应力空心砖楼板技术与配筋砌体等。20世纪50年代用振动墙板建成5层住宅；70年代曾用空心砖做成振动砖墙板，建成4层住宅。配筋砌体结构的试验和研究在我国虽然起步较晚，但进展还是显著的。60年代开始在一些房屋的部分砖砌体承重墙，柱中采用网状配筋，提高了墙、柱的承载力，节约了材料。70年代以来，尤其是经历了1975年海城地震和1976年唐山大地震之后，加强了对配筋砌体结构的试验和研究。对采用竖向配筋的墙、柱以及带有钢筋混凝土构造柱的砖混结构的研究和实践取得了相当丰富的成果。

砌体结构在我国得到非常广泛的应用，据统计，全国基本建设中采用砌体作为墙体材料已占90%以上，针对我国砌体材料普遍存在的自重大、强度低、生产能耗高、毁田严重、施工机械化水平低，抗震性能较差等弊病，我们提倡推动高强材料，限制低强材料这样一个“可持续发展”的战略方针，依据环境再生、协调共生、持续再生的原则，尽量减少自然资源的消耗，尽可能地对废物再利用和净化，广泛研制“绿色建材产品”，同时，还要积极发展高强砌体材料，继续加强配筋砌体和预应力砌体的研究。当前，砌体结构正处在一个蓬勃发展的新时期。

7.1.3 砌体结构的特点

砌体结构在我国获得广泛的应用，是与这种建筑材料所具有的特征分不开的。

砌体结构有以下优点。

(1) 取材方便

从块材而言，我国各种天然石材分布较广，易于开采和加工。土坯、蒸养灰砂砖块的砂、焙烧砖材的黏土与制造粉煤灰砖的工业废料均可就近取得。块材的生产工艺简单，易于生产。对于砂浆而言，石灰、水泥、砂子、黏土均可就近或就地取得。不仅在农村可以生产块材，在大中城市也可生产多种块材。

(2) 性能良好

砌体结构具有良好的耐火性和较好的耐久性。在一般情况下，砌体可耐受4000°C 左右的高温。砌体的保温、隔热性能好与节能效果好。其抗腐蚀方面的性能较好，受大气的影响小，完全满足预期耐久年限的要求。此外，砌体结构往往兼有承重与围护的双重功能。

(3) 节省材料

采用砌体结构可节约木材、钢材和水泥，而且与水泥、钢材和木材等建筑材料相比，价格相对便宜，工程造价较低。

砌体结构也存在着以下缺点。

(1) 强度低、延性差

通常砌体的强度较低。墙、柱截面尺寸大，材料用量增多，自重加大，致使运输量加大，且在地震作用下引起的惯性力也增大，对抗震不利。由于砌体结构的抗拉、抗弯、抗剪等强度都较低，无筋砌体的抗震性能差，需要采用配筋砌体或构造柱改善结构的抗震性能。采用高强轻质的材料，可有效地减小构件截面和自重。

(2) 用工多

砌体结构基本上采用手工作业的方式，一般民用的砖混结构住宅楼，砌筑工作量要占整个施工工作量的25% 以上，砌筑劳动量大。要发展大型砌块和振动砖墙板、混凝土空心墙板以及预制大型板材，通过采取工业化生产和机械化施工的方式，减少劳动量。

(3) 占地多

目前黏土砖在砌体结构中应用的比例仍然很大。生产大量砖势必过多地耗用农田，影响农业生产，对生态环境平衡也很不利。要加大发展用工业废料和其他代替黏土的地方性材料生产砌块，以缓和并解决其与占用耕地的矛盾。

7.2　砌体的材料、强度等级及选用

7.2.1　块体的种类及强度等级

1)块体的分类

(1)砖

它包括烧结普通砖、烧结多孔砖、蒸压灰砂普通砖、蒸压粉煤灰普通砖、混凝土普通砖和混凝土多孔砖。

烧结普通砖，是由煤矸石、石岩、粉煤灰或黏土为主要原料，经焙烧而成的实心砖，分为烧结煤矸石砖、烧结页岩砖、烧结粉煤灰砖和烧结黏土砖等。

烧结多孔砖，是以煤矸石、页岩、粉煤灰或黏土为主要原料，经焙烧而成、孔洞率不大于35%，孔的尺寸小而数量多，主要用于承重部位的砖，图 7-4 所示。

蒸压灰砂普通砖，是以石灰等钙质材料和砂等硅质材料为主要原料，或以石灰、消石灰(如电石渣)或水泥等钙质材料和粉煤灰等硅质材料及集料(砂等)为主要原料，掺加适量石膏经坯料制备、压制成型、高压蒸汽养护而成的实心砖，称为蒸压灰砂砖或蒸压粉煤灰砖，如图 7-5所示。

图 7-4　烧结多孔砖

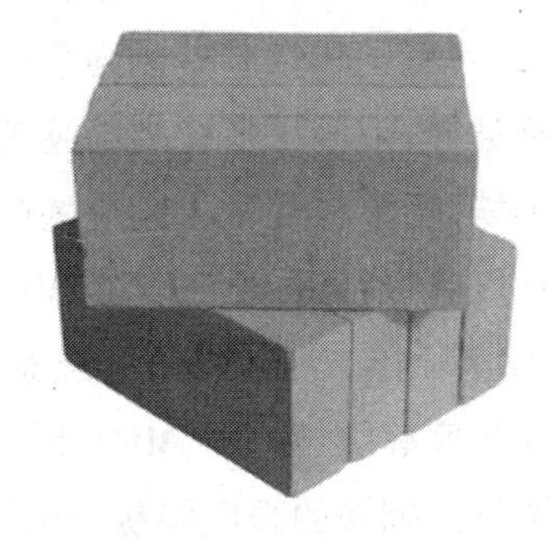

图 7-5　灰砂砖

混凝土砖，是以水泥为胶结材料，以砂、石等为主要集料，加水搅拌、成型、养护制成的一种多孔的混凝土半盲孔砖或实心砖。多孔砖的主规格尺寸为 240mm × 115mm × 90mm、240mm × 190mm × 90mm、190mm × 190mm × 90mm 等；实心砖的主规格尺寸为 240mm × 115mm × 53mm、240mm × 115mm × 90mm 等，如图 7-6 所示。

(2)砌块

它包括混凝土砌块、轻集料混凝土砌块。

由普通混凝土或轻集料混凝土制成，主规格尺寸为 390mm × 190mm × 190mm、空心率为 25% ~50% 的空心砌块，简称混凝土砌块或砌块，如图 7-7 所示。

图7-6 混凝土普通砖与混凝土多孔砖

图7-7 混凝土砌块

(3)石

石包括各种料石和毛石。

2)块体的强度等级

块体的强度等级是根据标准试验方法所得到的抗压强度平均值划分的。砖强度等级的确定除了要考虑抗压强度外,还要考虑抗折强度。

强度等级用符号 MU 表示。如 MU10,MU 是表示砌体中的块体强度等级的符号,其后数字表示块体强度的大小,单位为 N/mm^2(即 MPa)。

《砌体结构设计规范》(GB 50003—2011)(以下简称《砌体结构设计规范》)第 3.1.1 和第 3.1.2 明确规定了各种砌体材料的强度等级。

(1)承重结构的块体的强度等级

烧结普通砖、烧结多孔砖等的强度等级:MU30、MU25、MU20、MU15 和 MU10。

蒸压灰砂砖、蒸压粉煤灰砖的强度等级:MU25、MU20、MU15。

混凝土普通砖、混凝土多孔砖的强度等级:MU30、MU25、MU20 和 MU15。

混凝土砌块、轻集料混凝土砌块的强度等级:MU20、MU15、MU10、MU7.5 和 MU5。

石材的强度等级:MU100、MU80、MU60、MU50、MU40、MU30 和 MU20。

(2)自承重墙的空心砖、轻集料混凝土砌块的强度等级

空心砖的强度等级:MU10、MU7.5、MU5 和 MU3.5。

轻集料混凝土砌块的强度等级:MU10、MU7.5、MU5 和 MU3.5。

7.2.2 砂浆的种类及强度等级

1)砂浆的种类及选用

砂浆的作用是将块材黏结成整体并使砌体受力均匀,同时因砂浆填满块材间的缝隙,还能减少砌体的透气性,提高其保温性和抗冻性。砌体中常用的砂浆有以下五类:水泥砂浆;混合砂浆;石灰、石膏、黏土砂浆;砌块专用砂浆;蒸压灰砂普通砖、蒸压粉煤灰普通砖专用砌筑砂浆。

(1)水泥砂浆

水泥砂浆由水泥、水和砂拌和而成。这类砂浆具有较高的强度和较好的耐久性,但其和易

性差，在砌筑前会游离出较多的水分，砂浆摊铺在块材表面后这部分水分将很快被吸走，使铺砌发生困难，因而降低砌筑质量。水泥砂浆一般用于砌筑潮湿环境中的砌体(如基础等)。

(2)混合砂浆

混合砂浆包括水泥石灰砂浆、水泥黏土砂浆等。水泥石灰砂浆由水泥、水、砂、石灰拌和而成；水泥黏土砂浆由水泥、水、砂、黏土拌和而成。这类砂浆具有一定的强度和耐久性，和易性和保水性较好，便于施工，质量容易保证。工业与民用建筑中的一般墙体、砖柱等常用水泥石灰砂浆砌筑，它是建筑工程中应用最为广泛的一种砂浆。

(3)石灰砂浆

它由石灰、砂和水拌和而成。这类砂浆的保水性和流动性较好，但其强度低、耐久性差，适用于简易建筑或临时建筑的砌筑。

(4)砌块专用砂浆

它由水泥、水、砂以及根据需要掺入一定比例的掺和料和外加剂等组分，采用机械拌和而成，专门用于砌筑混凝土砌块的砌筑砂浆。简称砌块专用砂浆。

(5)蒸压灰砂普通砖、蒸压粉煤灰普通砖专用砌筑砂浆

由水泥、砂、水以及根据需要掺入的掺和料和外加剂等组分，按一定比例，采用机械拌和而成，专门用于砌筑蒸压灰砂砖或蒸压粉煤灰砖砌体，且砌体抗剪强度应不低于烧结普通砖砌体的取值的砂浆。

2)砂浆的强度等级

砂浆的强度等级是用70.7mm×70.7mm×70.7mm的立方体试块，在温度为15～25℃环境下硬化，龄期为28d，经抗压强度试验而得的抗压强度平均值确定。砂浆试块的底模对砂浆强度的影响颇大，砂浆标准中规定采用烧结黏土砖的干砖作底模。对于非黏土砖砌体，有些技术标准要求用相应的块材作底模。

砂浆的强度等级用字母M(或Mb或Ms)表示，其后的数字表示砂浆强度大小，单位为N/mm^2(Mpa)。当验算正在砌筑或砌完不久但砂浆尚未硬结，以及在严寒地区采用冻结法施工的砌体抗压强度时，砂浆强度取0。

《砌体结构设计规范》第3.1.3明确规定，砂浆的强度等级应按下列规定采用：

(1)烧结普通砖、烧结多孔砖、蒸压灰砂普通砖和蒸压粉煤灰普通砖砌体采用的普通砂浆强度等级：M15、M10、M7.5、M5和M2.5；蒸压灰砂普通砖和蒸压粉煤灰普通砖砌体采用专用砌筑砂浆强度等级：Ms15、Ms10、Ms7.5和Ms5.0。

(2)混凝土普通砖、混凝土多孔砖、单排孔混凝土砌块和煤矸石混凝土砌块采用的砂浆强度等级：Mb20、Mb15、Mb10、Mb7.5和Mb5.0。

(3)双排孔或多排孔轻集料混凝土砌块砌体采用的砂浆强度等级：Mb10、Mb7.5和Mb5.0。

(4)毛料石、毛石砌体采用的砂浆强度等级：M7.5、M5和M2.5。

7.2.3 耐久性规定

现行《砌体结构设计规范》4.3.5 明确规定，设计使用年限为 50 年时，砌体材料的耐久性应符合下列规定：

①地面以下或防潮层以下的砌体，潮湿房间的墙或环境类别为 2 的砌体，所用材料的最低强度等级应符合表 7-1 的规定。

地面以下或防潮层以下的砌体、潮湿房间的墙所用材料的最低强度等级　　表 7-1

潮湿程度	烧结普通砖	混凝土普通砖、蒸压普通砖	混凝土砌块	石材	水泥砂浆
稍潮湿的	MU15	MU20	MU7.5	MU30	M5
很潮湿的	MU20	MU20	MU10	MU30	M7.5
含水饱和的	MU20	MU25	MU15	MU40	M10

注：1. 在冻胀地区，地面以下或防潮层以下的砌体，不宜采用多孔砖，如采用时，其孔洞应用不低于 M10 的水泥砂浆预先灌实。当采用混凝土空心砌块时，其孔洞应采用强度等级不低于 Cb20 的混凝土预先灌实。

2. 对安全等级为一级或设计使用年限大于 50a 的房屋，表中材料强度等级应至少提高一级。

②对于环境类别 3 类有侵蚀性介质的砌体材料应符合下列规定：

a. 不应采用蒸压灰砂普通砖、蒸压粉煤灰普通砖。

b. 应采用实心砖，砖的强度等级不应低于 MU20，水泥砂浆的强度等级不应低于 M10。

c. 混凝土砌块的强度等级不应低于 MU15，灌孔混凝土的强度等级不应低于 Cb30，砂浆的强度等级不应低于 Mb10。

d. 应根据环境条件对砌体的抗冻指标、耐酸、碱性能提出要求，或符合有关规范的规定。

7.3 砌体的种类及其力学性能

7.3.1 砌体的种类

砌体是由不同尺寸和形状的块材用砂浆砌成的整体。砌体中的块材在砌筑时都必须上下错缝，才能使砌体较均匀地承受外力，否则重合的灰缝将砌体分割成彼此间无联系的几个部分，因而不能很好地承受外力，同时也削弱甚至破坏建筑物的整体性。

1）砖砌体

由砖和砂浆砌筑成的砌体称为砖砌体，它是采用最普遍的一种砌体，大量用作内外承重墙及隔墙。砖砌体可用一顺一丁、三顺一丁等多种砌筑（图 7-8）。墙体常用厚度有：120mm（半砖）、180mm（七分墙）、240mm（1 砖）、300mm（$1\frac{1}{4}$砖）、370mm（$1\frac{1}{2}$砖）

2）砌块砌体

由砌块和砂浆砌成的砌体称为砌块砌体。其特点是能减轻结构自重，减轻体力劳动。砌块砌体包括混凝土、轻集料混凝土砌块砌体。砌块砌体的采用是墙体改革的一项重要措施。

3）石砌体

由石材和砂浆砌筑的砌体为石砌体。其优点是能就地取材、造价低，其缺点是自重较大，隔热性能较差。常用的石砌体有料石砌体、毛石砌体、毛石混凝土砌体。

4）配筋砌体

为了提高砌体的受压承载力和减小构件的截面尺寸，可在砌体内配置适量的钢筋形成配筋砌体。配筋砌体分为以下四类：

（1）网状配筋砖砌体构件

受压砖砌体构件在水平灰缝内每隔一定间距 S_n 设置方格尺寸为 a 的钢筋网片即为网状配筋砖砌体构件（见图7-9）。

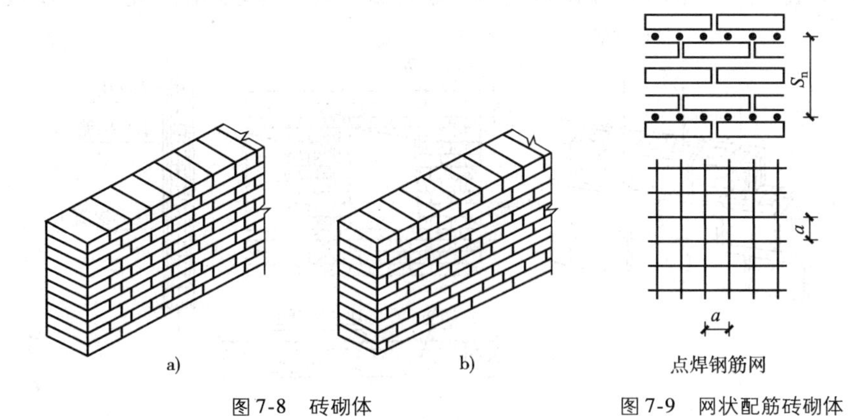

图7-8　砖砌体　　　图7-9　网状配筋砖砌体

（2）组合砖砌体构件

它系指在砖砌体外侧设置钢筋混凝土面层或钢筋砂浆面层的结构构件，目的在于提高砖砌体构件的抗弯和抗压能力，增加砖砌体结构的延性。《砌体结构设计规范》指出，轴向力偏心距超过无筋砌体偏压构件的限值时宜采用组合砖砌体（见图7-10）。用途：厂房、砖房加固、新建高层砌体等。

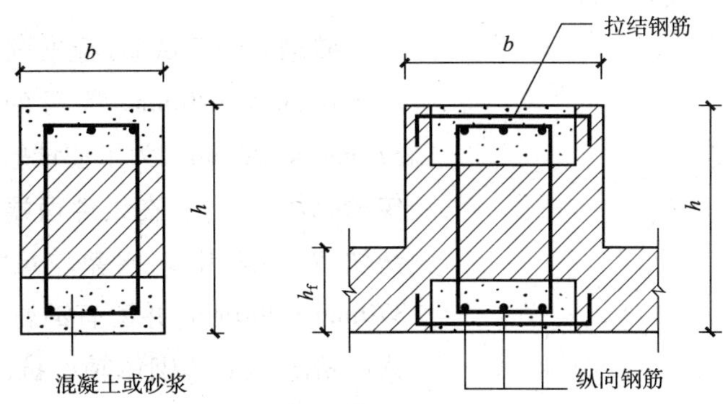

图7-10　组合砖砌体

（3）砖砌体和钢筋混凝土构造柱组合墙（见图7-11）

在砖砌体中每隔一定距离设置钢筋混凝土构造柱，并在各层楼盖处设置钢筋混凝土圈梁，构造柱与圈梁形成“弱框架”，构造柱分担墙体上的荷载。砌体受到约束，从而提高了墙体的承载力。

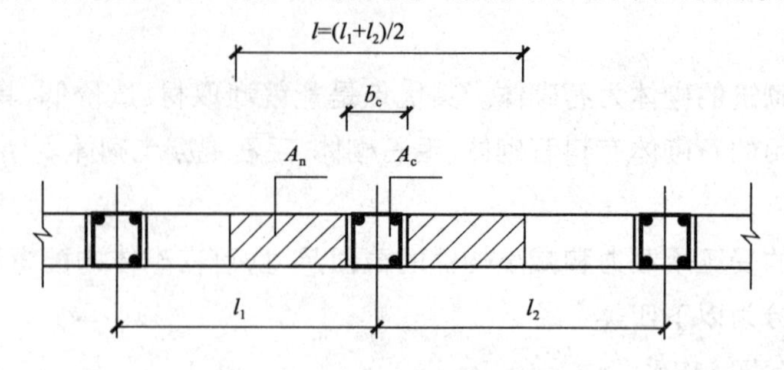

图 7-11　砖砌体和构造柱组合墙

(4)配筋砌块砌体

在砌块中配置一定数量的竖向和水平钢筋就形成了配筋砌块砌体(见图 7-12)。

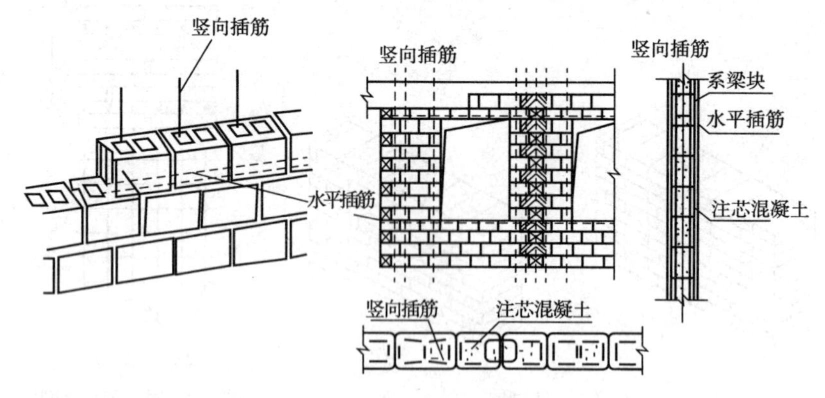

图 7-12　配筋砌块砌体

上述几种砌体的共同特点是抗压性能较好，而抗拉性能较差。因此，砌体大多用作建筑工程中的墙体、柱、刚性基础(即无筋扩展基础)等受压构件。

7.3.2　砌体的抗压强度

(1)砌体轴心受压破坏特点

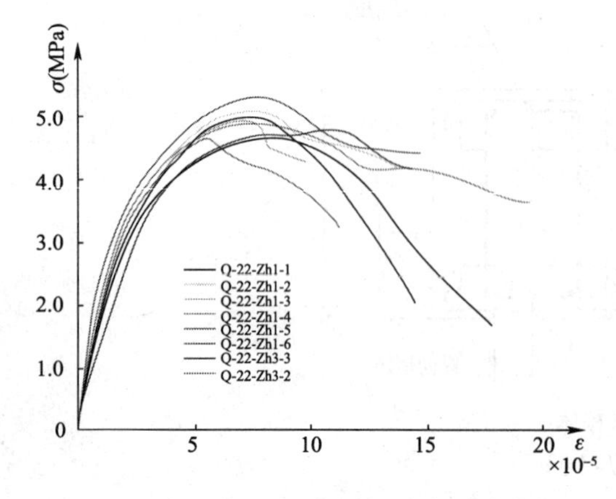

图 7-13　轴心受压砖砌体的应力-应变曲线

砖砌体受压试验，标准试件的尺寸为 370mm × 490mm × 970mm，常用的尺寸为 240mm × 370mm × 720mm。为了使试验机的压力能均匀地传给砌体试件，可在试件两端各加砌一块混凝土垫块，对于常用试件，垫块尺寸可采用 240mm × 370mm × 200mm，并配有钢筋网片。图 7-13 所示为同济大学从砖砌体轴心抗压试验得到的应力-应变曲线。

如图 7-14 所示，砌体轴心受压从加荷开始直到破坏，大致经历三个阶段：

①当砌体加载达极限荷载的 50% ~70% 时,单块砖内产生细小裂缝。此时若停止加载,裂缝亦停止扩展,如图 7-14a)所示。

②当加载达极限荷载的 80% ~90% 时,砖内的有些裂缝连通起来,沿竖向贯通若干皮砖,如图 7-14b)所示。此时,即使不再加载,裂缝仍会继续扩展,砌体实际上已接近破坏。

③当压力接近极限荷载时,砌体中裂缝迅速扩展和贯通,将砌体分成若干个小柱体,砌体最终因被压碎或丧失稳定而破坏,如图 7-14c)所示。

各类砌体受压破坏的过程是一样的,只不过到达各阶段时的荷载不同。

(2)砌体应力状态分析

根据上述砖、砂浆和砌体的受压试验可以发现:

①砖的抗压强度和弹性模量值均大大高于砌体。

②砌体的抗压强度和弹性模量可能高于、也可能低于砂浆相应的数值。

产生上述结果的原因可从受压砌体复杂的应力状态予以解释。

①砌体中的砖处于复合受力状态。由于砖的表面本身不平整,再加之铺设砂浆的厚度不很均匀,水平灰缝也不很饱满,造成单块砖在砌体内并不是均匀受压,而是处于同时受压、受弯、受剪甚至受扭的复合受力状态。由于砖的抗拉强度很低,一旦拉应力超过砖的抗拉强度,就会引起砖的开裂,如图 7-15 所示。

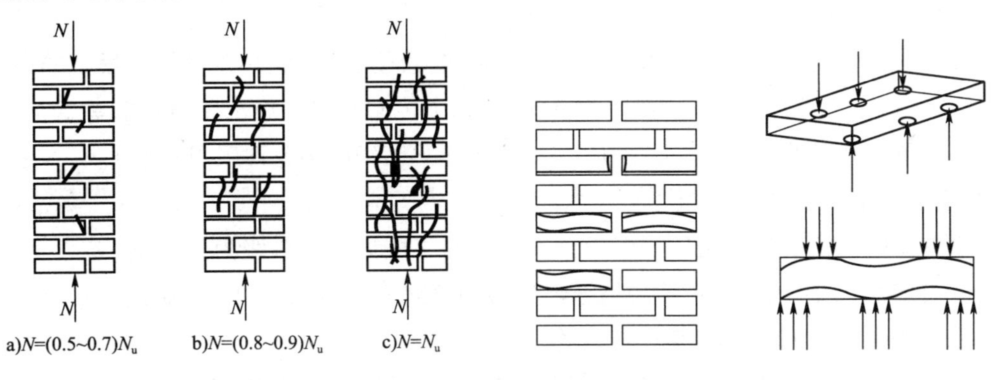

图 7-14 砖柱轴心受压破坏的三个阶段

图 7-15 砌体中砖的复杂受力状态

②砌体中的砖受有附加水平拉应力。由于砖和砂浆的弹性模量及横向变形系数的不同,砌体受压时要产生横向变形,当砂浆强度较低时,砖的横向变形比砂浆小,在砂浆黏着力与摩擦力的影响下,砖将阻止砂浆的横向变形,从而使砂浆受到横向压力,砖就受到横向拉力。由于砖内出现了附加拉应力,便加快了砖裂缝的出现。

③竖向灰缝处存在应力集中。由于竖向灰缝往往不饱满以及砂浆收缩等原因,竖向灰缝内砂浆和砖的黏结力减弱,使砌体的整体性受到影响。因此,在位于竖向灰缝上、下端的砖内产生横向拉应力和剪应力的集中,加快砖的开裂。

(3)影响砌体抗压强度的主要因素

①块材和砂浆的强度等级。块材和砂浆的强度等级是影响砌体抗压强度的主要因素。强

度越高,砌体的抗压强度亦高,但两者影响程度不同,块体影响程度大于砂浆的影响程度。

②砂浆的弹性模量和流动性(和易性)。砂浆的弹性模量越低,砌体的强度越低,原因是砌体内的块体受到的拉力越大。砂浆的和易性好,砌体的强度高,原因是砂浆的流动性好,砌筑时砂浆比较平整,块体所受的弯矩和剪力小。

注意:同样强度等级时,混合砂浆砌筑的砌体的抗压强度大于水泥砂浆砌筑的砌体的抗压强度。因此,《砌体结构设计规范》规定,当用水泥砂浆砌筑时,各类砌体的强度应按保水性能好的砂浆砌筑的砌体强度乘以小于1的调整系数。

③块材高度和块材外形。砌体强度随块材高度增加而增加。当砂浆强度相同时,块材高度大的砌体不但有较高的砌体强度,而且随块材强度提高,砌体强度也快速提高。

块材的外形比较规则、平整,块材内弯矩、剪力的不利影响相对较小,使得砌体强度相对较高。

④砌筑质量。衡量砌筑质量的标准之一是灰缝质量,包括灰缝的均匀性和饱满程度。砌体结构施工及验收规范中,要求水平灰缝砂浆饱满度大于80%。

灰缝厚度对砌体抗压强度也有明显影响。对表面平整的块材,砌体抗压强度将随着灰缝厚度的加大而降低。砂浆厚度太薄,砌体的抗压强度也将降低,原因是砂浆层不平整。通常要求砖砌体的水平灰缝厚度为8~12mm。另外在施工时不得采用包心砌法,也不得干砖上墙。

(4)施工质量控制等级

施工质量控制等级对砌体的强度有较大的影响,我国《砌体结构工程施工质量验收规范》(GB 50203—2011)规定将施工质量分为A、B、C三个控制等级。施工质量控制等级的选择由设计单位和建设单位商定,并在工程设计图中注明(配筋砌体不允许采用C级)。

(5)砌体的抗压强度设计值

龄期为28d的各类砌体抗压强度设计值f,当施工质量控制等级为B级时,应根据块材和砂浆的强度等级确定,表7-2所示为烧结普通砖和烧结多孔砖砌体的抗压强度设计值,其他种类砌体从《砌体结构设计规范》查相应表格。

烧结普通砖和烧结多孔砖砌体的抗压强度设计值(单位:MPa) 表7-2

砖强度等级	砂浆强度等级					砂浆强度
	M15	M10	M7.5	M5	M2.5	0
MU30	3.94	3.27	2.59	2.59	2.26	1.15
MU25	3.60	2.98	2.68	2.37	2.06	1.05
MU20	3.22	2.67	2.39	2.12	1.84	0.94
MU15	2.79	2.31	2.07	1.83	1.60	0.82
MU10	—	1.89	1.69	1.50	1.30	0.67

注:当烧结多孔砖的孔洞率大于30%时,表中数值应乘以0.9。

在由相应表格查得砌体抗压强度设计值f时,对符合下列情况的各类砌体,其砌体强度设计值应乘以调整系数γ_a。

①对无筋砌体构件，其截面面积小于0.3m^2时，γ_a为其截面面积与0.7之和。对配筋砌体构件，当其中砌体截面面积小于0.2m^2时，γ_a为其截面面积与0.8之和。这是考虑截面较小的砌体构件，局部碰损或缺陷对强度影响较大而采用的调整系数，此时，构件截面面积以m^2计。

②当砌体用强度等级小于M5.0的水泥砂浆砌筑时，对查得的抗压强度设计值，γ_a为0.9；对轴心抗拉、弯曲抗拉和抗剪强度设计值，γ_a为0.8。

③当验算施工中房屋的构件时，γ_a为1.1。

施工阶段砂浆尚未硬化的新砌砌体的强度和稳定性，可按砂浆强度为零进行验算。对于冬期施工采用掺盐砂浆法施工的砌体，砂浆强度等级按常温施工的强度等级提高一级时，砌体强度和稳定性可不验算。配筋砌体不得用掺盐砂浆法施工。

本模块回顾

1. 砌体结构在我国应用非常广泛，主要是因为其具有取材方便、耐火和耐久性能良好、工程造价较低等优点。但砌体结构也存在着一定的缺点，主要是砌体的强度较低，材料用量多；基本上采用手工作业的方式，砌筑劳动量大；生产大量砖会过多地耗用农田，影响农业生产，对生态环境不利等。国家提倡使用高强材料，限制低强材料，继续加强配筋砌体和预应力砌体的研究。

2. 砌体是由不同尺寸和形状的块材用砂浆砌成的整体，主要分为砖砌体、砌块砌体、石砌体和配筋砌体。砌体抗压强度的大小主要受块材和砂浆的强度等级、砂浆的弹性模量和流动性、块材高度和块材外形以及砌筑质量等因素影响。

想一想

(一)判断题

7-1　砌体受压时，砌体中的单块砖仅承受均匀压力。　(　　)

7-2　砌体施工质量控制等级为C级时的材料强度取值比为B级时高。　(　　)

7-3　在砌体的变形中，灰缝砂浆变形是主要的。　(　　)

7-4　施工阶段的砂浆强度，均按零考虑。　(　　)

(二)简答题

7-5　简述砖砌体受压破坏的过程和各阶段的特点？

7-6　砌体轴心受压时，其块材处于何种应力状态？

7-7　影响砌体抗压强度的主要因素有哪些？

7-8　砌体结构在什么情况下用水泥砂浆砌筑？当用水泥砂浆砌筑砌体时，为什么其承载力比相同强度等级的混合砂浆砌筑的砌体要低？

7-9　砌体的抗压强度设计值f在什么情况下应乘以调整系数？

模块8　砌体结构构件的承载力计算

学习目标

1. 掌握《砌体结构设计规范》(GB 50003—2011)中的有关设计规定。

2. 掌握无筋砌体受压构件承载力的计算方法。

3. 掌握砌体局部受压承载力的计算和处理方法。

4. 熟悉配筋砌体的形式和组成。

5. 了解网状配筋砖砌体、组合砖砌体构件、砌体和钢筋混凝土构造柱组合墙、配筋砌块砌体的受力性能、受压承载力的计算方法和有关构造规定。

8.1　砌体结构构件的设计方法

《砌体结构设计规范》(GB 50003—2011)规定,仍然采用以概率理论为基础的极限状态设计方法,以可靠指标度量结构构件的可靠度,采用分项系数的设计表达式进行计算。砌体结构应按承载能力极限状态设计,并满足正常使用极限状态的要求。

承载能力极限状态表达式如下。

$$\gamma_0 S \leqslant R \tag{8-1}$$

式中:γ_0——结构的重要性系数。对安全等级为一级或设计使用年限为50年以上的结构构件,不应小于1.1;对安全等级为二级或设计使用年限为50年的结构构件,不应小于1.0;对安全等级为二级或设计使用年限为1~5年的结构构件,不应小于0.9;

S——荷载效应;考虑荷载分项系数及组合值系数后的荷载效应。同混凝土结构一样在荷载效应组合时,有两种组合即以恒载为主的组合和以可变荷载为主的组合;

R——结构的抗力。考虑材料性能分项系数、材料强度调整系数及施工质量控制等级后的抗力值。

8.2　无筋砌体构件承载力

8.2.1　受压构件承载力

1)计算公式

无筋砌体受压构件,无论是轴心受压还是偏心受压,也不论是短柱或长柱,均可按下列公式计算。

$$N \leqslant \varphi f A \tag{8-2}$$

式中：N——轴向力设计值，经过荷载效应组合后的内力值；

f——砌体抗压强度设计值，MPa；

A——截面面积，对各类砌体均可按毛截面计算，mm^2；

φ——高厚比 β 和轴向力的偏心距 e 对受压构件承载力的影响系数，$\varphi \leqslant 1$。

2）承载力影响系数 φ

由式（8-2）可以看出，受压构件承载力设计值是砌体抗压强度设计值与截面面积的乘积，并通过系数 φ 考虑高厚比 β 和轴向力的偏心距 e 的影响。因此，受压构件承载力的影响因素，除构件截面尺寸和砌体抗压强度外，主要取决于高厚比 β 和偏心距 e。

（1）构件高厚比 β

按下列公式计算。

对于矩形截面：

$$\beta = \gamma_\beta \frac{H_0}{h} \tag{8-3}$$

对于 T 形截面：

$$\beta = \gamma_\beta \frac{H_0}{h_T} \tag{8-4}$$

式中：γ_β——不同材料砌体的高厚比修正系数（按表 8-1 采用）；

H_0——受压构件的计算高度（按表 8-2 采用），mm；

h——矩形截面轴心力偏心方向的边长（当轴心受压时为截面较小边长），mm；

h_T——T 形截面折算厚度（可近似按 $3.5i$ 计算，i 为截面回转半径）。

高厚比修正系数 γ_β　　表 8-1

砌体材料种类	γ_β
烧结普通砖、烧结多孔砖	1.0
混凝土普通砖、混凝土多孔砖、混凝土及轻集料混凝土砌块	1.1
蒸压灰砂普通砖、蒸压粉煤灰普通砖、细料石	1.2
粗料石、毛石	1.5

注：对灌孔混凝土砌块砌体，γ_β 取 1.0。

表 8-2 中构件高度 H，应按下列规定采用：

①在房屋底层，为楼板顶面到构件下端支点的距离。下端支点的位置，可取在基础顶面。当埋置较深且有刚性地坪时，可取室外地面下 500mm 处。

②在房屋其他层，为楼板或其他水平支点间的距离。

③对于无壁柱的山墙，可取层高加山墙尖高度的 1/2；对于带壁柱的山墙可取壁柱处的山墙高度。

受压构件的计算高度 H_0　　表 8-2

房屋类别			柱		带壁柱墙或周边拉接的墙		
			排架方向	垂直排架方向	$s>2H$	$2H \geqslant s>H$	$s \leqslant H$
有吊车的单层房屋	变截面柱上段	弹性方案	$2.5H_u$	$1.25H_u$	$2.5H_u$		
		刚性、刚弹性方案	$2.0H_u$	$1.25H_u$	$2.0H_u$		
	变截面柱下段		$1.0H_l$	$0.8H_l$	$1.0H_l$		
无吊车的单层和多层房屋	单跨	弹性方案	$1.5H$	$1.0H$	$1.5H$		
		刚弹性方案	$1.2H$	$1.0H$	$1.2H$		
	多跨	弹性方案	$1.25H$	$1.0H$	$1.25H$		
		刚弹性方案	$1.10H$	$1.0H$	$1.1H$		
	刚性方案		$1.0H$	$1.0H$	$1.0H$	$0.4s+0.2H$	$0.6s$

注：1. 表中 H_u 为变截面柱的上段高度；H_l 为变截面柱的下段高度。

2. 对于上端为自由端的构件，$H_0=2H$。

3. 独立砖柱，当无柱间支撑时，柱在垂直排架方向的 H_0 应按表中数值乘以 1.25 后采用。

4. s 为房屋横墙间距。

5. 自承重墙的计算高度应根据周边支承或拉接条件确定。

(2) 轴向力的偏心距

轴向力的编心距用 e 表示，$e=M/N$。

(3) 砂浆强度等级

在实际工程中，φ 值由 β、$\frac{e}{h}$（或 $\frac{e}{h_T}$）及砂浆强度等级查表 8-3 ~ 表 8-5 得到。

影响系数 φ（砂浆强度等级≥M5）　　表 8-3

β	$\frac{e}{h}$ 或 $\frac{e}{h_T}$							$\frac{e}{h}$ 或 $\frac{e}{h_T}$					
	0	0.025	0.05	0.075	0.1	0.125	0.15	0.175	0.2	0.225	0.25	0.275	0.3
≤3	1	0.99	0.97	0.94	0.89	0.84	0.79	0.73	0.68	0.62	0.57	0.52	0.48
4	0.98	0.95	0.90	0.85	0.80	0.74	0.69	0.64	0.58	0.53	0.49	0.45	0.41
6	0.95	0.91	0.86	0.81	0.75	0.69	0.64	0.59	0.54	0.49	0.45	0.42	0.38
8	0.91	0.86	0.81	0.76	0.70	0.64	0.59	0.54	0.50	0.46	0.42	0.39	0.36
10	0.87	0.82	0.76	0.71	0.65	0.60	0.55	0.50	0.46	0.42	0.39	0.36	0.33
12	0.82	0.77	0.71	0.66	0.60	0.55	0.51	0.47	0.43	0.39	0.36	0.33	0.31
14	0.77	0.72	0.66	0.61	0.56	0.51	0.47	0.43	0.40	0.36	0.34	0.31	0.29
16	0.72	0.67	0.61	0.56	0.52	0.47	0.44	0.40	0.39	0.34	0.31	0.29	0.27
18	0.67	0.62	0.57	0.52	0.48	0.44	0.40	0.37	0.34	0.31	0.29	0.27	0.25
20	0.62	0.57	0.53	0.48	0.44	0.40	0.37	0.34	0.32	0.29	0.27	0.25	0.23
22	0.58	0.53	0.49	0.45	0.41	0.38	0.35	0.32	0.30	0.27	0.25	0.24	0.22
24	0.54	0.49	0.45	0.41	0.38	0.35	0.32	0.30	0.28	0.26	0.24	0.22	0.21
26	0.50	0.46	0.42	0.38	0.35	0.33	0.30	0.28	0.26	0.24	0.22	0.21	0.19
28	0.46	0.42	0.39	0.36	0.33	0.30	0.28	0.26	0.24	0.22	0.21	0.19	0.18
30	0.42	0.39	0.36	0.33	0.31	0.28	0.26	0.24	0.22	0.21	0.20	0.18	0.17

影响系数 φ(砂浆强度等级 M2.5)　　表 8-4

β	$\frac{e}{h}$或$\frac{e}{h_T}$							$\frac{e}{h}$或$\frac{e}{h_T}$					
	0	0.025	0.05	0.075	0.1	0.125	0.15	0.175	0.2	0.225	0.25	0.275	0.3
≤3	1	0.99	0.97	0.94	0.89	0.84	0.79	0.73	0.68	0.62	0.57	0.52	0.48
4	0.97	0.94	0.89	0.84	0.78	0.73	0.67	0.62	0.57	0.52	0.48	0.44	0.40
6	0.93	0.89	0.84	0.78	0.73	0.67	0.62	0.57	0.52	0.48	0.44	0.40	0.37
8	0.89	0.84	0.78	0.72	0.67	0.62	0.57	0.52	0.48	0.44	0.40	0.37	0.34
10	0.83	0.78	0.72	0.67	0.61	0.56	0.52	0.47	0.43	0.40	0.37	0.34	0.31
12	0.78	0.72	0.67	0.61	0.56	0.52	0.47	0.43	0.40	0.37	0.34	0.31	0.29
14	0.72	0.66	0.61	0.56	0.51	0.47	0.43	0.40	0.35	0.34	0.31	0.29	0.27
16	0.66	0.61	0.56	0.51	0.47	0.43	0.40	0.36	0.34	0.31	0.29	0.26	0.25
18	0.61	0.56	0.51	0.47	0.43	0.40	0.36	0.33	0.31	0.29	0.26	0.24	0.23
20	0.56	0.51	0.47	0.43	0.39	0.36	0.33	0.31	0.28	0.26	0.24	0.23	0.21
22	0.51	0.47	0.43	0.39	0.36	0.33	0.31	0.28	0.26	0.24	0.23	0.21	0.20
24	0.46	0.43	0.39	0.36	0.33	0.31	0.28	0.26	0.24	0.23	0.21	0.20	0.18
26	0.42	0.39	0.36	0.33	0.31	0.28	0.26	0.24	0.22	0.21	0.20	0.18	0.17
28	0.39	0.36	0.33	0.30	0.28	0.26	0.24	0.22	0.21	0.20	0.18	0.17	0.16
30	0.36	0.33	0.30	0.28	0.26	0.24	0.22	0.21	0.20	0.18	0.17	0.16	0.15

影响系数 φ(砂浆强度等级 0)　　表 8-5

β	$\frac{e}{h}$或$\frac{e}{h_T}$							$\frac{e}{h}$或$\frac{e}{h_T}$					
	0	0.025	0.05	0.075	0.1	0.125	0.15	0.175	0.2	0.225	0.25	0.275	0.3
≤3	1	0.99	0.97	0.94	0.89	0.84	0.79	0.73	0.68	0.62	0.57	0.52	0.48
4	0.87	0.82	0.77	0.71	0.66	0.60	0.55	0.51	0.46	0.43	0.39	0.36	0.33
6	0.76	0.70	0.65	0.59	0.54	0.50	0.46	0.42	0.39	0.36	0.33	0.30	0.28
8	0.63	0.58	0.54	0.49	0.45	0.41	0.36	0.35	0.32	0.30	0.28	0.25	0.24
10	0.53	0.48	0.44	0.41	0.37	0.34	0.32	0.29	0.27	0.25	0.23	0.22	0.20
12	0.44	0.40	0.37	0.34	0.31	0.29	0.27	0.25	0.23	0.21	0.20	0.19	0.17
14	0.35	0.33	0.31	0.28	0.26	0.24	0.23	0.21	0.20	0.18	0.17	0.16	0.15
16	0.30	0.28	0.26	0.24	0.22	0.21	0.19	0.18	0.17	0.16	0.15	0.14	0.13
18	0.26	0.24	0.22	0.21	0.19	0.18	0.17	0.16	0.15	0.14	0.13	0.12	0.12
20	0.22	0.20	0.19	0.18	0.17	0.16	0.15	0.14	0.13	0.12	0.12	0.11	0.10
22	0.19	0.18	0.16	0.15	0.14	0.14	0.13	0.12	0.12	0.11	0.10	0.10	0.09
24	0.16	0.15	0.14	0.13	0.13	0.12	0.11	0.11	0.10	0.10	0.09	0.09	0.08
26	0.14	0.13	0.13	0.12	0.11	0.11	0.10	0.10	0.09	0.09	0.08	0.08	0.07
28	0.12	0.12	0.11	0.11	0.10	0.10	0.09	0.09	0.08	0.08	0.08	0.07	0.07
30	0.11	0.10	0.10	0.09	0.09	0.09	0.08	0.08	0.07	0.07	0.07	0.07	0.06

通过高厚比 β 的大小来区分轴心受压短柱和轴心受压长柱；通过偏心距 e 的大小来区分偏心受压柱和轴心受压柱。

3）公式的适用条件

荷载较大和偏心距较大的受压构件，很容易在截面受拉边产生水平裂缝，此时截面受压区减小，构件刚度降低，纵向弯曲的影响增大，构件的承载力显著降低，结构即不够安全也不够经济。故规范规定，在按式(8-2)进行承载力计算时，轴向力的偏心距应符合下列限值要求。

$$e \leqslant 0.6y$$

式中：y——截面重心至轴向力所在偏心方向截面受压边缘的距离。

轴向力的偏心距超过上述规定限值时，应考虑采取适当措施，减小偏心距。如梁或屋架端部支承反力的偏心距较大时，可在其端部下的砌体上设置具有“中心装置”的垫块或缺口垫块。“中心装置”的位置或缺口垫块的缺口尺寸，可视需要减小的偏心距 e 而定。

4）影响砌体受压承载力的因素

(1)截面面积 A

砌体受压截面面积 A 越大，则砌体受压承载力越高（如采用带壁柱墙、加大墙体厚度等均会使承载力提高）。

(2)砌体抗压强度 f

砌体抗压强度 f 越高，则砌体受压承载力越高。

(3)构件高厚比 β

在其他条件不变的情况下，高厚比 β 的增大将会使砌体受压承载力降低。

(4)截面相对偏心距 $\frac{e}{h}$（或 $\frac{e}{h_T}$）

在其他条件不变的情况下，偏心距 e 的加大会使砌体受压承载力降低。

(5)砂浆强度等级

在其他条件不变的情况下，砂浆强度等级的提高会使砌体受压承载力提高。

(6)受压承载力

配筋砌体的受压承载力高于无筋砌体的受压承载力。

例 8-1 一轴心受压砖柱，截面尺寸为 370mm × 490mm，采用 MU10 烧结普通砖及 M2.5 混合砂浆砌筑，荷载引起的柱顶轴向压力设计值为 $N = 172.4$kN，柱的计算高度为 $H_0 = 4.2$m。试验算该柱的承载力是否满足要求。

解：

砖柱高厚比 $\beta = \frac{H_0}{h} = \frac{4.2}{0.37} = 11.35$

查表 8-4，$\frac{e}{h} = 0$ 这一栏，插入法得 $\varphi = 0.796$

因为 $A = 0.37 \times 0.49 = 0.1813\text{m}^2 < 0.3\text{m}^2$

砌体设计强度应乘以调整系数 $\gamma_a = 0.7 + A = 0.7 + 0.1813 = 0.8813$

查表 7-2，MU10 烧结普通砖，M2.5 混合砂浆砌体的抗压强度设计值 $f = 1.30\text{N/mm}^2$

$\gamma_a \varphi f A = 0.8813 \times 0.796 \times 1.30 \times 0.1813 \times 10^6 = 165336\text{N} = 165.3\text{kN} < N = 172.4\text{kN}$

该柱承载力不满足要求。

此题注意：砌体设计强度需调整。

例 8-2　已知一矩形截面偏心受压柱，截面尺寸为 490mm × 740mm，采用 MU10 烧结普通砖及 M5 混合砂浆，柱的计算高度 $H_0 = 5.9\text{m}$，该柱所受轴向力设计值 $N = 320\text{kN}$（已计入柱自重），沿长边方向作用的弯矩设计值 $M = 33.3\text{kN}\cdot\text{m}$，试验算该柱的承载力是否满足要求。

解：

①验算柱长边方向的承载力

偏心距 $e = \dfrac{M}{N} = \dfrac{33.3 \times 10^6}{320 \times 10^3} = 104\text{mm}$

$y = \dfrac{h}{2} = \dfrac{740}{2} = 370\text{mm}$

$0.6y = 0.6 \times 370 = 222\text{mm} > e = 104\text{mm}$（满足）　　$\gamma_\beta = 1.0$

相对偏心距 $\dfrac{e}{h} = \dfrac{104}{740} = 0.1405$

高厚比 $\beta = \gamma_\beta \dfrac{H_0}{h} = \dfrac{5900}{740} = 7.97$

查表 8-3，$\varphi = 0.61$

$$A = 0.49 \times 0.74 = 0.363\text{m}^2 > 0.3\text{m}^2, \gamma_a = 1.0$$

查表 7-2，$f = 1.5\text{N/mm}^2$，则

$$\varphi fA = 0.61 \times 1.5 \times 0.363 \times 10^6 = 332.1 \times 10^3\text{N} = 332.1\text{kN} > N = 320\text{kN}$$

满足要求。

②验算柱短边方向的承载力

由于弯矩作用方向的截面边长 740mm 大于另一方向的边长 490mm，故还应对短边进行轴心受压承载力验算。

高厚比 $\beta = \gamma_\beta \dfrac{H_0}{h} = \dfrac{5900}{490} = 12.04$，$\dfrac{e}{h} = 0$

查表 8-4，$\varphi = 0.819$

$$\varphi fA = 0.819 \times 1.5 \times 0.363 \times 10^6 = 445.9 \times 10^3\text{N} = 445.9\text{kN} > N = 320\text{kN}$$

满足要求。

此题注意：需验算两个方向的承载力。

例 8-3　某食堂带壁柱的窗间墙，截面尺寸见图 8-1，壁柱高 5.4m，计算高度为 6.48m，用 MU10 黏土砖及 M2.5 混合砂浆砌筑，承受轴向力设计值 $N = 320\text{kN}$，弯矩设计值 $M = 41\text{kN}\cdot\text{m}$（弯矩方向是墙体外侧受压，壁柱受拉），求窗间墙的承载力。

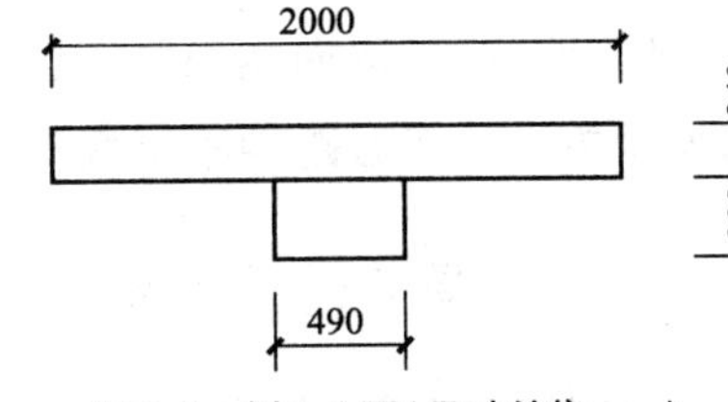

图 8-1　例 8-3 图（尺寸单位：mm）

解：

承载力为：φfA

$$A = 2000 \times 240 + 380 \times 490 = 666200\text{mm}^2$$

截面重心位置：

$$y_1 = \frac{2000 \times 240 \times 120 + 490 \times 380(240 + 190)}{666200} = 207\text{mm}$$

$$y_2 = 620 - 207 = 413\text{mm}$$

截面惯性矩:

$$I = \frac{1}{3}2000 \times y_1^3 + \frac{1}{3}490 \times y_2^3 + \frac{1}{3}(2000 - 490) \times (240 - y_1)^3 = 174.4 \times 10^8\text{mm}^4$$

回转半径:

$$i = \sqrt{\frac{I}{A}} = 162\text{mm}$$

折算厚度:$h_T = 3.5i = 3.5 \times 162 = 566\text{mm}$

$$e = \frac{M}{N} = \frac{41000}{320} = 128\text{mm}; \frac{e}{h_T} = \frac{128}{566} = 0.226; \beta = \frac{H_0}{h_T} = 11.4$$

查表得:$\varphi = 0.385$;$f = 1.3\text{N/mm}^2$

该窗间墙的承载力为 $\varphi fA = 333.43\text{kN}$

此题注意:T 形截面的重心位置及折算厚度的计算方法。

例 8-4 由混凝土小型空心砌块砌筑的独立柱截面尺寸为 400mm × 600mm,砌块的强度等级为 MU10,水泥砂浆的强度等级为 Mb5,采用双排组砌,柱高 3.6m,两端为不动铰支座,承受轴向力标准值为 $N_k = 225\text{kN}$(其中永久荷载 180kN,已包括自重),求柱的承载力。

解:承载力为:φfA

柱的截面为:$A = 400 \times 600 = 240000\text{mm}^2 < 0.3\text{m}^2$

应对 f 修正:$\gamma_a = 0.24 + 0.7 = 0.96$

由于柱为砌块砌体,所以高厚比 β 应进行修正,修正系数为 1.1。

$$\beta = 1.1\frac{H_0}{b} = 1.1\frac{3.6}{0.4} = 9.9$$

查表得 $\varphi = 0.87$

查规范表得 $f = 2.22\text{N/mm}^2$

由于为双排组砌,所以设计强度应乘以 0.7 的降低系数;另外采用的是水泥砂浆,系数 0.9,砌体承载力为:

$$\varphi fA = 0.87 \times 0.96 \times 0.7 \times 0.9 \times 2.22 \times 240000 = 280\text{kN}$$

此题注意:砌块砌体、水泥砂浆、双排组砌、受压面积等相应调整系数。

要说明的是,双向偏心受压仍然按上述公式计算,φ 值计算公式不同,另外,双向偏心受压时,两个方向的偏心距均不得大于该方向边长的 0.5 倍。

8.2.2 局部受压计算

砌体的局部受压是指压力仅仅作用在砌体部分面积上的受力状态,如钢筋混凝土梁(或屋架)支承在墙砌体是一种局部受压,混凝土柱支承在砖砌体上也是一种局部受压(见图8-2)。其特点是:砌体局部面积上支承着比自身强度高的上部结构,造成砌体局部支承面积上压力增大。因此,为防止钢筋混凝土梁端局部受压的破坏,一般采用的措施是在梁或屋架下设置垫块(见图8-3)。通过设置垫块,增大局部受压面积,可将较大的局部支承压力扩散到较大的面积上,从而减少砌体上的局部压应力。

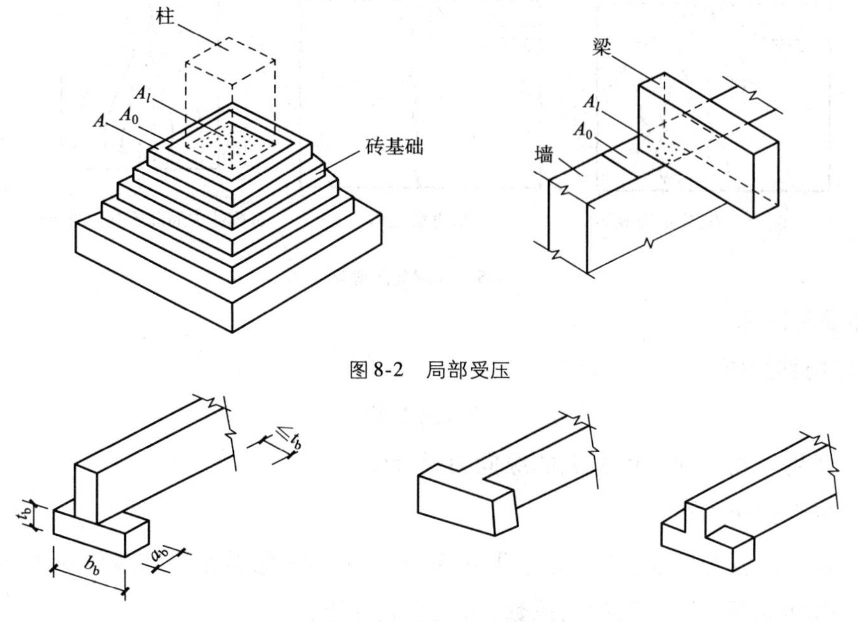

图8-2　局部受压

图8-3　墙体中的梁垫

1)局部受压分类

①均匀局部受压:局压面积上的压应力均匀分布。

②梁端局部受压:大梁下的局部受压,也称为非均匀局部受压。

③垫块下局部受压:图8-3所示的垫块下局部受压。

④垫梁下局部受压:在实际工程中,常在梁或屋架端部下面的砌体墙上设置连续的钢筋混凝土梁,如圈梁等。此钢筋混凝土梁可把承受的局部集中荷载扩散到一定范围的砌体墙上起到垫块的作用,故称为垫梁,如图8-4所示。

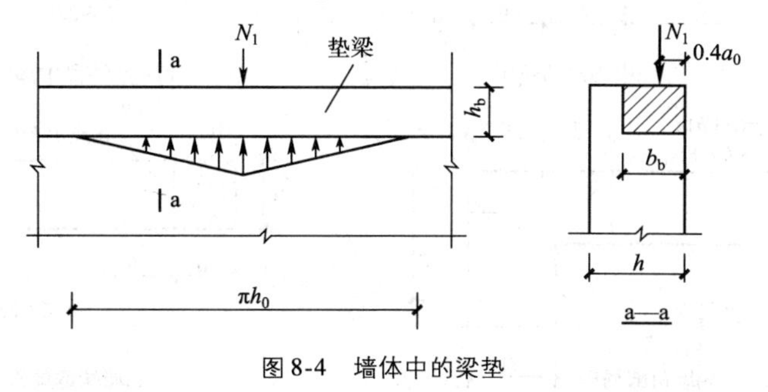

图8-4　墙体中的梁垫

2)局部受压的破坏形式

①纵向裂缝发展而破坏:如图8-5a)所示,当截面面积与局部受压面积比相对较小时发生

此类破坏。

②劈裂破坏：如图 8-5b）所示，当截面面积与局部受压面积比相对较大时发生此类破坏。

③局部受压面积处局部破坏：如图 8-5c）所示，四周砌体对受压砌体有约束作用时发生此类破坏。

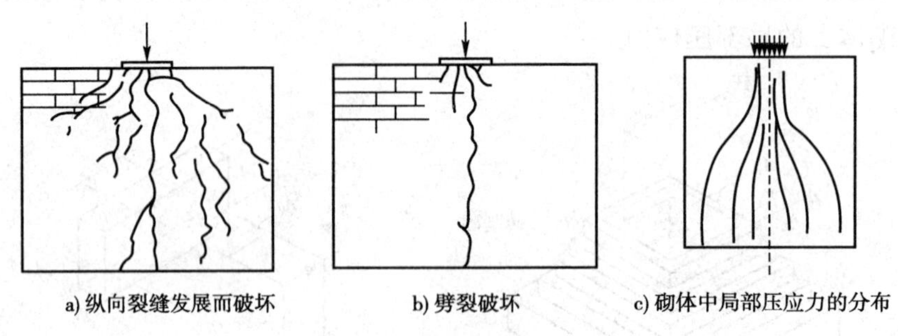

图 8-5　局部受压破坏

3）局部受压计算

（1）均匀局部受压

$$N_l \leqslant \gamma A_l f \tag{8-5}$$

式中：N_l——作用于局部受压面积上的纵向力设计值；

A_l——局部受压面积；

f——砌体抗压强度设计值，A_l 小于 0.3m^2 时，可不考虑强度调整系数 γ_a 的影响。

γ——砌体局部抗压强度提高系数，可按下式计算：

$$\gamma = 1 + 0.35\sqrt{\frac{A_0}{A_l} - 1} \tag{8-6}$$

式中：A_0——影响局部抗压强度的面积。A_0 计算公式及 γ 限值如图 8-6 所示。

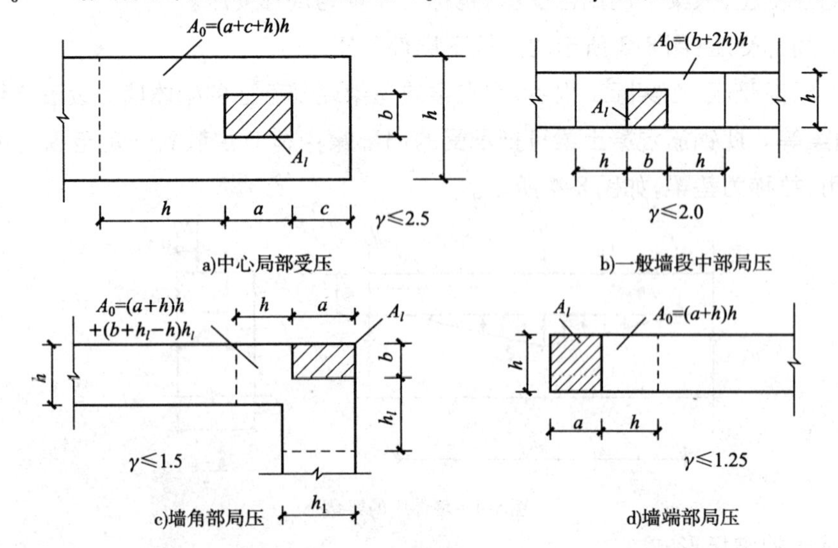

图 8-6　影响局部抗压强度的计算面积 A_0 及 γ 限值

由式(8-6)可以看出，砌体的局部抗压强度主要取决于砌体原有的轴心抗压强度和周围砌体对局部受压区的约束程度。当砌体为中心局部受压时，随着周围砌体的截面面积 A 与局部受压面积 A_l 之比增大，周围砌体对局部受压区约束作用增强，砌体的局部抗压强度提高。但当 A/A_l 较大时，砌体的局部抗压强度提高幅度减少。为此，规范规定了影响砌体局部抗压强度的计算面积 A_0。同时，试验还表明，当 A/A_l 较大时，可能导致砌体产生劈裂破坏，所以按式(8-6)计算所得的 γ 值不得超过规定的相应值。

例 8-5　某房屋的基础如图 8-7 所示，采用 MU10 烧结普通砖和 M7.5 水泥砂浆砌筑，其上支承截面尺寸为 250mm×250mm 的钢筋混凝土柱，柱作用于基础顶面中心处的轴向压力设计值 $N_l=180\text{kN}$，试验算柱下砌体的局部受压承载力是否满足要求。

解：

查表 7-2，得砌体抗压强度设计值 $f=1.69\text{MPa}$

砌体的局部受压面积：$A_l=0.25\times0.25=0.0625\text{m}^2$

影响砌体局部抗压强度计算面积：

$$A_0=0.62\times0.62=0.3844\text{m}^2$$

砌体局部抗压强度提高系数：

$$\gamma=1+0.35\sqrt{\frac{A_0}{A_l}}=1+0.35\sqrt{\frac{0.3844}{0.0625}}=1.79<2.5$$

砌体局部受压承载力为：

$$\gamma f A_l=1.79\times1.69\times0.0625\times10^3=189.1\text{kN}$$

可见，$N_l=180\text{kN}<fA_l=189.1\text{kN}$

满足要求。

此题注意：γ 的限值。

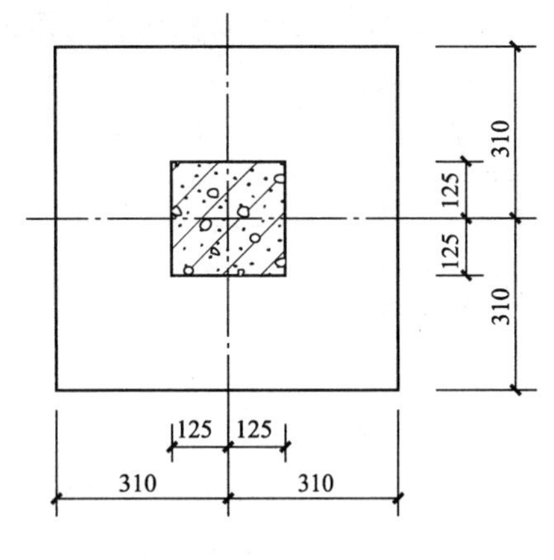

图 8-7　例 8-5 图(尺寸单位：mm)

(2)梁端局部受压

①上部荷载对砌体局部抗压的影响。

如图 8-8 所示为梁端支承在墙体中部的局部受压情况。梁端支承处砌体的局部受压面积上除承受梁端传来的支承压力 N_l 外，还承受由上部荷载产生的轴向力 N_0(如图 8-8a)所示)。如果上部荷载在梁端上部砌体中产生的平均压应力 σ_0 较小，即上部砌体产生的压缩变形较小；而此时，若 N_l 较大，梁端底部的砌体将产生较大的压缩变形；由此使梁端顶面与砌体逐渐脱开形成水平缝隙，砌体内部产生应力重分布。上部荷载将通过上部砌体形成的内拱传到梁端周围的砌体，直接传到局部受压面积上的荷载将减少(如图 8-8b)所示)。但如果 σ_0 较大、N_l 较小，梁端上

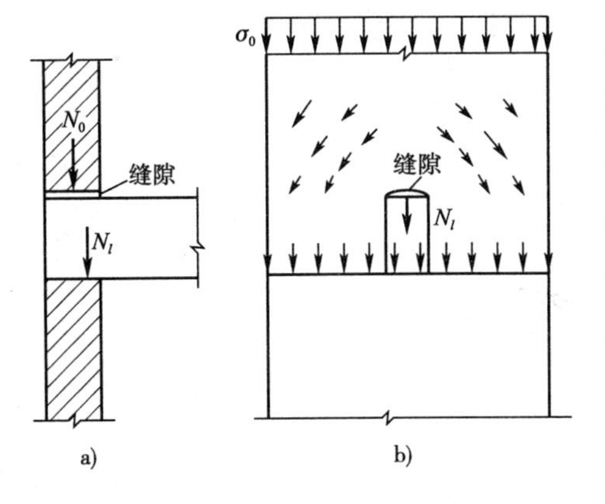

图 8-8　梁端支承在墙体中部的局部受压

部砌体产生的压缩变形较大，梁端顶面不再与砌体脱开，上部砌体形成的内拱卸荷作用将消失。试验指出，当 $A_0/A_l>2$ 时，可忽略不计上部荷载对砌体局部抗压的影响。《砌体结构设计规范》偏于安全，取 $A/A_l\geqslant3$ 时，不计上部荷载的影响，即 $N_0=0$。

上部荷载对砌体局部抗压的影响，《砌体结构设计规范》用上部荷载的折减系数 ψ 来考虑，ψ 按下式计算。

$$\psi=1.5-0.5\frac{A_0}{A_l} \tag{8-7}$$

②梁端有效支承长度。

当梁支承在砌体上时，由于梁受力变形翘曲，支座内边缘处砌体的压缩变形较大，使得梁的末端部分与砌体脱开，梁端有效支承长度 a_0 可能小于其实际支承长度 a（如图 8-9 所示）。

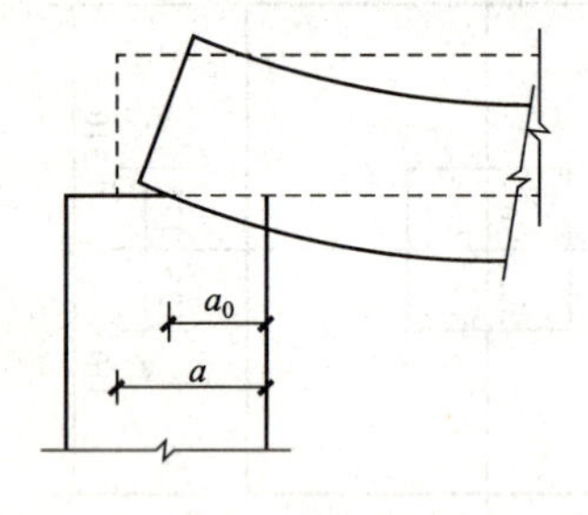

图 8-9　梁端支承长度变化

经试验分析，为了便于工程应用，《砌体结构设计规范》给出梁端有效支承长度的计算公式为：

$$a_0=10\sqrt{\frac{h_c}{f}}\leqslant a \tag{8-8}$$

式中：h_c——梁的截面高度；

f——砌体抗压强度设计值，可不考虑强度调整系数 γ_a 的影响。

由于梁存在一个有效支承长度，因此局压面积为 $A_l=a_0b$，其中 b 为梁的截面宽度。

梁的支座反力到墙边的距离，不论楼面梁还是屋面梁均为 $0.4a_0$。

③梁端局压强度计算。

局压面积上的压应力由两部分组成，一部分为上部砌体传来在局压面积上产生的压应力，另一部分为由大梁传来的荷载在局压面积上产生的压应力（为曲线分布），设由上部砌体传来的作用于局压面积上的压应力为 σ_0'，不等于上部砌体传来的荷载在梁底截面处产生的压应力 σ_0，大梁传来的荷载在局压面积边缘处产生的压应力为 σ_l，应力丰满系数为 η，也称完整系数，则有：

$$\sigma_0'+\sigma_l=\sigma_0'+\frac{N_l}{\eta A_l}\leqslant\gamma f \tag{8-9}$$

则
$$\eta\sigma_0'A_l+N_l\leqslant\eta\gamma A_lf$$

令
$$\eta\sigma_0'=\psi\sigma_0 \quad N_0=\sigma_0A_l$$

则有局压强度计算公式为：

$$\psi N_0+N_l\leqslant\eta\gamma A_lf \tag{8-10}$$

式中：N_0——局部受压面积内上部轴向力设计值，N；$N_0=\sigma_0A_l$；

σ_0——上部平均压应力设计值（N/mm^2）；

ψ——上部荷载的折减系数，$\psi=1.5-0.5\frac{A_0}{A_l}\geqslant0$；

η——梁端底面压应力图形的完整系数，应取 0.7，对于过梁和墙梁应取 1.0；

A_l——局压面积，$A_l = a_0 b$，a_0 按公式 8-9 计算。

例 8-6　某窗间墙截面尺寸为 240mm×1600mm，采用 MU10 普通砖、M7.5 混合砂浆砌筑 (f=2.07Mpa)；墙上支承有 250mm、700mm 高的钢筋混凝土梁，梁上荷载设计值产生的支承压力设计值 N_l=205kN，上部荷载值在窗间墙上的轴向力设计值 N_0=290kN，试验算梁端支承处砌体局部受压承载力。

解：

有效支承长度 a_0 及局部受压面积 A_l，影响面积 A_0：

$$a_0 = 10\sqrt{\frac{h_c}{f}} = 10 \times \sqrt{\frac{700}{2.07}} = 184\text{mm} < a = 240\text{mm}$$

$$A_l = a_0 b = 184 \times 250 = 46000\text{mm}^2, A_0 = 240 \times (240 \times 2 + 250) = 175200\text{mm}^2$$

$$\frac{A_0}{A_l} = 3.81$$

砌体局部抗压强度提高系数：

$$\gamma = 1 + 0.35\sqrt{\frac{A_0}{A_l} - 1} = 1 + 0.35 \times \sqrt{3.81 - 1} = 1.587 < 2.0$$

验算：根据公式 $\psi N_0 + N_l \leqslant \eta\gamma f A_l$

由于$\frac{A_0}{A_l}$=3.81>3，故 ψ=0，η=0.7

砌体局部受压承载力为：$\eta\gamma fA$=0.7×1.578×2.07×46000=105180N=105.18kN

$$\psi N_0 + N_l = 0 + 290 = 290\text{kN}$$

所以，$\psi N_0 + N_l > \eta\gamma f A_l$，故梁端支承处砌体局部受压承载力不满足要求。

此题注意：γ 的限值，$\frac{A_0}{A_l}$=3.81>3，故 ψ=0

(3) 垫块下局部受压

当大梁直接放在墙体上不能满足要求时，可在梁下部设置垫块，垫块一般都做成刚性的。刚性垫块的构造应符合下列规定：

①垫块的高度 t_b≥180mm，自梁边缘算起的垫块挑出长度不宜大于垫块的高度 t_b。

②在带壁柱墙的壁柱内设置刚性垫块时（如图 8-10 所示），其计算面积应取壁柱范围内的面积，而不应计算翼缘部分，同时壁柱上垫块伸入翼墙内的长度不应小于 120mm。

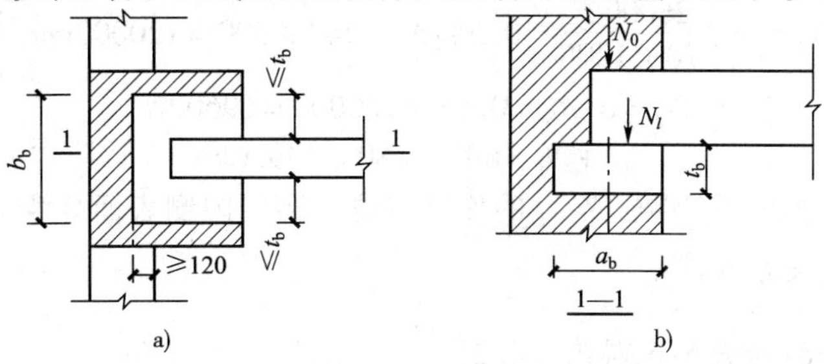

图 8-10　壁柱上设置垫块时梁端局部承压

③现浇垫块与梁端整体浇筑时，垫块可在梁高范围内设置。

垫块下的应力分布与偏心的受压构件相接近，因此刚性垫块下砌体的局压承载力可按偏心受压构件计算，其强度计算公式如下。

$$N_0 + N_l \leqslant \varphi \gamma_l A_b f \tag{8-11}$$

式中：N_0——上部砌体传来的作用于垫块面积上纵向荷载设计值，$N_0 = \sigma_0 A_b$；

A_b——垫块的面积，$A_b = a_b b_b$；

a_b、b_b——垫块的长度和宽度；

φ——垫块上 N_0 和 N_l 合力的影响系数，应取 $\beta \leqslant 3$，按表 8-3 ~ 表 8-5 取值；

γ_l——垫块外砌体面积的有利影响系数，γ_1 应为 0.8γ，但不小于 1.0，γ 的计算公式同式(8-6)。N_l 作用点到墙边的距离为 $0.4a_0$。

大梁在垫块上的支承长度可按下式计算：$a_0 = \delta_1 \sqrt{\dfrac{h}{f}}$，其中，$h$ 为梁的截面高度；δ_1 为刚性垫块的影响系数，按表 8-6 取值；

取　值　　表 8-6

$\frac{\sigma_0}{f}$	0	0.2	0.4	0.6	0.8
δ_1	5.4	5.7	6.0	6.9	7.8

N_0 和 N_l 的合力偏心距为：$e = \dfrac{N_l e_l}{N_0 + N_l}$，其中 $e_l = \dfrac{a_b}{2} - 0.4a_0$

当垫块与梁整浇时，仍按上述方法计算。

例 8-7　某钢筋混凝土大梁截面尺寸为 $b \times h = 200\text{mm} \times 400\text{mm}$，梁的支承长度为 $a = 240\text{mm}$，荷载设计值产生的支座反力为 $N_l = 80\text{kN}$，墙体的上部荷载为 260kN，窗间墙截面尺寸为 1200mm×370mm，采用 MU10 砖，M2.5 混合砂浆砌筑，梁端底部设有刚性垫块，其尺寸为 $a_b = 240\text{mm}$，$b_b = 500\text{mm}$，$t_b = 180\text{mm}$。求作用于垫块下局部受压面积上的纵向力设计值，局部受压面积上的承载力。

解：

$N_0 + N_l \leqslant \varphi \gamma_l A_b f$

作用于垫块下局部受压面积上的纵向力：$N_0 + N_l$

局部受压面积上的承载力：$N_0 + N_l \leqslant \varphi \gamma_l A_b f$

$N_0 = \sigma_0 A_b$；（其中，$\sigma_0 = \dfrac{260000}{370 \times 1200} = 0.58$；$A_b = 240 \times 500 = 120000\text{mm}^2$）

$$N_0 = \sigma_0 A_b = 0.58 \times 120000 = 69600\text{N}$$

$$N_0 + N_l = 69.6 + 80 = 149.6\text{kN}$$

计算垫块上纵向力的偏心距：取 N_l 的作用点位于距墙内侧表面 $0.4a_0$ 处，此时 a_0 应为垫块上表面梁端的有效支承长度。

$\dfrac{\sigma_0}{f} = \dfrac{0.58}{1.3} = 0.446$；查表 8-6 得 $\delta_1 = 6.21$

$$a_0=\delta_1\sqrt{\frac{h}{f}}=6.21\sqrt{\frac{400}{1.3}}=109\text{mm}$$

$$e=\frac{N_l e_l}{N_l+N_0}=\frac{N_l\left(\frac{a_b}{2}-0.4a_0\right)}{N_l+N_0}=40.9$$

$\frac{e}{a_b}=\frac{40.9}{240}=0.17$；$\beta\leqslant3$，则 $\varphi=0.73$

由于从局压面积边缘向外扩大墙体厚度后已进入窗洞口，因此影响局部抗压强度的面积即为窗间墙的面积。

$$A_0=1200\times370=444000\text{mm}^2$$

$$\gamma=1+0.35\sqrt{\frac{A_0}{A_b}-1}=1.57$$

$$\gamma_l=0.8\gamma;=1.26$$

$$\varphi\gamma_l A_b f=0.73\times1.26\times120000\times1.3=143.49\text{kN}$$

此题注意：垫块上纵向力的偏心距计算方法，影响局部抗压强度的面积的确定方法。

(4)垫梁下局部受压

梁下设有长度大于 πh_0 的垫梁时，垫梁上梁端有效支承长度 a_0 可按 $a_0=\delta_1\sqrt{\frac{h}{f}}$ 计算。垫梁下的砌体局部受压(见图8-4)承载力应按下列公式计算。

$$N_0+N_l\leqslant2.4\delta_2 f b_b h_0 \tag{8-12}$$

$$N_0=\frac{\pi b_b h_0 \sigma_0}{2} \tag{8-13}$$

$$h_0=2\cdot\sqrt[3]{\frac{E_c I_c}{Eh}} \tag{8-14}$$

式中：N_0——垫梁上部轴向力设计值；

b_b——垫梁在墙厚方向的宽度；

δ_2——当荷载沿墙厚方向均匀分布时取1.0，不均匀分布时取0.8；

h_0——垫梁折算厚度；

E_c、I_c——分别为垫梁的混凝土弹性模量和截面惯性矩；$I_c=b_b h^3{}_b/12$；

E——砌体的弹性模量；

h——墙。

8.3　配筋砌体构件

8.3.1　网状配筋砖砌体构件

(1)受力性能

网状配筋砖砌体构件(见图8-11)在轴向压力作用下，不但发生纵向压缩变形，同时也发生横向膨胀。由于钢筋、砂浆层与块体之间存在着摩擦力和黏结力，钢筋被完全嵌固在灰缝内与砖砌体共同工作；当砖砌体纵向受压时，钢筋横向受拉，因钢筋的弹性模量比砌体大，变形相对小，可阻止砌体的横向变形发展，防止砌体因纵向裂缝的延伸而过早失稳破坏，从而间接地提高网状配筋砖砌体构件的承载能力，故这种配筋有时又称为间接配筋。试验表明，砌体与横向钢筋之间足够的黏结力是保证两者共同工作，充分发挥块体的抗压强度，提高砌体承载力的重要保证。

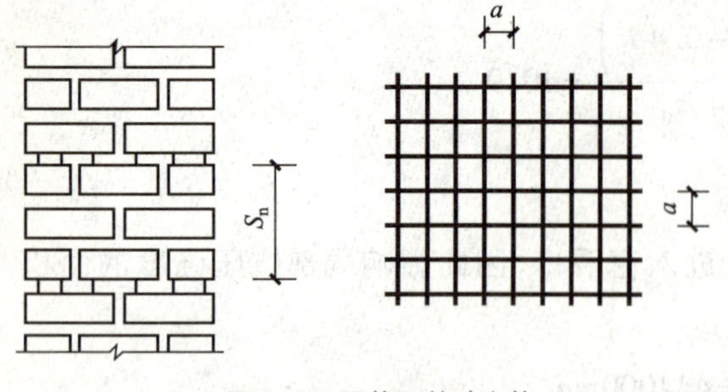

图 8-11 网状配筋砖砌体

试验表明，网状配筋砖砌体在轴心压力作用下，从开始加荷到破坏，类似于无筋砖砌体，也可分为 3 个受力阶段，但其破坏特征和无筋砖砌体不同。第一个阶段和无筋砖砌体一样，在单块砖内出现第一批裂缝，此时的荷载约为 60% ~75% 的破坏荷载，较无筋砖砌体高。继续加荷，纵向裂缝的数量增多，但发展很缓慢；由于受到横向钢筋的约束，很少出现贯通的纵向裂缝；这是与无筋砖砌体明显的不同之处。当接近破坏时，一般也不会出现像无筋砌体那样被纵向裂缝分割成若干 1/2 砖的小立柱而发生失稳破坏的现象。在最后破坏时，可能发生个别砖被完全压碎脱落。

(2) 适用范围($e/h \leqslant 0.17$、$\beta \leqslant 16$)

采用无筋砖砌体受压构件的截面尺寸较大，不能满足使用要求时，可采用网状配筋砖砌体。但试验表明，网状配筋砖砌体构件在轴向力的偏心距 e 较大或构件高厚比 β 较大时，钢筋难以发挥作用，构件承载力的提高受到限制。故当偏心距超过截面核心范围，对矩形截面即 $e/h > 0.17$ 时；或偏心距虽未超过截面核心范围，但构件的高厚比 $\beta > 16$ 时，均不宜采用网状配筋砖砌体构件。

(3) 构造要求

网状配筋砖砌体构件的构造应符合下列规定：

①网状配筋砖砌体中的体积配筋率，不应小于 0.1%，并不应大于 1%。太小时，砌体强度提高有限；太大时，钢筋强度不能充分发挥。

②采用钢筋网时，钢筋的直径宜采用 3 ~4mm。

③钢筋网中钢筋的间距 a，不应大于 120mm，且不应小于 30mm。

④钢筋网间距 S_n，不应大于 5 皮砖，并不应大于 400mm。

⑤网状配筋砖砌体所用的砂浆强度等级不应低于 M7.5；钢筋网应设置在砌体的水平灰缝中，灰缝厚度应保证钢筋上下至少各有 2mm 厚的砂浆层。

8.3.2 组合砖砌体构件

(1) 受力性能

在组合砖砌体中(见图8-12),砖可吸收混凝土中多余的水分,使混凝土的早期强度较高,而在构件中提前发挥受力作用。对砂浆面层也有类似的性能。

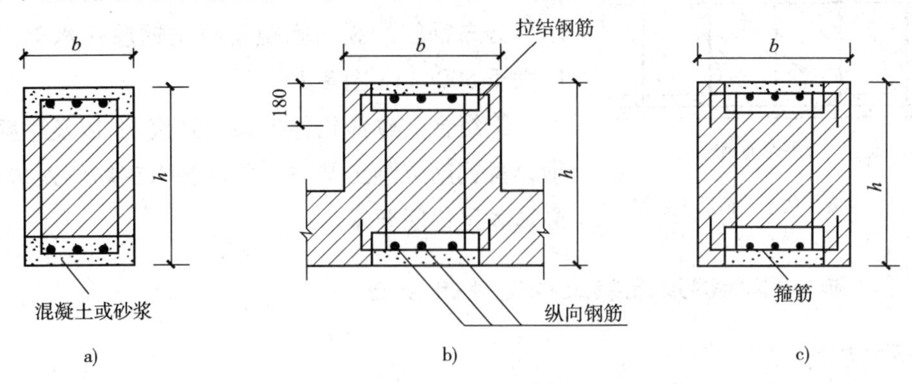

图8-12　组合砖砌体构件截面

组合砖砌体构件在轴心压力作用下,首批裂缝发生在砌体与混凝土或砂浆面层的连接处。当压力增大后,砖砌体内产生竖向裂缝,但因受面层的约束发展较缓慢。当组合砖砌体内的砖和混凝土或砂浆面层被压碎或脱落,竖向钢筋在箍筋间压屈,组合砖砌体随即破坏。试验表明,在组合砖砌体中,砖砌体与钢筋混凝土或砂浆面层能够较好的共同受力,但水泥砂浆面层中的受压钢筋应力达不到屈服强度。

组合砖砌体构件在偏心压力作用下的受力性能与钢筋混凝土构件相近,具有较高的承载能力和延性。

(2)适用范围($e>0.6y$)

当采用无筋砖砌体受压构件不能满足结构功能要求或轴向力偏心距e超过无筋砌体受压构件的限值$0.6y$时,宜采用组合砖砌体构件。

此外,对于砖墙与组合砌体一同砌筑的T形截面构件(见图8-12b),可按图8-12c)矩形截面组合砌体构件计算。但β仍按T形截面考虑。

(3)构造要求

组合砖砌体构件的构造应符合下列规定:

①面层的混凝土强度等级宜采用C20;面层的水泥砂浆强度等级不宜低于M10;砌筑砂浆的强度等级不宜低于M7.5。

②砂浆面层厚度可采用30～45mm;当面层厚度大于45mm时,其面层宜采用混凝土。

③竖向受力钢筋宜采用HPB300级,对于混凝土面层,亦可采用HRB335级钢筋。受压钢筋一侧的配筋率,对砂浆面层不宜小于0.1%;对混凝土面层不宜小于0.2%。受拉钢筋的配筋率不应小于0.1%。竖向受力钢筋的直径不小于8mm,钢筋的净间距不应小于30mm。

④箍筋的直径不宜小于4mm及0.2倍的受压钢筋直径,并不宜大于6mm。箍筋的间距不应大于20倍受压钢筋的直径及500mm,并不应小于120mm。

⑤当组合砖砌体一侧的竖向受力钢筋多于4根时,应设置附加箍筋或拉结钢筋。

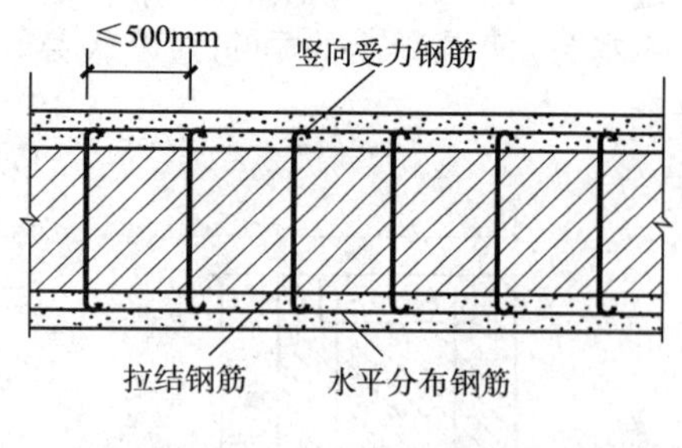

图 8-13　混凝土或砂浆面层组合墙

⑥对截面长短边相差较大的构件如墙体等，应采用穿通墙体的拉结钢筋作为箍筋，同时设置水平分布钢筋。水平分布钢筋的竖向间距及拉结钢筋的水平间距，均不应大于 500mm（图 8-13）。

⑦组合砖砌体构件的顶部及底部，以及牛腿部位，必须设置钢筋混凝土垫块。竖向受力钢筋伸入垫块的长度必须满足锚固要求。

8.3.3　砖砌体和钢筋混凝土构造柱组合墙

(1) 受力性能

砖砌体和钢筋混凝土构造柱组成的组合砖墙（见图 8-14），在竖向荷载作用下，由于砖砌体和钢筋混凝土的弹性模量不同，砖砌体和钢筋混凝土构造柱之间将发生内力重分布，砖砌体承担的荷载减少，而构造柱承担荷载增加。此外，砌体中的圈梁与构造柱组成的“弱框架”对砌体有一定的约束作用，不但可提高墙体的承载能力，而且可增加墙体的受压稳定性。同时，试验与分析表明，构造柱的间距是影响组合砖墙承载力最主要的因素，当构造柱的间距在 2m 左右时，柱的作用可得到较好的发挥；当间距在 4m 时，对墙受压承载力影响很小。

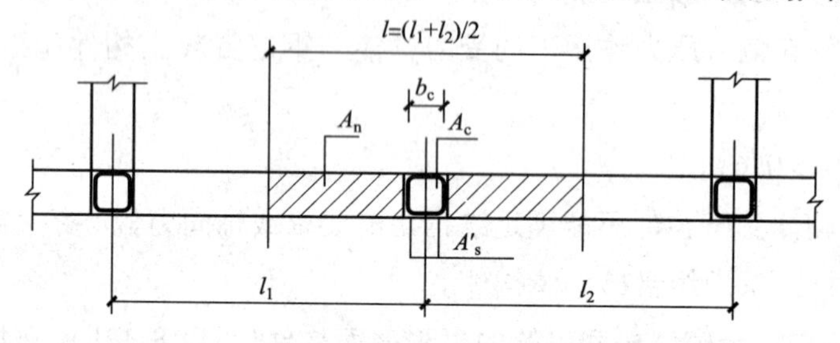

图 8-14　砖砌体和构造柱组合墙截面

(2) 构造要求

组合砖墙的材料和构造应符合下列规定：

①组合砖墙的施工顺序应为先砌墙后浇混凝土构造柱。

②砌筑砂浆的强度等级不应低于 M5，构造柱的混凝土强度等级不宜低于 C20。

③构造柱的截面尺寸不宜小于 240mm × 240mm，其厚度不应小于墙厚；边柱、角柱的截面宽度宜适当增大。柱内竖向受力钢筋，对中柱不宜少于 4 Φ 12；对边、角柱不少于 4 Φ 14；构造柱的竖向受力钢筋的直径也不宜大于 16mm。柱内箍筋一般部位宜采用Φ 6@ 200。楼层上下 500mm 范围内宜采用Φ 6@ 100。构造柱的竖向受力钢筋应在基础梁和楼层圈梁中锚固，并应符合受拉钢筋的锚固要求。

④构造柱可不单独设置基础，但应伸入室外地坪下 500mm，或与埋深小于 500mm 的基础梁相连。

⑤组合砖墙砌体结构房屋应在基础顶面、有组合墙的楼层处设置现浇钢筋混凝土圈梁。

圈梁的截面高度不宜小于240mm；纵向钢筋不宜小于4 Φ12，并伸入构造柱内符合受拉钢筋的锚固要求；圈梁的箍筋宜采用Φ6@200。

⑥砖砌体与构造柱的连接应砌成马牙槎，并沿墙高每隔500mm设2 Φ6 拉结钢筋，且每边伸入墙内不宜小于600mm。

⑦组合砖墙砌体结构房屋应在纵横墙交接处、墙端部和较大洞口的洞边设置构造柱，其间距不宜大于4m。

8.3.4　配筋砌块砌体

(1)受力性能及适用范围

配筋砌块砌体剪力墙(图8-15)的受力和变形性能与钢筋混凝土剪力墙相近，其适用范围为中高层住宅、商住楼、旅馆、办公楼、医院等建筑。

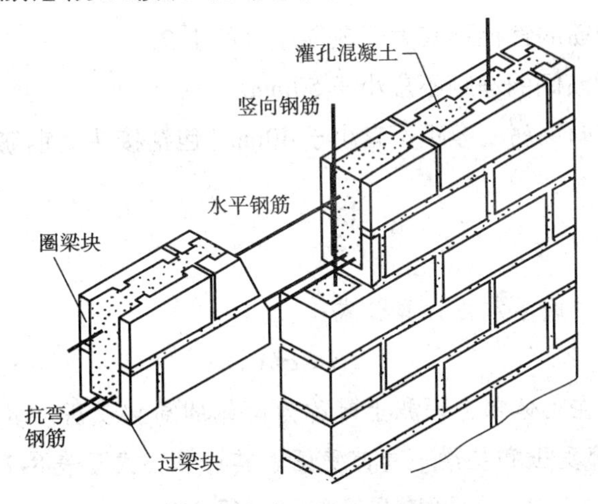

a)

b)

图8-15　配筋砌块砌体剪力墙

(2)构造要求

①配筋砌块砌体剪力墙砌体材料强度等级应符合下列规定:

a. 砌块不应低于 MU10。

b. 砌筑砂浆不应低于 Mb7.5。

c. 灌孔混凝土不应低于 Cb20。

注意:对安全等级为一级或设计使用年限大于 50 年的配筋砌块砌体房屋,所用材料的最低强度等级应至少提高一级。

②钢筋的布置和规格应符合下列规定:

a. 钢筋的直径不宜大于 25mm,当设置在灰缝中时不应小于 4mm,在其他部位不应小于 10mm。

b. 配置在孔洞或空腔中的钢筋面积不应大于孔洞或空腔面积的 6%。

c. 设置在灰缝中钢筋的直径不宜大于灰缝厚度的 1/2。

d. 两平行的水平钢筋间的净距不应小于 50mm。

e. 柱和壁柱中的竖向钢筋的净距不宜小于 40mm(包括接头处钢筋间的净距)。

本模块回顾

1. 无筋砌体受压构件的承载力计算公式:

$$N \leqslant \varphi f A$$

2. 当压力仅仅作用在砌体部分面积上时称为砌体的局部受压。其分为均匀局部受压、梁端局部受压、垫块下局部受压和垫梁下局部受压。其计算公式见表 8-7。

砌体局部受压的计算公式 表 8-7

局部受压状态	计算公式	局部受压状态	计算公式
均匀局部受压	$N_l \leqslant \gamma A_l f$	垫块下砌体的局部受压	$N_0 + N_L \leqslant \varphi \gamma_L A_b f$
梁端局部受压	$\psi N_0 + N_L \leqslant \eta \gamma A_L f$	垫梁下砌体的局部受压	$N_0 + N_L \leqslant 2.4 \delta_2 f b_b h_0$

3. 配筋砌体构件包括网状配筋砖砌体构件、组合砖砌体构件、砖砌体和钢筋混凝土构造柱组合墙。配筋砖砌体可有效地约束砖砌体受压时产生的横向变形和裂缝的发展,故其承载力和变形能力得到较大的提高;配筋砌块砌体构件具有较高的承载力和较好的延性以及明显的技术经济优势,故在多高层建筑中得到了较好的应用。

想一想

(一)填空题

8-1 在截面尺寸和材料强度等级一定的条件下,在施工质量得到保证的前提下,影响无筋砌体受压承载力的主要因素是________和________。

8-2　在设计无筋砌体偏心受压构件时,《砌体结构设计规范》对偏心距的限制条件是________。

8-3　通过对砌体局部受压的试验表明,局部受压可能发生三种破坏,即________、________、________。

8-4　砌体在局部受压时,由于未直接受压砌体对直接受压砌体的约束作用以及力的扩散作用,使砌体的局部受压强度________。

(二)选择题

8-5　一偏心受压柱,截面尺寸为490mm×620mm,弯矩沿截面长边作用,该柱的最大允许偏心距为(　　)。

A. 217mm　　B. 186mm　　C. 372mm　　D. 233mm

8-6　一带壁柱的偏心受压窗间墙,截面尺寸如图8-16所示,轴向力偏向壁柱一侧,该柱的最大允许偏心距为(　　)。

A. 167mm

B. 314mm

C. 130mm

D. 178mm

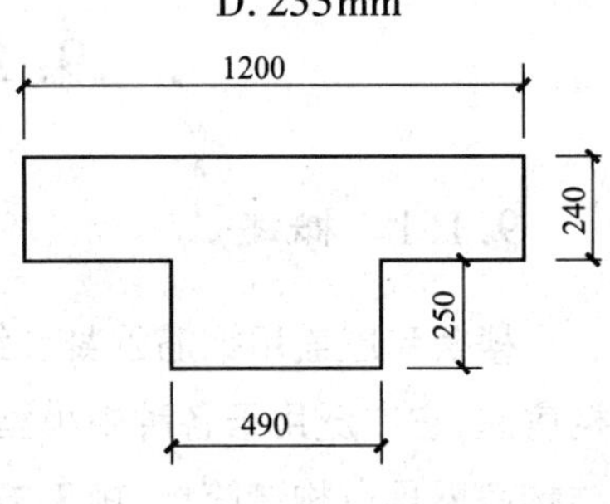

图8-16　题8-6图

(三)问答题

8-7　影响无筋砌体受压构件承载力的主要因素有哪些?

8-8　无筋砌体受压构件对偏心距 e 有何限制,当超过限值时如何处理?

8-9　砌体局部受压强度提高的原因是什么?

8-10　《砌体结构设计规范》对梁端刚性垫块有什么构造要求?

(四)验算题

8-11　一轴心受压砖柱,截面尺寸为490mm×490mm,材料强度等级为:MU10烧结普通砖,M7.5混合砂浆。柱的计算高度为 $H_0 = 3.5\text{m}$,施工质量控制等级为B级。试求柱的受压承载力。

8-12　截面为490mm×620mm的砖柱,用MU10烧结多孔砖及M5混合砂浆砌筑,施工质量控制等为B级,柱的计算高度 $H_0 = 5\text{m}$,该柱承受的设计荷载 $N = 250\text{kN}$,荷载产生的偏心距 $e = 100\text{mm}$(沿截面长边方向作用)。试验算其承载力。(提示:应按长边偏压与短边轴压分别验算)

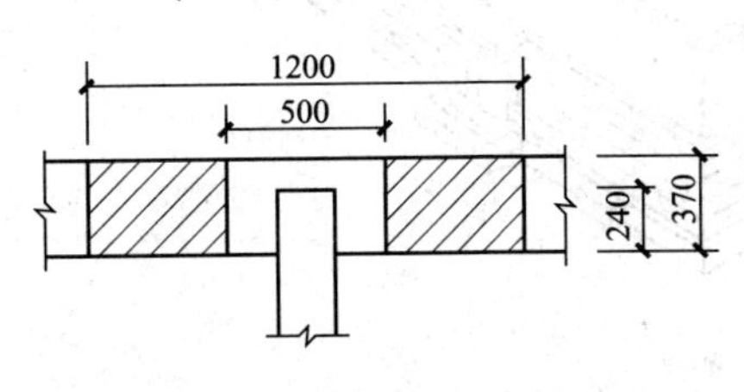

图8-17　题8-13图

8-13　窗间墙截面尺寸为370mm×1200mm(图8-17),砖墙用MU10烧结普通砖和M5混合砂浆砌筑。大梁的截面尺寸为200mm×550mm,在墙上的搁置长度为240mm。大梁的支座反力为100kN,窗间墙范围内梁底截面处的上部荷载设计值为240kN。试对大梁端部下砌体的局部受压承载力进行验算。

模块9　混合结构房屋墙、柱设计

> **学习目标**
>
> 1. 了解房屋静力计算方案的分类。
> 2. 掌握静力计算方案确定的方法。
> 3. 掌握墙、柱高厚比的验算方法。

9.1　房屋的结构布置方案

9.1.1　概述

楼盖和屋盖用钢筋混凝土结构，而墙体及基础采用砌体结构建造的房屋通常称为混合结构房屋，它广泛用于各种中小型工业与民用建筑中，如住宅、办公、商店、学校和仓库等。混合结构房屋具有构造简单、施工方便、工程总造价低等特点。

通常将平行于房屋长向布置的墙体称为纵墙；平行于房屋短向布置的墙体称为横墙；房屋四周与外界隔离的墙体称外墙；外横墙又称为山墙；其余墙体称为内墙，墙体类型见图9-1。

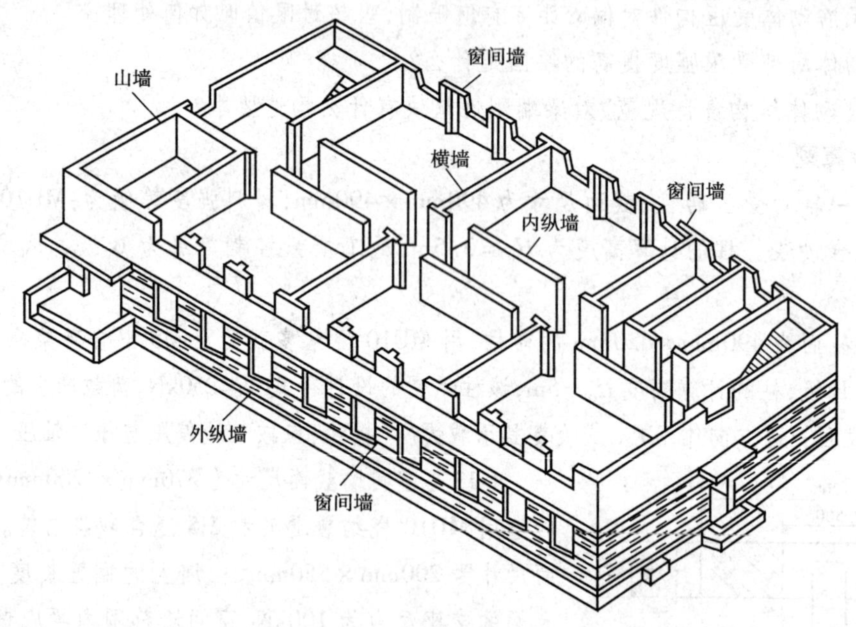

图9-1　墙体类型

混合结构中的墙体一般具有承重和围护的作用，墙体、柱的自重约占房屋总重的60%。由于砌体的抗压强度并不太高，此外块材与砂浆间的黏结力很弱，使得砌体的抗拉、抗弯、抗剪的强度很低。所以,在混合结构的结构布置中,使墙柱等承重构件具有足够的承载力是保证房屋结构安全可靠和正常使用的关键,特别是在需要进行抗震设防的地区,以及在地基条件不理想的地点,合理的结构布置是极为重要的。

房屋的设计,首先是根据房屋的使用要求,以及地质、材料供应和施工等条件,按照安全可靠、技术先进、经济合理的原则,选择较合理的结构方案。同时再根据建筑布置、结构受力等方面的要求进行主要承重构件的布置。在混合结构的结构布置中,承重墙体的布置不仅影响到房屋平面的划分和房间的大小,而且对房屋的荷载传递路线、承载的合理性、墙体的稳定以及整体刚度等受力性能有着直接和密切的联系。

9.1.2 承重墙体的布置

根据结构的承重体系及荷载传递路线的不同,房屋承重墙体的布置一般有以下四种方案。

(1)纵墙承重体系

纵墙承重体系是指纵墙直接承受屋面、楼面荷载的结构方案。图9-2为两种纵墙承重的结构布置图。图9-2a)为某车间屋面结构布置图,屋面荷载主要由屋面板传给屋面梁,再由屋面梁传给纵墙。图9-2b)为某多层教学楼的楼面结构布置图,除横墙相邻开间的小部分荷载传给横墙外,楼面荷载大部分通过横梁传给纵墙。有些跨度较小的房屋,楼板直接搁置在纵墙上,也属于纵墙承重体系。

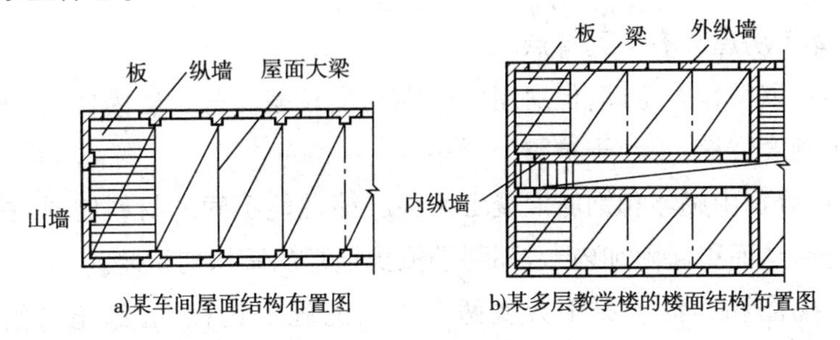

图9-2 纵墙承重体系

纵墙承重体系房屋屋(楼)面荷载的主要传递路线为:

楼(屋)面荷载——纵墙——基础——地基

纵墙承重体系房屋的纵墙承受较大荷载,设在纵墙上的门窗洞口的大小及位置受到一定的限制;横墙的设置主要是为了满足房屋的空间刚度,因而数量较少,房屋的室内空间较大。

(2)横墙承重体系

楼(屋)面荷载主要由横墙承受的房屋,属于横墙承重体系。图9-3所示为某宿舍楼面结构平面布置图。这类房屋荷载的主要传递路线为:

楼(屋)面荷载——横墙——基础——地基

横墙承重体系房屋的横墙较多,又有纵墙拉结,房屋的横向刚度大,整体性好,对抵抗风力、地震作用和调整地基的不均匀沉降较纵墙承重体系有利。纵墙主要起围护、隔断和与横墙连接成整体的作用，一般情况下其承载力未得到充分发挥，故墙上开设门窗洞口较灵活。

(3)纵横墙承重体系

楼(屋)面荷载分别由纵墙和横墙共同承受的房屋，称为纵横墙承重方案。图9-4为某教学楼楼面结构布置图。这类房屋的主要荷载传递路线为：

楼(屋)面荷载——纵横墙——基础——地基

纵横墙承重体系的特点介于前述的两种方案之间。其纵横墙均承受楼面传来的荷载，因而纵横方向的刚度均较大；开间可比横墙承重体系大，而灵活性却不如纵墙承重体系。

(4)内框架承重体系

内部由钢筋混凝土框架、外部由砖墙、砖柱构成的房屋，称为内框架承重体系。图9-5就是某内框架体系的平面图。

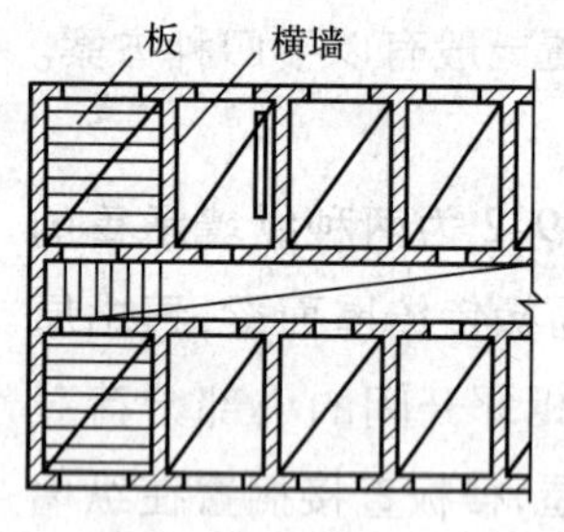

图9-3　横墙承重体系

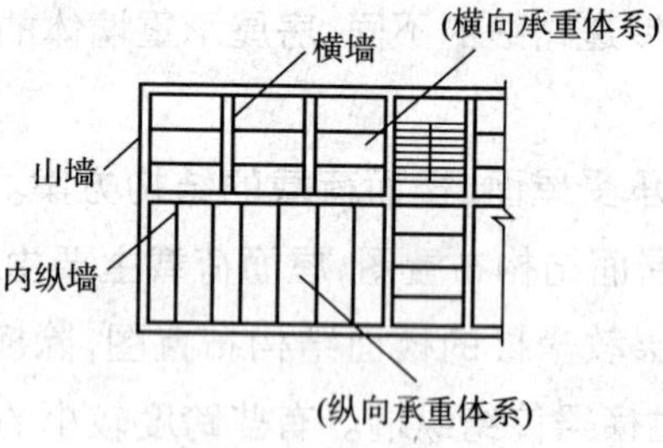

图9-4　纵横墙承重体系

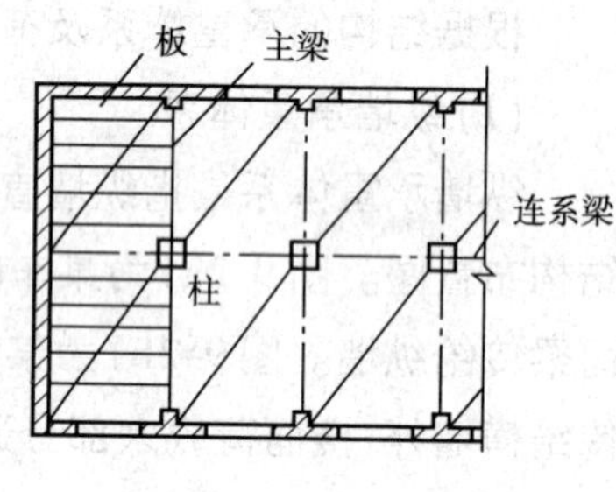

图9-5　内框架承重体系

内框架承重体系房屋具有下列特点。

①内墙较少，可取得较大空间，但房屋的空间刚度较差。若上层为住宅，下层为内框架的结构，会造成上下刚度突变，不利于抗震。

②外墙和内柱分别由砌体和钢筋混凝土两种压缩性能不同的材料组成，在荷载作用下将产生压缩变形差异，从而引起附加内力，不利于抵抗地基的不均匀沉降。

③在施工上，砌体和钢筋混凝土分属两个不同的施工过程，会给施工组织带来一定的麻烦。

9.2　房屋的静力计算方案

9.2.1　房屋静力计算方案的分类

混合结构房屋是空间受力体系，各承载构件不同程度地参与工作，共同承受作用在房屋上的各种荷载的作用。在进行房屋的静力分析时，首先应根据房屋不同的空间性能，分别确定其静力计算方案，然后再进行静力计算。

房屋空间作用的性能，可用空间性能影响系数η表示，η按下式计算。

$$\eta=\frac{u_s}{u_p} \tag{9-1}$$

式中：u_p——平面排架的侧移；

　　u_s——房屋的侧移。

η 值较大，表明房屋的位移与平面排架的位移愈接近，即房屋空间刚度较差。反之，η 值愈小，表明房屋空间工作后的侧移较小，即房屋空间刚度愈好。因此，η 又称为考虑空间工作后的侧移折减系数。

《砌体结构设计规范》根据房屋空间刚度的大小把房屋的静力计算方案分为刚性方案、弹性方案和刚弹性方案三种。

（1）刚性方案

当房屋的横墙间距较小，屋盖和楼盖的刚度较大时，房屋的空间刚度也较大。若在水平荷载作用下，房屋的水平位移很小，房屋空间性能影响系数 η 为 0.33～0.37，可假定墙、柱顶端的水平位移为零。因此在确定墙、柱的计算简图时，可以忽略房屋的水平位移，把楼盖和屋盖视为墙、柱的不动铰支承，墙、柱的内力按侧向有不动铰支承的竖向构件计算，图 9-6a）为单层刚性方案房屋墙体计算简图。按这种方法进行静力计算的房屋属刚性方案房屋。

（2）弹性方案

当横墙间距较大，或无横墙（山墙），屋盖和楼盖的水平刚度较小时，房屋的空间刚度较小。若在水平荷载作用下，房屋的水平位移较大，房屋空间性能影响系数，η >0.77～0.82，空间作用的影响可以忽略。其静力计算可按屋架（大梁）与墙柱为铰接，墙柱下端固定于基础，不考虑空间工作的平面排架来计算，图 9-6b）为单层弹性方案房屋墙体计算简图。按这种方法进行静力计算的房屋属弹性方案房屋。

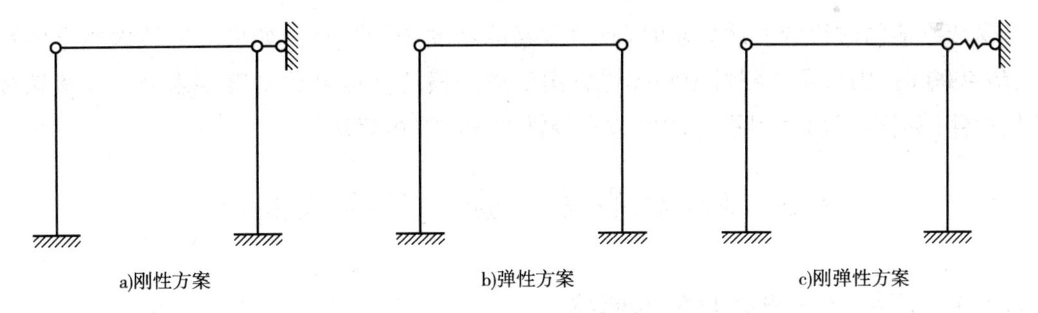

图 9-6　单层单跨房屋墙体的计算简图

弹性方案房屋在水平荷载作用下，墙顶水平位移较大，而且墙内会产生较大的弯矩。因此，如果增加房屋的高度，房屋的刚度将难以保证，如增加纵墙的截面面积势必耗费材料。所以对于多层砌体结构房屋，不宜采用弹性方案。

（3）刚弹性方案

房屋的空间刚度介于刚性方案与弹性方案之间，房屋空间性能影响系数 $0.33 < \eta < 0.82$，在水平荷载的作用下，水平位移比弹性方案房屋要小，但不能忽略不计。其静力计算可根据房屋空间刚度的大小，按考虑房屋空间工作的排架来计算，图 9-6c）为单层刚弹性方案房屋墙体的计算简图。按这种方法进行静力计算的房屋属刚弹性方案房屋。

9.2.2 静力计算方案的确定

《砌体结构设计规范》考虑屋(楼)盖水平刚度的大小和横墙间距两个主要因素，划分静力计算方案。表9-1即根据相邻横墙间距及屋盖或楼盖的类别，确定房屋的静力计算方案。此外，横墙的刚度也是影响房屋空间性能的一个主要因素，作为刚性和刚弹性方案房屋的横墙，应符合下列要求：

①横墙中开有洞口时，洞口的水平截面面积不应超过横墙截面面积的50%。

②横墙的厚度不宜小于180mm。

③单层房屋的横墙长度不宜小于其高度；多层房屋的横墙长度，不宜小于$H/2$（H为横墙总高度）。

房屋的静力计算方案　　表9-1

屋盖或楼盖类别		刚性方案	刚弹性方案	弹性方案
1	整体式、装配整体和装配式无擦体系钢筋混凝土屋盖或钢筋混凝土楼盖	$s<32$	$32\leq s\leq 72$	$s>72$
2	装配有擦体系钢筋混凝土屋盖，轻钢屋盖和有密铺望板的木屋盖或木楼盖	$s<20$	$20\leq s\leq 48$	$s>48$
3	瓦材屋面的木屋盖和轻钢屋盖	$s<16$	$16\leq s\leq 36$	$s>36$

注：1. 表中s为房屋横墙间距，其长度单位为m。

2. 当屋盖、楼盖类别不同或横墙间距不同时，可按《砌体结构设计规范》第4.2.7条的规定确定的静力计算方案。

3. 对无山墙或伸缩缝处无横墙的房屋，应按弹性方案考虑。

当横墙不能同时符合上述要求时，应对横墙的刚度进行验算。如横墙的最大水平位移值$\mu_{max}\leq H/4000$时，仍可视作刚性或刚弹性方案房屋的横墙。符合此刚度要求的一段横墙或其他结构构件（如框架等）也可视作刚性或刚弹性方案房屋的横墙。

9.3 墙、柱高厚比验算及构造要求

9.3.1 高厚比的验算目的及概念

(1)高厚比验算的目的

混合结构房屋的墙、柱除承载力必须满足要求外，还必须保证其稳定性要求。《砌体结构设计规范》(GB 50003—2011)规定用验算高厚比的方法来进行墙柱的稳定性验算，其目的一方面是为了防止墙柱在施工期间出现的轴线偏差过大，从而保证施工安全；另一方面是为了防止墙柱在使用期间出现的侧向挠曲变形过大，从而保证结构具有足够的刚度。

(2)高厚比概念

高厚比β是指墙、柱的计算高度H_0与墙厚（或矩形柱边长）h的比值，即有：$\beta=H_0/h$（或H_0/h_T）。高厚比β与受压构件长细比λ有类似的物理概念。墙、柱的高厚比越大，其稳定性

就越差,就越容易在砌筑时因墙身略有歪斜或受到偶然的撞击等影响而产生倒塌。

(3)允许高厚比

允许高厚比即高厚比$[\beta]$的限值。目前规范采用的$[\beta]$主要根据实践经验确定,允许高厚比$[\beta]$的大小与砂浆的强度等级、构件类型和砌体种类等因素有关,按表9-2采用。

墙、柱的允许高厚比$[\beta]$值　　表9-2

砌体类型	砂浆强度等级	墙	柱
无筋砌体	M2.5	22	15
	M5.0或Mb5.0、Ms5.0	24	16
	≥M7.5或Mb7.5、Ms7.5	26	17
配筋砌块砌体	—	30	21

注:1. 毛石墙、柱的允许高厚比应按表中数值降低20%。

2. 带有混凝土或砂浆面屋的组合砖砌体构件的允许高厚比,可按表中数值提高20%,但不得大小28。

3. 验算施工阶段砂浆尚未硬化的析砌砌体构件高厚比时,允许高厚比对墙取14,对柱取11。

9.3.2　墙、柱高厚比验算

(1)矩形截面墙、柱高厚比验算

矩形截面墙、柱高厚比应按下式验算:

$$\beta=\frac{H_0}{h}\leqslant\mu_1\mu_2[\beta] \tag{9-2}$$

式中:H_0——墙、柱的计算高度,可查规范5.1.3条,或按表8-2取值;

h——墙厚或矩形柱与H_0相对应的边长;

μ_1——自承重墙允许高厚比修正系数;

当$h=240$mm时,$\mu_1=1.2$;

当$h=180$mm时,$\mu_1=1.32$;

当$h=120$mm时,$\mu_1=1.44$;

当$h=90$mm时,$\mu_1=1.50$。

μ_2——有门窗洞口墙允许高厚比修正系数;按式(9-3)计算。

$$\mu_2=1-0.4\frac{b_s}{s} \tag{9-3}$$

式中:b_s——在宽度为s范围内的门窗洞口总宽度;

s——相邻横墙或壁柱之间的距离。

当洞口高度小于等于墙高的1/5时,取$\mu_2=1.0$;当算得的μ_2小于0.7时,取0.7;当洞口高度大于或等于墙高的4/5时,可按独立墙段验算高厚比。

例9-1　某单层食堂,横墙间距$s=26.4$m,为刚性方案,$H_0=H$,外纵墙承重且每3.3m开间有一个1500×3600mm的窗洞,墙高$H=4.5$m,墙厚240mm,砂浆采用M2.5。试验算外纵墙的高厚比是否满足要求。

解：

外墙为承重，故$\mu_1=1.0$；查得$[\beta]=22$

外墙每开间有1.5m宽的窗洞：

$$\mu_2=1-0.4\times\frac{b_s}{s}=1-0.4\times\frac{1.5}{3.3}=0.818$$

$$\beta=\frac{H_0}{h}=\frac{4500}{240}=18.75>\mu_1\mu_2[\beta]=1.0\times0.818\times22=18.0$$

该墙高厚比不满足要求。

(2)带壁柱墙的高厚比验算

带壁柱墙除了要验算整片墙的高厚比外，还要验算壁柱间墙的高厚比。

①整片墙的高厚比验算。

由于带壁柱墙的计算截面为T形截面，故其高厚比验算公式为：

$$\beta=\frac{H_0}{h_T}\leqslant\mu_1\mu_2[\beta] \tag{9-4}$$

式中：h_T——带壁柱墙截面的折算厚度，$h_T=3.5i$；

i——带壁柱墙截面的回转半径，$i=\sqrt{\frac{I}{A}}$；

I、A——分别为带壁柱墙截面的惯性矩和面积。

确定带壁柱墙的计算高度时，墙长s取相邻横墙的距离。

计算截面回转半径i时，带壁柱墙截面的翼缘宽度(包括承载力验算中确定截面面积A时)，应按下列规定取用：

a.对于多层房屋，当有门窗洞口时，取窗间墙宽度；当无门窗洞口时，每侧翼墙宽度可取壁柱高度的1/3，但不大于取相邻壁柱间的距离。

b.对于单层房屋，壁柱翼缘宽度可取$b_f=b+\frac{2}{3}H$(b为壁柱宽度，H为墙高)，但不大于相邻窗间墙的宽度或相邻壁柱间的距离。

计算带壁柱墙的条形基础时，可取相邻壁柱间的距离。

②壁柱间墙的高厚比验算。

验算壁柱间墙的高厚比时，可将壁柱视为壁柱间墙的不动铰支点，按矩形截面墙验算。因此，计算H_0时，墙长s取壁柱间的距离。而且，不论带壁柱墙体的房屋静力计算时属何种计算方案，H_0的值一律按《砌体结构设计规范》表5.1.3中刚性方案一栏选用。

例9-2 某单层单跨无吊车的仓库，壁柱间距4m，中开宽1.8m的窗口，车间长40m，屋架下弦标高为5m，壁柱为370mm×490mm，墙厚为240mm，基础顶面标高为−0.5m，砌体砂浆为M2.5。

求：(1)整片墙的高厚比及修正后允许高厚比。

(2)壁柱间墙的高厚比及修正后允许高厚比。

解：

$A=620500\text{mm}, y_1=156.5\text{mm}, y_2=333.5\text{mm}, I=7.74\times10^9\text{mm}^4$,

$i=\sqrt{\frac{I}{A}}=111.8\text{mm}, h_T=3.5i=391\text{mm}, H=5+0.5=5.5\text{m}$,

整片墙：

刚弹性方案，$H_0=1.2H=6.6\text{m}$,

$\mu_1=1.0, \mu_2=1-0.4\frac{b_s}{s}=1-0.4\frac{1.8}{4}=0.82$

整片墙高厚比：$\beta=\frac{H_0}{h_T}=16.9$

修正后允许高厚比：$\mu_1\mu_2[\beta]=1\times0.82\times22=18$

壁柱间墙：$[\beta]=22$，按刚性方案查表，因 $s=4\text{m}$，$s<H$，所以，$H_0=0.6s=0.6\times4=2.4\text{m}$,

壁柱间墙高厚比：$\beta=\frac{H_0}{h}=\frac{2.4}{0.24}=10$，修正后允许高厚比同整片墙。

(3)设置构造柱墙的高厚比验算

①整片墙验算。

当构造柱截面宽度不小于墙厚时，可按下式验算。

$$\beta=\frac{H_0}{h}\leqslant\mu_1\mu_2\mu_c[\beta] \tag{9-5}$$

式中：h——墙体厚，在确定墙体高度时，s 取相邻横墙间的距离；

μ_c——墙体允许高厚比修正系数，$\mu_c=1+\gamma\frac{b_c}{l}$；

γ——系数，对于细料石、半细料石砌体，$\gamma=0$；对于混凝土砌块、粗料石、毛料石及毛石砌体，$\gamma=1.0$；其他砌体 $\gamma=1.5$。

b_c——构造柱沿墙长方向的宽度；

l——构造柱的间距，如图9-7所示。

当$\frac{b_c}{l}>0.25$ 时，取$\frac{b_c}{l}=0.25$，当$\frac{b_c}{l}<0.05$ 时，取$\frac{b_c}{l}=0$。

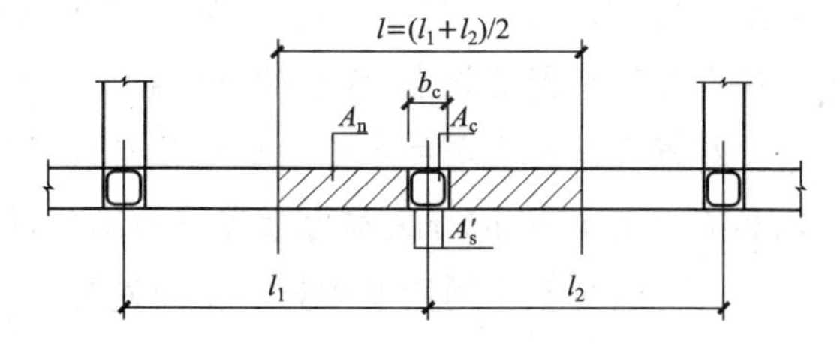

图9-7　砖砌体和构造柱组合墙截面

注意：由于在施工过程中大多是采用先砌筑墙体后浇注构造柱，因此考虑构造柱有利作用的高厚比验算不适用于施工阶段，并应注意采取措施保证构造柱墙在施工阶段的稳定性。

②构造柱间墙的高厚比验算。

同壁柱间墙的高厚比验算，在确定墙体计算高度时，s 取构造柱之间的距离。

验算设有钢筋混凝土圈梁的带壁柱墙或构造柱间墙的高厚比，当圈梁的宽度 b 与相邻壁柱间或相邻构造柱间的距离 s 之比 $\frac{b}{s} \geq \frac{1}{30}$ 时，圈梁可作为壁柱间墙或构造柱间墙的不动铰支点，如图 9-8 所示。如不能满足 $\frac{b}{s} \geq \frac{1}{30}$，且具体条件不允许增加圈梁的宽度时，可按等刚度原则（墙体平面外刚度相等）增加圈梁高度，以使圈梁满足作为壁柱间墙不动铰支点的要求。此时，墙的计算高度 H_0 可取圈梁之间的距离。

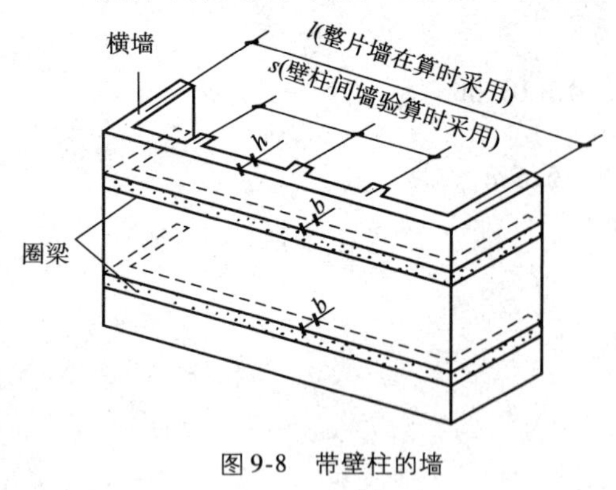

图 9-8　带壁柱的墙

例 9-3　某仓库外墙厚 240mm，用红砖和 M5.0 砂浆砌筑，墙高 5.4m，每 4m 长设有 1.2m 宽的窗洞，同时每 4m 设有钢筋混凝土构造柱（240 = 240mm）横墙间距 24m，试验算墙体的高厚比。

解：

整片墙：由于 $s = 24\text{m}, H = 5.4\text{m}, s > 2H, H_0 = 1.0H = 5.4\text{m}$

$$\mu_1 = 1.0, \mu_2 = 1 - 0.4\frac{b_s}{s} = 1 - 0.4 \times \frac{1.2}{4} = 0.88$$

$$\mu_c = 1 + 1.5\frac{b_c}{l} = 1 + 1.5 \times \frac{240}{4000} = 1.09$$

$$[\beta] = 24, \beta = \frac{H_0}{h} = \frac{5400}{240} = 22.5,$$

$$\mu_1\mu_2\mu_c[\beta] = 1.0 \times 0.88 \times 1.09 \times 24 = 21.1$$

所以不满足要求。

本模块回顾

1. 混合结构房屋的结构布置，是保证房屋结构安全可靠和正常使用的关键。合理的结构布置，直接影响到荷载的传递、承载的状况、墙体的稳定以及整体刚度等。在抗震设防地区和地基条件不理想的地点，合理的结构布置更为重要。

2. 混合结构房屋的主要承重构件组成了空间受力体系。房屋空间作用的性能，用空间性能影响系数 η 表示，η 又称为考虑空间工作后的侧移折减系数。η 值较大，表示房屋空间刚度较差；反之，房屋空间刚度较好。空间刚度大小是确定房屋静力计算方案的依据。静力计算方案依据空间刚度的大小，分为刚性方案、刚弹性方案和弹性方案三种。《砌体结构设计规范》根据横墙的间距、屋盖和楼盖的类别以及横墙本身的刚度确定房屋的静力计算方案。

3. 控制墙（柱）的高厚比，是保证墙（柱）稳定的构造措施之一。墙（柱）的允许高厚比主要受墙(柱)的刚度条件、稳定性等的影响,即与砂浆强度等级、构件的形式、砌体的种类、开洞和承载等状况有关。在高厚比验算时,《砌体结构设计规范》用不同的方式分别考虑以上各种影响。对于带壁柱的墙体,除了要验算整片墙的高厚比之外,还要把壁柱视为壁柱间墙体的横向支承,进行壁柱间墙的高厚比验算,以考虑壁柱间墙体的局部稳定。

4. 在墙中设置钢筋混凝土构造柱可提高墙体使用阶段的稳定性和刚度。《砌体结构设计规范》规定,允许高厚比$[\beta]$可乘以系μ_c,予以提高。构造柱有利作用的高厚比验算不适用于施工阶段,在施工过程中应注意采取措施保证构造柱墙在施工阶段的稳定性。

想一想

(一)简答题

9-1 混合结构房屋有哪几种承重体系?各有何优缺点?

9-2 砌体结构房屋的静力计算有哪几种方案?根据什么条件确定房屋属于哪种方案?

9-3 为什么要验算墙、柱高厚比?怎样验算?

9-4 单层砌体房屋三种静力方案的计算简图是怎样的?

(二)计算题

9-5 某砖混结构实验楼,楼(屋)盖现浇混凝土,横墙间距为14.4m,外纵墙为承重墙MU10砖和M5混合砂浆砌筑,每3.6m开间有一个1800mm×1800mm的窗洞,底层层高4.8m,墙厚为370mm。试验算外纵墙砌体高厚比。(答案:外纵墙高厚比满足要求)

9-6 某仓库单跨单层厂房纵墙,壁柱间距为6m,每开间有2.8m宽的窗洞,屋架下弦标高为5m,基础面至室内地坪的高度为0.5m,总高H=5.5m,壁柱尺寸为370mm×490mm,墙厚为240mm(如图9-9),采用MU10烧结普通砖及M5混合砂浆砌筑,根据该房屋横墙间距及屋盖构造确定为刚性方案,横墙间距为18m。试验算带壁柱墙的高厚比是否满足要求?

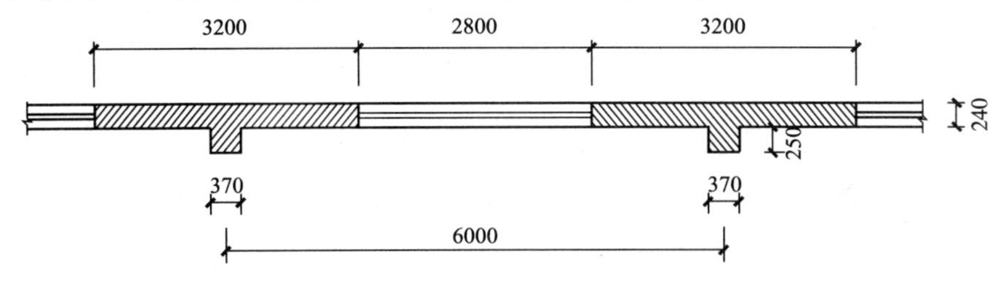

图9-9 9-6题图(尺寸单位:mm)

模块10　砌体结构构造措施

学习目标

1. 掌握砌体结构房屋中过梁的类型、过梁上荷载的计算方法和过梁承载力的计算方法。

2. 理解并掌握《砌体结构设计规范》(GB 50003—2011)关于砌体结构构造规定。

3. 熟悉圈梁的作用及单、多层混合结构房屋中设置圈梁的有关规定。

4. 了解防止或减少墙体开裂的主要措施。

10.1　圈梁的设置及构造要求

混合结构房屋中，在墙体内连续设置并形成水平封闭状的钢筋混凝土梁或钢筋砖梁，称为圈梁。

(1)圈梁的主要作用

①增加砌体结构房屋的空间整体性和刚度。

②建筑在软弱地基或地基承载力不均匀的砌体房屋，可能会因地基的不均匀沉降而在墙体中出现裂缝，设置圈梁后，可抑制墙体开裂的宽度或延迟开裂的时间，还可有效地消除或减弱较大振动荷载对墙体产生的不利影响。

③跨越门窗洞口的圈梁，配筋若不少于过梁的配筋时，可兼作过梁。

(2)圈梁的布置

①对于有地基不均匀沉降或较大振动荷载的房屋，可按下列规定在砌体墙中设置现浇混凝土圈梁。

②厂房、仓库、食堂等空旷单层房屋应按下列规定设置圈梁：

a. 砖砌体结构房屋，檐口标高为5~8m，应在檐口标高处设置圈梁一道；檐口标高大于8m时，应增加设置数量。

b. 砌块及料石砌体房屋，檐口标高为4~5m时，应在檐口标高处设置圈梁一道；檐口标高大于5m时，应增加设置数量。

c. 对有吊车或较大振动设备的单层工业房屋，当未采取有效的隔振措施时，除在檐口或窗顶标高处设置现浇混凝土圈梁外，尚应增加设置数量。

③住宅、办公楼等多层砌体结构民用房屋，且层数为3~4层时，应在底层和檐口标高处各设置一道圈梁。当层数超过4层时，除应在底层和檐口标高处各设置一道圈梁外，至少应在所有纵、横墙上隔层设置。多层砌体工业房屋，应每层设置现浇混凝土圈梁。设置墙梁的多层砌

体结构房屋，应在托梁、墙梁顶面和檐口标高处设置现浇钢筋混凝土圈梁。

④建筑在软弱地基或不均匀地基上的砌体结构房屋，除按以上规定设置圈梁外，尚应符合现行国家标准《建筑地基基础设计规范》（GB 50007—2011），按下列规定设计圈梁：

a. 在多层房屋的基础和顶层处应各设置一道，其他各层可隔层设置，必要时也可逐层设置。单层工业厂房、仓库，可结合基础梁、联系梁、过梁等酌情设置。

b. 圈梁应设置在外墙、内纵墙和主要内横墙上，并宜在平面内连成封闭系统。

（3）圈梁的构造要求

①圈梁宜连续地设在同一水平面上，并形成封闭形状。当圈梁被门窗洞口截断时，应在洞口上部增设相同截面的附加圈梁。附加圈梁与圈梁的搭接长度不应小于其中到中垂直间距的2倍，且不小于1.0m。

②纵、横墙交接处的圈梁应可靠连接。刚弹性和弹性方案房屋，圈梁应与屋架、大梁等构件可靠连接。

③混凝土圈梁的宽度宜与墙厚相同，当墙厚不小于240mm时，其宽度不宜小于墙厚的2/3。圈梁高度不应小于120mm。纵向钢筋数量不应小于4根，直径不应小于10mm，绑扎接头的搭接长度按受拉钢筋考虑，箍筋间距不应大于300mm。

④圈梁兼作过梁时，过梁部分的钢筋应按计算面积另行增配。

⑤采用现浇混凝土楼（屋）盖的多层砌体结构房屋，当层数超过5层时，除应在檐口标高处设置一道圈梁外，可隔层设置圈梁，并应与楼（屋）面板一起现浇。未设置圈梁的楼面板嵌入墙内的长度不应小于120mm，并沿墙长配置不少于2根直径为10mm的纵向钢筋。

10.2　过梁的构造、荷载及计算

1）过梁的分类和应用范围

设置在门窗洞口上的梁叫过梁。它用以支承门窗上面部分墙砌体的自重，以及距洞口上边缘高度不太大的梁板传下来的荷载，并将这些荷载传递到两边窗间墙上，以免压坏门窗。

过梁的种类主要有砖砌过梁和钢筋混凝土过梁，砖砌过梁按其构造不同又分为砖砌平拱、砖砌弧拱和钢筋砖过梁等几种形式。

（1）砖砌平拱

将砖竖立和侧立成跨越窗洞口的过梁称砖砌平拱。砖砌平拱用竖砖砌筑部分的高度不应小于240mm，净跨度不应超过1.2m。

（2）砖砌弧拱

将砖竖立和侧立砌成弧形的拱式过梁称为砖砌弧拱。砖砌弧拱由于施工较为复杂，目前较少采用。

（3）钢筋砖过梁

在过梁底部水平灰缝内配直径不小于5mm，间距不宜大于120mm的纵向钢筋而形成的过梁称钢筋砖过梁。钢筋伸入支座砌体内的长度每端不宜小于240mm，砂浆层的厚度不宜小于30mm。钢筋砖过梁净跨不宜超过1.5m。

砖砌过梁截面计算高度内的砂浆不宜低于M5(Mb5、Ms5)。

砖砌过梁的整体性差，对基础不均匀下沉及振动引起的房屋变形极为敏感。因此，在受有较大振动或在软弱地基条件下，均不宜选用上述三种砖砌过梁，而应改选钢筋混凝土过梁。

2)过梁上的荷载

作用在过梁上的荷载有砌体自重和过梁计算跨度范围内的梁、板荷载。

(1)墙体荷载

对砖砌体，当过梁上的墙体高度 $h_w < l_n/3$ 时，墙体荷载应按墙体的均布自重采用。当 $h_w \geq l_n/3$ 时，则按高度为 $l_n/3$ 墙体的均布自重采用。

对砌块砌体，当过梁上的墙体高度 $h_w < l_n/2$ 时，墙体荷载应按墙体的均布自重采用。当 $h_w \geq l_n/2$ 时，则按高度为 $l_n/2$ 墙体的均布自重采用。

(2)梁、板荷载

对砖和砌块砌体，当梁、板下的墙体高度 $h_w < l_n$ 时，过梁应计入梁、板传来的荷载，否则可不考虑梁、板荷载。

3)过梁的计算

(1)砖砌平拱过梁计算

内力按简支梁计算，计算跨度取净跨。

①抗弯计算。

$$M \leq f_{tm} W \tag{10-1}$$

式中：M——设计弯矩；

f_{tm}——砌体沿齿缝截面破坏的弯曲抗拉强度设计值；

W——过梁的截面抵抗矩，矩形截面 $W = \frac{1}{6}bh^2$；

h——过梁截面的计算高度，取过梁顶面以上的墙体高度，但不大于$\frac{l_n}{3}$；当考虑梁、板传来的荷载时，则按梁板下的高度采用。

②抗剪计算。

$$V \leq f_v bZ \tag{10-2}$$

式中：V——设计剪力；

f_v——砌体的抗剪强度设计值；

b——截面宽度；

Z——内力臂，取 $Z = \frac{I}{S} = 2\frac{h}{3}$；

I——惯性矩；

S——截面面积矩；

h——过梁的截面计算高度。

(2)钢筋砖过梁的计算

内力按简支梁计算，计算跨度取净跨。

①抗弯计算。

$$M \leqslant 0.85 f_y A_s h_0 \tag{10-3}$$

式中：M——设计弯矩；

f_y——受拉钢筋的抗拉设计强度；

A_s——受拉钢筋的面积；

h_0——过梁截面的有效高度，$h_0 = h - a_s$；

h——过梁截面的计算高度，取过梁顶面以上的墙体高度，但不大于$\frac{l_n}{3}$；当考虑梁、板传来的荷载时，则按梁板下的高度采用。

a_s——受拉钢筋中心至截面下边缘的距离。

②抗剪计算。

同砖砌平拱过梁。

(3)钢筋混凝土过梁的计算

钢筋混凝土过梁强度计算同一般的钢筋混凝土梁。

在过梁支座处局部受压强度计算时，$\eta = 1.0$，$\gamma = 1.25$，梁端的有效支承长度取过梁的实际支承长度，但不超过墙厚，即 $a_0 = a \leqslant h$。

实验证明，钢筋混凝土过梁实际上是偏心受拉构件，当过梁跨度较大或承受梁板传来的荷载时，按墙梁计算更为合理。

10.3　防止或减轻墙体开裂的主要措施

1)裂缝的类型

引起砌体结构墙体裂缝的因素很多，既有地基、温度、干缩，也有设计疏忽、不合理，施工质量、材料不合格及缺乏经验等，但最为常见的，也是砌体规范着力要解决的是温度裂缝、干缩裂缝，以及温度和干缩裂缝。

(1)温度裂缝

主要由屋盖和墙体间温度差异变形应力过大产生的砌体房屋顶层两端墙体上的裂缝，如门窗洞边的正八字斜裂缝，平屋顶下或屋顶圈梁下沿砖(块)灰缝的水平裂缝及水平包角裂缝(含女儿墙)。因此《砌体结构设计规范》第6.5条专门提出了有关防止或减轻端部墙体开裂的构造措施。

(2)干缩裂缝

主要由干缩性较大的块材，如蒸压灰砂砖、粉煤灰砖、混凝土砌块，随着含水率的降低，材料会产生较大的干缩变形。干缩变形早期发展较快，以后逐步变慢。但干缩后遇湿又会膨胀，脱水后再次干缩，但干缩值较小，约为第一次的80%左右。这类干缩变形引起的裂缝，在建筑上分布广、数量多，开裂的程度也较严重。最有代表性的裂缝分布为在建筑物底部一至二层窗台部位的垂直裂缝或斜裂缝，在大片墙面上出现的底部重上部较轻的竖向裂缝，以及不同材料和构件间差异变形引起的裂缝等。

(3)温度和干缩裂缝

墙体裂缝可能多数情况下由两种或多种因素共同作用所致，但在建筑物上仍能呈现出是温度还是干缩为主的裂缝特征。

(4)其他原因引起的裂缝

设计方案不合理、施工质量和监督失控也常是重要的裂缝成因。

2)抗裂措施效果评价

防止或减轻墙体开裂的主要措施，在基本原理上分别基于防裂概念的"防"、"放"、"抗"的原则。

(1)"防"

即适当的屋面构造处理，减少屋盖与墙体的温差与变形，效果最佳，通常采取的措施包括：

①保证屋面保温层的性能，采用低含水或憎水保温材料，防止屋面渗漏，南方地区可加设屋面隔热及通风层。

②外表浅色处理，外墙、屋盖刷白色，可使其内表面降温，隔热指标可显著提高。

③严格控制块体材料的上墙含水率。

(2)"放"

即采用适当措施，允许屋面或墙体在一定程度上自由伸缩，如屋面设置伸缩缝、滑动层、墙体设置控制缝等，都能有效地降低温度或干缩变形应力。

(3)"抗"

即通过构造措施，如设置圈梁、构造柱、芯柱、提高砌体强度，加强墙体的整体性和抗裂能力，以减少墙体变形、减少裂缝。是砌体房屋普遍采用的抗裂构构造措施。

但是这些措施的效果如何，以及用何种方法对已开裂墙体的修补最有效，下面给出我国最近的研究成果，供参考。

①提高砌体材料强度等级，不是最有效的防裂措施。

②芯柱或构造柱加圈梁能加强整体性，提高抗裂能力。

③在关键部位和易裂部位，或已开裂部位采取下列措施有显著效果：

a. 玻璃纤维砂浆能提高墙体的抗裂能力两倍。

b. 玻璃丝网格布砂浆加芯柱可使墙片的抗裂能力提高3倍。

c. 玻璃网格布砂浆抹面的砌块墙的初开荷载可提高1倍。

d. 开洞墙片设芯柱和钢筋混凝土带形成的封闭框架式的墙体的抗裂能力可提高33%～100%。

e. 增加芯柱对门窗洞口的墙体抗裂最有效；增加芯柱的墙片温度应力降低21%，而用玻璃网布砂浆后使墙片温度应力减少18%。

④使用高弹涂料也能有效保护已开裂的墙体不受外界侵蚀。

3）防止温度变化和砌体干缩变形引起的砌体房屋顶层墙体开裂的措施

为防止或减轻由于混凝土屋盖和墙体间的温差变形和墙体干缩变形引起的顶层墙体的开裂，可根据具体情况采取或选择下列措施：

（1）选择适合的温度伸缩区段

根据砌体房屋墙体材料和建筑体型、屋面构造选择适合的温度伸缩区段（见表10-1）。

砌体房屋伸缩缝的最大间距　　表10-1

屋盖或楼盖类别		间　距　(m)
整体式或装配整体式钢筋混凝土结构	有保温层或隔热层的屋盖、楼盖	50
	无保温层或隔热层的屋盖	40
装配式无檩体系钢筋混凝土结构	有保温层或隔热层的屋盖、楼盖	60
	无保温层或隔热层的屋盖	50
装配式有檩体系钢筋混凝土结构	有保温层或隔热层的屋盖	75
	无保温层或隔热层的屋盖	60
瓦材屋盖、木屋盖或楼盖、轻钢屋盖		100

注：1. 对烧结普通砖、烧结多孔砖、配筋砌块砌体房屋，取表中数值；对石砌体、蒸压灰砂普通砖、蒸压粉煤灰砖、混凝土砌块、混凝土普通砖和混凝土多孔砖房屋，取表中数值乘以0.8的系数，当墙体有可靠外保温措施时，其间距可取表中数值。

2. 在钢筋混凝土屋面上挂瓦的屋盖应按钢筋混凝土屋盖采用。

3. 层高大于5m的烧结普通砖、烧结多孔砖、配筋砌块砌体结构单层房屋，其伸缩缝间距可按表中数值乘以1.3。

4. 温差较大且变化频繁地区和严寒地区不采暖的房屋及构筑物墙体的伸缩缝的最大间距，应按表中数值予以适当减小。

5. 墙体的伸缩缝应与结构的其他变形缝相重合，缝宽度应满足各种变形缝的变形要求；在进行立面处理时，必须保证缝隙的变形作用。

（2）防止或减轻房屋顶层墙体裂缝的措施

①屋面应设置保温、隔热层。

②屋面保温（隔热）层或屋面刚性面层及砂浆找平层应设置分隔缝，分隔缝间距不宜大于6m，并与女儿墙隔开，其缝宽不小于30mm。

③采用装配式有檩体系钢筋混凝土屋盖和瓦材屋盖。

④顶层屋面板下设置现浇钢筋混凝土圈梁，并沿内外墙拉通，房屋两端圈梁下的墙体内宜适当设置水平钢筋。

⑤顶层墙体有门窗等洞口时，在过梁上的水平灰缝内设置2～3道焊接钢筋网片或2Φ6

钢筋,并应伸入过梁两端墙内不小于600mm。

⑥顶层及女儿墙砂浆强度等级不低于M7.5(Mb7.5、Ms7.5)。

⑦女儿墙应设置构造柱,构造柱间距不宜大于4m,构造柱应伸至女儿墙顶并与现浇钢筋混凝土压顶整浇在一起。

⑧对顶层墙体施加竖向预应力。

(3)防止或减轻房屋底层墙体裂缝的措施

①增大基础圈梁的刚度。

②在底层的窗台下墙体灰缝内设置3道焊接钢筋网片或2 Φ6 钢筋,并伸入两边窗间墙内不小于600mm。

10.4 砌体结构墙体其他构造要求

1)震害分析

唐山、汶川震害表明:不同烈度时的破坏部位变化不大,破坏程度有显著差别,层数与总高度是影响砌体房屋震害的最重要因素,房屋的底层、四角、大房间、楼梯间的墙体是薄弱部位。

(1)结构体系不合理引起的震害

结构体系不合理引起的震害如图10-1所示。

a)

b)

图10-1 结构体系不合理引起的震害

①工程:都江堰市中医院住院部。特点:L形平面。破坏:住院部L型一翼倒塌。

②唐山市某招待所,五层砖混结构,采用半凹半凸阳台,该处外纵墙破坏加重。

(2)预制空心板间连接不牢

预预制空心板间连接不牢的情况如图10-2所示。

(3)房屋局部部位的破坏

①转角部位应力集中,如图10-3a)所示。

②山墙开洞过多,如图10-3b)所示。

2)一般构造要求

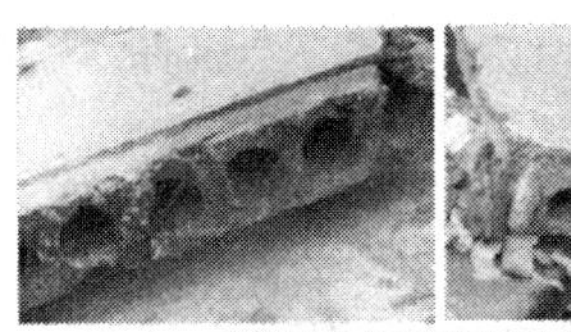

预制空心板无任何拉结

汶川地震中某教学楼大部分倒塌、仅存楼梯间部分

预制空心板间如无可靠连接、楼层盖整体性差，地震破坏严重

图 10-2　预制空心板连接不牢

a)

唐山运输公司宿舍楼

都江堰住宅楼山墙开洞且为弧形

都江堰住宅楼山墙破坏严重

b)

图 10-3　房屋局部部位的破坏

①预制钢筋混凝土板在混凝土圈梁上的支承长度不应小于 80mm，板端伸出的钢筋应与圈梁可靠连接，且同时浇筑；预制钢筋混凝土板在墙上的支承长度不应小于 100mm，并应按下列方法进行连接：

a. 板支承于内墙时，板端钢筋伸出长度不应小于 70mm，且与支座处沿墙配置的纵筋绑扎，用强度等级不应低于 C25 的混凝土浇筑成板带。

b. 板支承于外墙时，板端钢筋伸出长度不应小于 100mm，且与支座处沿墙配置的纵筋绑扎，并用强度等级不应低于 C25 的混凝土浇筑成板带。

c. 预制钢筋混凝土板与现浇板对接时，预制板端钢筋应伸入现浇板中进行连接后，再浇筑现浇板。

②墙体转角处和纵横墙交接处应沿竖向每隔 400 ~ 500mm 设拉结钢筋，数量为每 120mm 墙厚不少于 1 根直径 6mm 的钢筋；或采用焊接钢筋网片，埋入长度从墙的转角或交接处算起，对实心砖墙每边不小于 500mm，对多孔砖墙和砌块墙不小于 700mm。

③支承在墙、柱上的吊车梁、屋架及跨度大于或等于下列数值的预制梁的端部，应采用锚固件与墙、柱上的垫块锚固：

a. 对砖砌体为 9m。

b. 对砌块和料石砌体为 7.2m。

④跨度大于 6m 的屋架和跨度大于下列数值的梁，应在支承处砌体上设置混凝土或钢筋混凝土垫块；当墙中设有圈梁时，垫块与圈梁宜浇成整体。

a. 对砖砌体为 4.8m。

b. 对砌块和料石砌体为 4.2m。

c. 对毛石砌体为 3.9m。

⑤混凝土砌块墙体的下列部位，如未设圈梁或混凝土垫块，应采用不低于 Cb20 灌孔混凝土将孔洞灌实：

a. 搁栅、檩条和钢筋混凝土楼板的支承面下，高度不应小于 200mm 的砌体。

b. 屋架、梁等构件的支承面下，高度不应小于 600mm，长度不应小于 600mm 的砌体。

c. 挑梁支承面下，距墙中心线每边不应小于 300mm，高度不应小于 600mm 的砌体。

⑥砌块砌体应分皮错缝搭砌，上下皮搭砌长度不得小于 90mm。当搭砌长度不满足上述要求时，应在水平灰缝内设置不少于 2 Φ4 的焊接钢筋网片（横向钢筋的间距不宜大于 200mm），网片每端均应超过该垂直缝，其长度不得小于 300mm。

本模块回顾

1. 过梁是混合结构房屋中的常见构件，是由钢筋混凝土或砌体结构的梁与其上墙体组合而成的混合结构，其特点是墙与梁共同工作。

2. 过梁上的荷载与过梁上的砌体高度有关，当超过一定高度时，由于拱的卸荷作用，上部的荷载可直接传到支座或洞口两侧的墙体上。过梁的跨度根据过梁类型不同有较大的限制，跨度过大则应按墙梁设计。

3. 砌体结构设计规范关于砌体结构的一般构造要求及圈梁设置、构造要求等。理解并灵活应用防止或减轻墙体开裂的措施。

4. 本模块的重点，是要理解过梁的受力特点、破坏过程，了解过梁的墙与梁共同工作，并在此基础上掌握构件的设计方法。理解并掌握《砌体结构设计规范》中规定的相关构件应用范围、荷载取值、设计计算公式及构造要求。

想一想

10-1　简述过梁上荷载的取值方法。

10-2　引起墙体开裂的主要原因是什么？可采取哪些措施防止或减轻房屋顶层墙体的裂缝？

10-3　在一般砌体结构房屋中圈梁的作用是什么？对圈梁的设置有什么要求？

10-4　何为“防”、“放”、“抗”？你是怎样理解的？

参考文献

[1] 中华人民共和国住房和城乡建设部. GB 50009—2012 建筑结构荷载规范[S]. 北京:中国建筑工业出版社,2012.

[2] 中华人民共和国住房和城乡建设部. GB 50010—2010 混凝土结构设计规范[S]. 北京:中国建筑工业出版社,2011.

[3] 中华人民共和国住房和城乡建设部. GB 50003—2011 砌体结构设计规范[S]. 北京:中国建筑工业出版社,2012.

[4] 胡兴福. 建筑结构[M]. 北京:中国建筑工业出版社,2003.

[5] 沈蒲生. 混凝土结构设计原理[M]. 北京:高等教育出版社,2002.

[6] 中国机械工业教育协会. 钢筋混凝土结构及砌体结构[M]. 北京:机械工业出版社,2005.

[7] 马晓儒. 多层砌体房屋墙体变形机理及防治的试验研究[D]. 哈尔滨:哈尔滨工业大学,2001.

[8] 哈尔滨工业大学,华北水利水电学院. 混凝土及砌体结构[M]. 北京:中国建筑工业出版社,2002.

[9] 吴承霞,陈式浩. 混凝土及砌体结构[M]. 北京:高等教育出版社,2002.